자연의 종말

자연의 종말

빌 맥키벤 지음 | 진우기 옮김

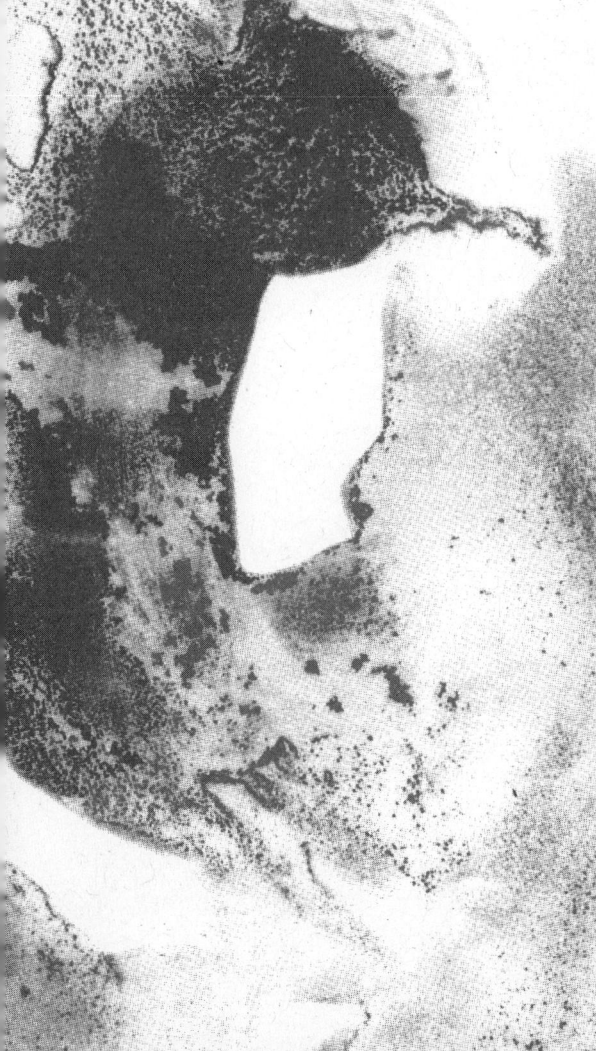

YANG 양문 MOON

THE END OF NATURE
by
Bill McKibben

Copyright ©1989, 1999 by William McKibben
All rights reserved.

Korean translation copyright ⓒ 2005 by Yangmoon Publishing Co., Ltd.
This Korean edition was published by arrangement with Bill McKibben c/o The Marsh Agency, Ltd.,
London. England through KCC(Korea Copyright Center, Inc.), Seoul, Korea.

이 책의 한국어판 저작권은 (주)한국저작권센터(KCC)를 통한 저작권자와의 독점계약으로 양문출판사에 있습니다.
저작권법에 의해 한국 내에서 보호를 받는 저작물이므로 무단전재와 복제를 금합니다.

차례

발간 10주년 기념 개정판 서문 : 지금도 계속되고 있는 자연의 종말 7

I. 현재
1. 새로운 대기 27
2. 자연의 종말 85

II. 가까운 미래
1. 깨어진 약속 149
2. 도전적 반사작용 209
3. 저항이 많은 길, 그러나 겸허한 길 253

부록 : 개정판 최신 통계자료 319
옮긴이의 글 : 인간과 자연의 관계를 새롭게 만드는 성스러운 작업 325
찾아보기 329

발간 10주년 기념 개정판 서문
지금도 계속되고 있는 자연의 종말

1980년대 말 내가 《자연의 종말 The End of Nature》을 저술하게 된 계기는 사람들이 범하고 있던 두 가지 오류의 정도가 매우 심각했기 때문이다. 당시 사람들이 당연하게 여기던 시간과 공간의 개념은 매우 잘못된 것이었다. 첫번째, 인류는 시간을 제대로 파악하지 못하고 있었다. 인류는 언제나처럼 지구가 무한히 느리게 변화하고 있다고 생각했다. 실은 그동안 지구에 가한 인류의 각종 변형 행위로 말미암아 지구 변화의 가속화가 점점 위태로운 수준으로 치닫고 있었는데도 말이다. 두번째, 인류의 공간 감각 자체가 왜곡되어 있었다. 이전에는 인간은 극히 작은 존재인 반면 지구는 매우 큰 것으로 생각했다. 하지만 우리들의 삶이 채 끝나기도 전에 정반대의 현실이 도래했다.

1999년 겨울, 이 책의 발간 10주년을 기념하는 개정판의 서문을 쓰고 있을 때도 두 가지 생각의 오류는 여전히 내 마음을 점유하고 있었다. 미국항공우주국(NASA)은 1998년의 12개월이 기상상태를 기록하기 시작한 이래 가장 더운 날씨였다고 발표했다. 이것은 그 전 해인 1997년에 비해 기록적인 기온 상승이었다. 뿐만 아니라 1997년 또한 1995년에 비할 때 기온이 상승했다. 역사상 가장 기온이 높았던 10개월 중 7개월이 1989년 《자연의 종말》 발간 이후 10여 년 동안 발생했다.

이 수치는 지난 10년을 결산하는 모든 통계자료 중 가장 중요한 것이다. 날로 상한가를 치는 주식시장 지수나 대통령의 신임도보다도 훨씬 중요한 자료다. 이 통계자료는 인류가 두 발을 땅에 딛고 서서 직립인간이 된 사건 이래 가장 기묘한 순간이 왔음을, 즉 인간의 수가 너무 많아지고 인간의 취미가 너무 다양해져서 마침내 인간이 주변의 모든 것을 변화시키는 지점에 다다랐음을 예고하고 있다. 이 통계수치는 독립적인 힘으로서의 자연, 그리고 인간보다 더 큰 존재로서의 자연이 종말을 맞이했음을 장중하게 고하고 있는 것이다.

지구의 순환주기가 좀더 가속화되었음에도 불구하고(이미 북반구에서 봄은 20년 전에 비해 평균 1주일 더 빨리 오고 있다) 인류는 적어도 이 중요한 문제에 있어서 완전히 무기력한 존재로 남아 있는 듯하다. 인류의 정치적·경제적 시간은 지난 10년 동안 한곳에 고정된 채 움직이지 않았다. 몇 건의 국제회의와 거창한 선언들에도 불구하고 지구온난화의 가속화 원인인 이산화탄소 발생을 차단하는 조치는 거의 취해지지 않고 있다. 오히려 미국의 경우만 해도 이 책이 처음 출판된 1989년에 비해 대기 중에 배출되는 이산화탄소의 양이 15퍼센트나 증가했다. 1989년에 나는 인류가 좀더 작은 차를 몰아야 하며 차를 움직이는 빈도수도 줄여야 한다고 역설했다. 하지만 대부분의 미국인들은 여전히 패튼 장군마저 부러워할 만한 대형차를 몰고 다닌다. 인류는 여전히 문제의 심각성을 파악하지 못하고 있는 것이다.

우리 시대의 중요한 환경적 현실은 물질적 세상이 변화하는 속도와 그에 대응하는 인간 사회의 반응 속도가 명백한 대조를 이루고 있다는 것이다.

1989년에 온난화가 가속화되고 있다고 확신한 사람들은 극히 주변부에만 존재했다. 물론 지구 근처의 대기권에 존재하는 이산화탄소가 열을 보존하고 가두어둔다는 주장은 반박할 수 없는 사실이었기 때문에 비록 주변부라도 그 지반은 강력한 것이었다. 하지만 어쨌든 주변부는 주변부였다.

내가 처음 이 책을 쓰던 시절에는 온실효과에 대한 연구 논문과 보고서의 양이 책상 위에 깔끔하게 정리될 수 있을 정도로 미미한 상태였다. 지구온난화와 관련된 학문은 어느 모로 보나 극히 기초적인 수준에 머물고 있었다. 더욱이 그런 학문과 그로부터 도출된 결론은 많은 공격을 받았다. 과학이라는 학문이 원래 그렇다. 개개의 과학적 가설은 약점을 찾아내기 위한 고문이라고 묘사해도 지나치지 않을 정도의 공격을 받는다.

그러나 현재 지구온난화에 관한 연구결과는 비행기 격납고 하나를 채우고도 남을 만큼 많이 나와 있다. 박사후과정 연구자들은 얼어붙은 툰드라 지대와 홍수로 범람하는 열대우림을 연구하고, 위성을 쏘아올리고 고대의 꽃가루를 채집하며 고목의 나이테를 셌다. 극지방의 빙하층을 캐어내고 기상관측용 열기구를 쏘아올리고 대양 곳곳의 물속에 음파를 쏘아 보내면서 연구한 결과들도 나와 있다. 정치가라면 그렇게까지 하지 않겠지만 과학자들은 글자 그대로 근무외 시간까지 들여가며 몸바쳐 연구를 하였다.

과학자들이 알아낸 것은 10년 전 나의 예측과 놀라울 정도로 일치했다. 1989년에 비해 볼 때 구름 생성, 유황 입자, 태양흑점 등에 대한 인류의 지식은 훨씬 진보했지만 그로부터 도출된 결론은 본질적으로 동일하다는 것이다. 즉 인간은 자동차 배기가스와 공장 매연과 불타 사라지는 열대우림으로 인해 앞으로 100년 이내에 지구 기온을 3~4도 정도 높여놓으리라는 것이다.

그동안 일어났던 크고 작은 사고들이 과학자들의 연구에 도움이 되었다. 그중에서도 가장 중요한 사건은 1992년에 일어났던 필리핀의 피나투보 화산폭발이었다. 엄청난 규모의 폭발은 주변의 대기와 하늘을 각종 화학물질로 가득 채웠다. 과학자들은 지구의 기후변화를 예측 가능하게 하는 각종 컴퓨터 프로그램에 이곳에서 측정된 수치를 대입시켜 미래의 기후변화를 점쳐보려 했다.

지구온난화의 위험성에 관한 경종을 울리는 데 앞장섰던 NASA의 제임스 핸슨(James Hansen)이 가장 자신 있는 행보를 내디뎠다.

그는 차후 3년간 일어날 기후변화를 예측해 총 36개월에 해당하는 예상 기온을 발표했다. 처음에는 그의 예측이 빗나가는 듯 보였다. 그러자 온실효과에 회의적이던 사람들이 지구 도처에서 공격의 화살을 퍼붓기 시작했다. 하지만 하와이에서 열린 기념비적인 한 학술회의에서 핸슨은 결연히 선언했다. "지구온난화 문제에 있어서 만큼은 저의 과학 모델이 맞고 세상이 틀렸다는 것을 저는 확신합니다." 그 선언이 있었던 바로 그 다음 달부터 기온은 핸슨의 예측대로 맞아들어가 소름이 끼칠 정도였다.

이 사건은 기상학자들이 복잡한 기후예측모델을 더욱 신뢰하게 만든 많은 사건들 중 하나에 불과했다. 1995년 과학자들로 이루어진 배심위원회가 마침내 평결을 내렸다. UN이 1500명의 과학자를 모아 결성한 '기후변화에 관한 국제 패널(IPCC: International Panel on Climate Change)'은 모든 데이터를 다 통합한 후 다음과 같은 무미건조하고 절제된 표현으로 역사적인 발표를 하였다. "모든 증거자료와 정황으로 미루어볼 때 인간은 지구의 기후에 식별 가능한 영향을 미쳤다."

다시 말해 지구온난화가 더 이상 먼 훗날의 위협도 추측에 불과한 위험도 아니라고 인정한 것이다. 이것은 유성 충돌 같은 종류의 위험이 아니다. 이것은 지금 현재 진행중인 위험이다. 그리고 인간은 위험을 이미 넘어서서 잔잔한 수면을 항해하고 있는 것이 아니라 지금 급류를 타고 있는 것이다.

현재는 초기단계에 불과함에도 불구하고 과학자들은 이미 그 결과를 알 수 있다고 강력히 주장하고 있다. 대기 온난화가 심해지는 만큼 수면에서 증발하는 수증기도 증가한다. 그렇게 증발된 물은 다시 지상으로 내려와야 한다. 이것은 다시 말해 가뭄과 폭우가 동시에 증가함을 의미한다. 그렇게 되면 1997년 말레이시아나 인도네시아에서 산불이 일어나 한낮에도 칠흑 같은 밤이 되었던 사건이나 1998년 중국, 방글라데시, 한국, 멕시코를 비롯한 10여 곳에서 일어났던 홍수 같은 기상이변이 발생하는 것이다.

2년 전 국립해양기상청의 토마스 칼(Thomas Karl)은 미국 내에 '극심한 강우 사건'(24시간 내의 강우량 50밀리미터 이상인 경우)이 1900년에 비해 20퍼센트가 늘었다고 발표했다. 그것은 믿을 수 없을 만큼 엄청난 증가다. 칼은 말했다. "지금 창밖을 바라볼 때 우리 눈에 보이는 기후의 일부는 우리들 스스로 만든 것이다. 만약 50년 후에 창밖을 바라본다면 우리는 그 기후에 지금보다 훨씬 더 많은 책임을 져야 할 것이다."

세계 도처에서 빙하가 줄어들고 있다. 남극과 북극의 빙하층은 점점 더 얇아지고 불안정해진다. 눈에 띄게는 아니지만 해수면도 꾸준히 높아지고 있다. 만약 기온이 기준치를 넘어선다면 멕시코 만류를 차단할 정도에 이를 것이며, 그렇게 되면 유럽이 피해를 입게 될 것이다. 세상은 변하고 있다. 인간이 기온을 아주 조금만 올려놓아도 세상은 극적으로 변화한다. 지난 10년 세월이 인간에게 가르쳐준 것이 바로 그것이다.

하지만 극심한 강우사건이나 얇아지는 빙하층, 과학자들의 극적인 연구결과에도 불구하고 이 세상은 아무 말도 하지 못하도록 재갈이 물려 있다. 그것은 화석연료가 없는 미래를 도저히 상상할 수 없는 일부 대기업과 산업체들의 막강한 광고 및 홍보 공세 덕분이다. 내 책상 옆에는 《내셔널 저널 National Journal》(미국 워싱턴에 본사가 있는 정치시사 주간지-옮긴이)에서 발행하는 일간 이메일 환경뉴스지 '그린와이어(Greenwire)'에 게재되었던 작년의 기후변화 보고서가 쌓여 있다. 거기에는 모든 새로운 연구결과가 포함되어 있다. 이를테면 북극곰의 몸무게는 30년 전에 비해 수백 킬로그램 감소했다. 온난화로 인해 그들의 생활터전인 빙하벌판이 줄어들었고, 또 서부해안에 사는 동물성 플랑크톤이 70퍼센트 줄었기 때문이다.

그린와이어는 또 일반 신문, 잡지, TV프로그램에서 지구온난화에 대해 다룬 내용을 요약해서 싣고 있다. 그런데 거기 실린 에세이나 칼럼을 보면 적어도 50퍼센트는 다른 별에서 온 사람이 쓴 것 같다. 석탄 및 석유산업계의 풍성한 지원금을 받는 소수 회의론자들은 아무리 작은 것이라도 그냥 넘어가는 법이 없다. 엄청난 분량의 연구논문과 자료를 뒤지다가 아주 작은 건수라도 하나 발견하면 (이를테면 일부 과학자들이 컴퓨터로 계산해낸 기상 예측결과는 그 속성상 '불확실'할 수밖에 없다는 사실을 인정한 것), 그들은 곧바로 온실효과이론 전체가 다 사기극임을 밝혀주는 결정적인 증거라도 확보했다는 듯 야단법석을 떤다.

역사상 가장 기온이 높았던 1998년에는 대규모 탄원서가 출현하는 사건이 일어났다. 그것은 지구온난화가 일어나지 않을 것이라고 믿는 수천 명의 과학자가 제출한 것이었다. 그러나 언론의 집중조명을 받은 후에 그 과학자 명단은 인터넷에서 수집한 이름을 그저 모아놓은 것이며 그중에는 영국의 여성 록그룹 스파이스 걸스의 멤버 이름도 들어 있는 사기극이었음이 밝혀지기도 했다.

다시 한번 되풀이하지만 10년 전이라면 그런 반대 반응들은 예측 가능한 것이었고 또 필요한 것이기도 했다. 그것은 과정에 속한다고 할 수 있다. 기자들이 경쟁관계에 있는 과학자 집단 사이에서 균형적 입장을 취하지 않는다면 자신의 본분을 다하지 않는 것이니까 말이다. 하지만 아직도 지구온난화가 언젠가는 사실 또는 거짓으로 판명될 가설에 불과하다고 말한다면 그것은 명백한 지적 사기다.

1989년 《자연의 종말》에서 과학은 다만 일부분에 불과했을 뿐만 아니라 가장 중요한 부분도 아니었다. 가장 중요한 것은 과학이 도출해낸 결론이었다. 그것은 인류역사상 최초로 인간이 너무나 거대한 존재가 되어 주변의 모든 생물과 무생물을 다 변화시켜버렸다는 결론이다. 인간이 마침내 독립적인 힘으로서의 자연을 종식시켰다는 것, 인간의 식욕과 습관과 욕망이 공기의 입자마다 그리고 올라가는 수은주의 눈금마다 반영되어 있다는 것이 중요했다.

물론 실질적 차원에서 이런 결론이 온난화가 지구에 미친 영향을 더 악화시키는 것은 아니다. 만약 온난화가 순전히 '자연적인' 이유 때문에 일어났다 해도 문제는 마찬가지였을 것이다.

하지만 내게는 이 역사적 순간이 다른 어떤 순간들과도 다른 고유한 의미, 즉 인간의 철학과 신학, 정체성에 의미를 던져주는 것으로 다가왔다. 인간은 더 이상 거대한 힘에 이리저리 떠밀리는 종(種)이 아니었다. 인간이 바로 그 거대한 힘이 된 것이다. 허리케인과 폭풍우와 회오리바람은 이제 신의 소관이 아니라 인간의 소관이 되었다. 그것이 바로 내가 '자연의 종말'이라고 정의한 진정한 의미이다.

물론 모든 인간은 자신이 역사상 중요한 한 점에 살고 있다고 생각한다. 이 책이 출판된 직후부터 학자들의 활발한 토론은 계속되고 있다. 인간이 사실상 자연을 '종식'시킬 수는 없다고 주장하는 반대론자들은 대개 두 가지 논지를 가지고 있다. 그것은 첫번째 이미 수백 년간 인간은 자연을 변화시켜왔다는 것, 두번째 인간은 자연의 일부이므로 자연을 파괴할 수 없다는 것이다.

이 두 가지 반대 논리는 다 사실이다. 자신을 보호해줄 털이 없고 속도가 느리고 상대적으로 약한 몸을 가지고 세상에 태어난 인간은 주변 환경을 바꾸기 위해 자신이 가진 것 중 가장 큰 재산이었던 지성을 사용할 수밖에 없었다. 인간은 자신들의 주거지역과 식량을 재배하던 들판을 변화시켰고 주변의 야생지역까지도 어느 정도는 바꾸어놓았다. 아메리카 대륙에서는 인디언들이 사냥의 효율성을 높이기 위해 주기적으로 들판과 숲을 불태워 없앴다. 하지만 과거에는 인간이 자연에 가하는 간섭에 늘 한도가 있었다. 이것은 비유적으로 말하자면 내집 옆에 사는 비버가 댐을 쌓아 넓은 지역을 물에 잠기게 하지만 녀석의 물이 가닿지 못하는 지역도 아주 많다는 사실과 흡사하다고 할 수 있다. 실제로 이전에는 인간의 영향력이 전혀 가닿지 않는 드넓은 땅이 아주 많았다.

하지만 보이지 않는 방사능이 유출되고, DDT 같은 독극성 오염물질이 가해지고, 대형 산업화의 부산물인 산성비 같은 것이 내리면서 인간은 자신이 거주하지 않는 지역까지 변화시키기 시작했다. 지구온난화는 비록 엄청난 규모의 핵전쟁에는 못 미친다 해도 인간이 가할 수 있는 변화 중 가장 거대한 것이다. 지구의 온도 자체를 변화시킴으로써 인간은 지구를 기반으로 살고 있는 식물과 동물, 강우량과 증발량, 토양의 부패에 이르기까지 혹독한 변화를 초래하고 있다.

이제 지구의 모든 곳이 이전과는 달라졌다. 지구의 물리적 특성을 관찰해보면 가장 극단적인 변화가 인간사회로부터 가장 멀리 떨어진 남극과 북극에서 일어나고 있음을 알 수 있다. 한 종이 야기한 오염성 부산물이 지구 변화를 촉진시키는 가장 강력한 힘이 되었다. 양적인 변화가 커지다 보니 질적인 변화로 이어졌다. 우리 시대의 이야기, 우리들이 살고 있는 이 몇십 년 동안의 이야기는 그렇게 변화의 문턱을 넘어가는 이야기다.

물론 우리 인간이 자연의 일부인 것은 사실이다. 그럼에도 지난 몇백 년간 인간은 불행히도 자신이 생명의 그물망과 얼마나 긴밀하게 연결된 존재인지를 망각하고 살았다. 물론 '잊었다'는 사실이 그동안 주변의 모든 것을 변화시켜온 인간의 잘못된 행위를 정당화

해주는 것도 아니고 덜 개탄스럽게 해주는 것도 아니다.

예를 들어 당신이 숲속의 호숫가로 올라가 서쪽 하늘의 아름다운 황혼에 감탄의 눈길을 던지고 있다고 상상해보자. 그러다 문득 눈길을 아래로 향하여 누군가가 버리고 간 콜라 캔을 발견했다면 한 무더기 사슴 똥을 본 것과는 분명 다른 감정이 자리할 것이다. 그리고 그런 감정이 될 수밖에 없는 또 한 가지 이유는 인간이 지구 온난화를 계속할 필요가 없는 것처럼, 콜라 캔을 버린 사람도 그럴 필요가 없었다는 것을 직관적으로 이해할 수 있기 때문이다. 인간은 자제력을 가지고 다른 대안을 선택할 수 있는 가능성을 지녔다는 한 가지 이유 때문에 자연의 다른 종들과는 다른 존재인 것이다.

바로 그런 이유 때문에 우리는 정치에 관심을 가져야 한다. 정치는 우리가 그런 자제력을 행사할 것인지 말 것인지를 집단적으로 결정할 수 있는 영역이다. 10년 전 나는 그 문제를 해결하려면 인간의 삶을 근본적으로 변화시켜야 하기 때문에 실제 변화가 극히 어려우리라고 생각했다. 현대의 인간들은 화석연료를 태우는 기계라고도 할 수 있다. 그러므로 화석연료 소비를 과학자들이 요구하는 70퍼센트 선으로 줄이는 것은 우리 삶의 거의 모든 차원과 면모를 변화시키는 일이다. 그렇게 하려면 인간은 이동 방식, 사는 공간, 행하는 직업, 먹는 음식을 몽땅 다 바꿔야만 한다.

문제는 그런 일이 불가능하다는 것이 아니다. 지난 10년 동안 나는 늘 그런 해결책을 찾아왔고 그런 방식이 통하는 장소를 물색

해왔다. 《희망, 인간 그리고 야생 Hope, Human and Wild》에서 나는 브라질의 쿠리티바를 이야기했다. 그 도시는 버스노선 체계가 훌륭해 시민들이 다른 브라질 사람들보다 연료를 3분의 1이나 덜 쓴다. 나는 연간소득 300달러라는 적은 돈으로 환경에는 최소한의 영향을 미치지만 평균수명이나 문자해독률은 미국과 비슷하게 높은 인도 케랄라 시에서도 한동안 살았다.

하지만 이런 예는 지난 10년간의 추세를 완전히 역행하는 것이다. 1989년 내가 《자연의 종말》을 저술할 때 우리는 중국이 소비국가가 되면 환경에 어떤 영향을 미칠까 내심 우려했다. 지난 10년간 중국은 매년 발전용량을 남부캘리포니아의 양만큼 증가시켰고 현재는 자동차산업이 폭발적으로 발전하고 있다. 중국은 다만 지구 전체의 특성을 보여주고 있을 뿐이다. 냉전이 끝난 지금 가장 강력한 사상은 소비주의가 되었다. 이제 지구상에서 풍요한 삶의 유혹을 외면할 수 있는 곳은 없다. 매주 다섯 명 중 한 명의 인간은 메카에 절을 하거나 영성체를 하는 등 영혼을 살찌우는 일을 하기보다는 인기 TV 드라마 'LA 변호사들' 시청을 선택하고 있다.

삶이 충분히 만족스러운 듯한 미국에서는 많은 사람이 자발적으로 소박한 삶을 선택하고 있지만 그럼에도 불구하고 '나는 누구인가, 나는 무엇인가' 하는 정체성은 점점 더 돈과 상품 쪽으로 기울어지고 있다. 지난 10년간 미국을 좌지우지한 클린턴 대통령은 대통령 유세 때 '중요한 것은 경제야, 이 멍청한 사람아!' 라는 슬로건으로 권력을 잡았다. 그리고 그는 진정 옳았다. 우리는 지금 주식시장이 상승을 거듭하는, 조금은 들뜨고 낙관적인 시대에 살고 있다. Y_2K나 아시아의 경제적 파산이 그랬듯이 우리를 진정 두렵게 만드는 것은 우리의 풍요한 삶을 파괴할 수 있는 직접적이고 즉시적인 위협이다.

그러므로 인간이 그동안 지구온난화에 대하여 직접적 조치를 취하지 않은 것은 당연하다. 어떻게 보면 현재의 물리적 세상은 더 이상 경제적 세상만큼 우리에게 현실감을 주지 못한다. 우리는 경제를 애지중지하며 끔찍하게 돌본다. 정치가들은 모든 결정을 경제가 더 성장하는 쪽에 맞춘다. 예를 들어 누군가가 "화석연료 의존을 중지한다면 경제가 해를 입을 것이다"라고 말하면 그 문제는 이미 결정이 난 것이다. 반면에 누군가가 "화석연료에 의존하는 것은 지구를 파괴하는 것이다"라고 말하면 당면문제와는 아무런 상관이 없는 반대처럼 들린다. 이제 우리에게 지구는 추상적 존재가 되었고 경제는 구체적 존재가 된 것이다.

일부 환경주의자들은 화석연료 소비에서 벗어나는 행위 자체가 경제적 붐을 일으킬 수도 있다고 주장한다. 청정연료로의 전환이 차세대 기술혁명에 박차를 가하리라는 것이다. 장기적으로 보면 그들이 옳을 수도 있다. 하지만 단기적으로 그것은 완전한 개혁을 의미한다. 그렇기 때문에 환경우호적 사고를 가진 앨 고어(Al Gore) 부통령조차도 그 문제에 부딪혔을 때 본능적으로 피해갔던 것이다. 현재 휘발유 가격은 시판되는 물값의 4분의 1에 불과하다. 그리고 바로 그것이 지구온난화 문제의 핵심에 자리하고 있음을 우리는 모두 알고 있다. 하지만 누가 나서서 그런 말을 할 것인가?

일부 환경주의자들은 지구온난화의 영향이 더 이상 간과할 수 없을 만큼 심각하게 되었기 때문에 인간이 소비주의의 매혹에서 마침내 깨어나 무언가 행동을 취할 것이라는 생각에 희망을 걸고 있다. 예를 들면 1980년대 후반에 NASA의 핸슨 박사는 1990년대가 되면 거리를 걷는 사람들에게도 기후변화가 쉽사리 피부로 느껴질 것이라 예측했다. 그리고 그의 예언은 적중했다. 대부분의 사람들은 날씨가 이상하다고 생각하고 있다. 어떻게 그런 생각을 안 할 수 있겠는가? 1998년 한 해 동안 자연재해 때문에 생긴 피해액만도 1980년대 10년간의 피해액을 웃도는 상황이다.

하지만 지금까지도 이러한 홍수, 산불, 혹서는 인간이 변화해야 한다는 인식을 일깨우지 못하고 있는 것 같다. 그 이유 중 하나는 이미 어떤 조치를 취하기에는 너무 늦어버렸다는 직감이다. 인간이 행해온 물리적 힘이 하도 거대하고 무서워서 휘발유에 대한 세금을 10센트나 심지어 1달러까지 올린다 해도 말도 안 될 정도로 미미하게 보인다는 것이다. 어떤 면에서 이런 직감은 극히 정확한 것이다. 지구온난화를 멈추기에는 이미 너무나 늦어버렸다. 우리가 할 수 있는 일이라고는 아무런 손을 쓰지 않는 경우보다는 덜 나쁘게 하는 것뿐이다. 우리가 힘써 해야 할 운동은 비교적 살만한 세상을 만드는 것이지 우리가 태어났던 것과 똑같은 세상을 만드는 게 아니다.

지구온난화라는 복합적인 작용에서 가장 무서운 부분은 '피드백 고리(feedback loops)', 즉 우리가 기온을 상승시킴에 따라 그로 인해 기온이 더욱 올라가게 만드는 변화를 초래한다는 개념이다. 예를 들어 우리가 극지방의 기온을 올리면 툰드라가 녹으면서 대기권에 엄청난 양의 탄소가 배출되고, 그 탄소가 다시 온난화를 촉진하는 것이다.

하지만 피드백 고리는 다른 영역에서도 작용한다. 《자연의 종말》을 쓴 몇 년 후 나는 《실종된 정보의 시대 The Age of Missing Information》를 썼다. 그 책을 쓰기 위해 나는 하루 24시간 동안 세계 최대의 케이블 TV 시스템에서 나오는 모든 프로그램이 무엇인지 알아보아야 했다. 그것은 통틀어 2400시간의 비디오테이프를 보는 행위로서 우리 시대의 스냅사진을 본 것이라고도 할 수 있다.

그 모든 프로그램에서 나온 말들을 압축할 때 가장 중요한 것은 "당신은 이 세상의 중심이며, 모든 피조물 중에서 가장 중요한 존재다"라는 것이었다. 환경주의자들(설교자들 및 사회 정의에 관심 있는 사람들도 포함)의 눈에 이보다 더 위험한 생각은 없을 것이다. 우리는 우리 자신이 거대한 질서의 일부라는 것뿐만 아니라 그 거대한 질서가 요구하는 것이 무엇인지를 알아야만 한다. 환경문제가 인간이 너무나 커진 데서 나왔다면, 우리는 인간을 더 작게 만드는 방법, 덜 중요하게 만드는 방법을 찾아내야만 한다.

자연을 종식시킴에 있어, 즉 인간을 늘 왜소한 존재라고 느끼게 만들었던 그 독자적인 영역을 없애버림에 있어 인간은 이미 인간만의 피드백 고리를 완성했다. 이제는 더 이상 동일한 숲, 산, 바다, 심지어 야생화가 핀 들판으로 간다 해도 이전처럼 인간이 왜소한 존재라는 경건한 마음은 들지 않는다. 그놈의 콜라 캔이 어디에나 널려 있고, 인간이 어디에나 있기 때문이다.

나는 지난 10년간 뉴욕주 북부에 있는 애디론댁 산맥 기슭에 거주하는 분에 넘치는 사치를 누렸다. 이곳은 해가 감에 따라 더욱 야생성이 증가하는, 지구상에 몇 남지 않은 그런 곳이다. 이 광대한 야생보호지에서 사람들은 다른 모든 생명들과 함께 더불어 살아간다. 이곳에서 인간은 여전히 이전과 같은 왜소함을 느낄 수 있으므로 내게는 절망감을 잊게 해주는 멋진 곳이다. 올해 여섯 살이 된 내 딸은 그 안에서 자연의 거대함과 평화와 의미를 느끼고 간직하며 살아왔다.

하지만 인간의 손이 닿지 않은 이 야생지역도 기후변화와 인간이 다른 지역에서 저지르는 행위들로 인해 위험에 처해 있다. 겨울은 더욱 짧아지고 여름은 더욱 더워지며 산림은 안정성을 잃어가고 있다. 지난 10년간 대규모 폭풍과 얼음 폭풍이 이곳을 지나가면서 수천 평방미터의 숲을 파괴했다. 이전 방식으로 생각한다면 이것은 재해가 아니라 그저 이런 자연을 만든 강력한 힘이 극단적으로 발휘된 경우라고 볼 수 있다. 하지만 지금은 이런 변화의 힘 중 어느 정도가 자연이고 어느 정도가 인간의 힘인지 누가 알겠는가? 또한 그것이 의미하는 바를 제대로 이해하는 사람이 어디 있겠는가?

그래서 사람들은 때로 내게 묻는다. 바로 우리 생에서 자연이 종말을 맞는 것을 지켜보는 슬픔을 어떻게 견뎌야만 하나? 그리고 우리들 각자가 어떤 방식으로든 책임이 있다는 것을 아는 죄책감을 어떻게 해야만 하나? 두번째 질문에 대한 답은 좀더 쉽다. 최소한 우리는 확실한 싸움을 해야 한다. 지난 10년 동안 나는 물질중심주의, 인구, 도시계획에 대해 연구하고 글을 썼다. 우리가 얼마나 인구와 식욕을 잘 조절하느냐, 식욕을 만족시키기 위한 과정에서 얼마나 효율성을 내느냐에 따라 상황의 악화 정도가 결정됨을 잘 이해했기 때문이다. 이것은 우리 시대의 투쟁이다. 이것은 인권 수호나 독재 항거를 위한 싸움과 마찬가지로 윤리적으로 꼭 해야만 하는 싸움이다.

그런 일을 아무리 열심히 해도 나로 하여금 이 책을 쓰지 않을 수 없게 만든 슬픔은 여전히 거기 남아 있다. 우리가 태어나 집으로 삼고 살고 있는 이곳, 바위들과 하늘, 생물들로 이루어진 축복받은 이곳은 매일 좀더 복합성을 상실하고 좀더 폭력이 난무하는 곳으로 바뀌고 있다. 계절의 순환 리듬은 깨졌다. 우리가 이 세상을 창조하지 않았음에도 우리는 그것을 파괴하느라 바쁘다. 그래도 여전히 태양은 떠오른다. 여전히 달도 차고 기운다.

하지만 이제 태양과 달이 내려다보는 세상은 이전과 다른 의미를 내포하고 있다. 그것은 이전보다 훨씬 작아진 존재가 되었다. 분주하고 번성하며 신비스럽고도 잔인하며 아름다운 지구, 산과 바다와 도시와 숲이 있는 이곳, 물고기와 늑대와 곤충과 인간이 있는 이곳, 탄소와 수소와 질소가 있는 이곳은 우리 인간이 점유한 짧은 기간 동안에 그 균형을 상실했다. 이제 이곳에 남은 것은 대체로 인간들뿐이다.

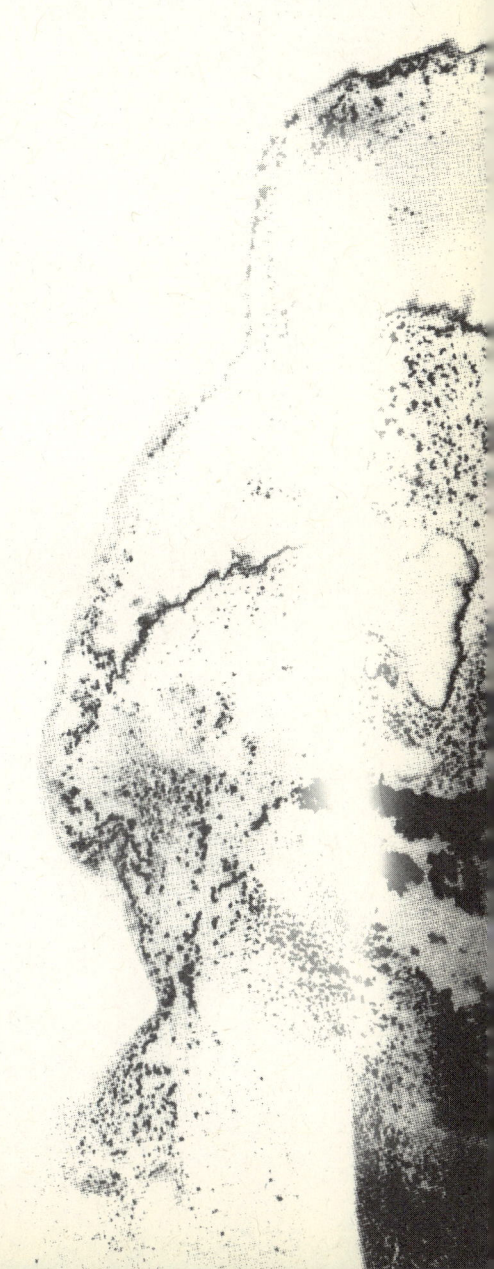

Ⅰ. 현재

1. 새로운 대기

이미 시작된 자연의 종말

우리는 자연은 영원한 것이라고 믿고 있다. 자연은 데본기, 트라이아스기, 백악기, 홍적세 등 학창시절에 배웠던 지질시대들을 무한히 느린 속도로 지나왔다. 찰스 다윈(Charles Darwin)의 등장 이래 수많은 작가들이 인간으로서는 헤아리기조차 어려운 장구한 자연의 역사를 설명하느라 애를 썼다. 20세기 초에 미국의 자연주의자이자 수필가 존 버로스(John Burroughs)는 이렇게 썼다.

"커다란 변화는 느리게, 진정 너무나 느리게 이루어졌다. 동양인들은 히말라야산이 1000년에 한번씩 스치는 엷은 안개로 인해 조금씩 닳아져 마침내 가루가 될 때쯤에도 영원은 시작되고 있을 뿐이라는 설명으로 영원의 의미를 이해하려 했다. 실제로 지구의 산들은 그에 버금가는 느린 속도로 풍화되어 가루가 되었다."

지구의 나이를 24시간으로 본다면 인간이 지구에 정착하여 산 기간은 고작 1분밖에 되지 않는다. 삼엽충시대는 약 6억 년 전에 시작되었고, 공룡은 1억 4000만 년 동안 지구에서 살았다. 100만 년조차도 도저히 가늠이 어려운 우리에게 몇억 년이라는 숫자는 무엇을 말해주는가? 그것은 바로 순식간에 일어나는 일은 없다는 것이다. 자연의 모든 변화에는 상상할 수 없을 정도의 긴 지질학적 시간이 필요하다.

하지만 시간에 관한 이런 개념은 본질적으로 잘못된 것이다. 과학적으로 좀 뒤죽박죽이긴 하지만 7000년 전에 갑자기 지구가 출현했다고 주장하는 특수창조론자(진화론의 반대)들은 그래도 시간의 흐름에 관해 다른 사람들보다는 나은 직관적 이해를 하고 있다. 우리가 알고 있는 세계, 즉 인간이 일종의 문명을 이룩하고 북아메리카와 유럽을 포함한 지구 대부분 지역이 온난해져서 실제로 많은 사람이 살 수 있는 세계가 존재한 기간은 인간이 이해할 수 있는 시간대에 속해 있다.

예컨대 인간은 1만~1만 2000년 전에 메소포타미아 평원 북쪽 지역에서 원시사회를 이루고 살았다. 30년을 한 세대로 볼 때 그것은 330~400세대 전이다. 책상에 앉아 생각을 집중하면 나는 5세대 조상까지 기억할 수 있고, 4세대까지는 사진을 본 적도 있다. 그 정도면 문명이 시작된 시점까지의 시간 중 60분의 1 정도를 기억한 것이다. 우수한 계보학자의 도움을 받는다면 우리는 30분의 1 정도까지도 거슬러올라가 조상들이 어떻게 살았는지 파악할 수 있다. 고고학자들의 연구논문이나 성경에 나오는 일화 등을 참고한 다면 이집트의 파라오가 통치하던 시대, 즉 인류사 3분의 1 이상까지도 거슬러올라가 그들의 일상생활을 추측해볼 수 있다. 구체적으로 265세대 전으로 올라가보면 우리는 3000명의 인간이 도시 외곽에 성벽을 쌓고 살아가던 예리코와 만나게 된다. 265는 분명 큰 숫자임에 틀림없지만 6억과 비교하면 별것도 아니다. 적어도 헤아릴 수 없을 정도로 크지는 않다.

또는 이렇게 볼 수도 있다. 지구상에는 문명과 역사를 함께 하는 식물들이 있다. 그것은 종(種)으로서가 아니라 개개의 식물을 말하는 것이다. 예를 들어 캘리포니아 세코이아 국립공원에 있는 셔먼장군나무의 나이는 인류문명의 3분의 1, 즉 4000년이나 된다. 남극지방에 사는 일부 이끼들은 1만 년 전에 태어났고, 최근 밝혀진 사실에 의하면 미국 남서부 사막에 사는 크레오소트의 나이는 1만 1700년이나 되었다.

물론 1만~1만 2000년 동안의 문명시대에서 시간은 균일하게 흐르지 않았다. 현재 우리가 알고 있는 세계는 아마도 르네상스 시대에 시작되었을 것이다. 그리고 우리가 정말 실제로 알고 있는 것과 비슷한 세계는 산업혁명 시대에나 시작되었을 것이다. 실제로 우리가 몸담고 살기에 편안하다고 느낀 세계는 1945년에나 시작되었다. 제2차 세계대전 이후에야 비로소 플라스틱이 널리 사용되었기 때문이다.

이렇듯 '과거'를 바닥 모를 우물과도 같이 끝없는 시간이라고 보고 이를 근거로 추출해낸 '영원한 미래'라는 개념은 아무리 튼튼해보일지라도 착각에 불과하다. 변함없이 느린 속도로 진행되어온 진화의 역사에서 진흙으로부터 인간이 나오는 데 수십억 년이 걸렸다. 그러나 시간은 항상 육중한 걸음으로 느리게 움직이지만은 않았다. 엄청난 사건이 그야말로 순식간에 일어나기도 한 것이다. 히로시마에 원자폭탄이 투하된 이후 그런 것이 가능하다는 것은 주지의 사실이지만, 여기서 의미하는 것은 그 정도의 빠른 시간이 아니다. 그것은 1년이나 10년 또는 한 인간의 일생동안 일어날 수 있는 거대하고 극적인 대변화에 관한 것이다.

처음에는 말도 안 되는 것이었지만 이제는 대륙이 장구한 세월을 이동해왔다거나 순식간에 소멸할 수 있다는 개념을 우리는 거부감 없이 수용하고 있다. 그럼에도 우리는 우리의 일상적인 시간들은 그런 대변화와 무관한 것이라고 생각한다. 하지만 실제로는 그렇지 않다. 지난 30년 동안 대기권으로 배출된 이산화탄소는 315ppm이던 것이 350ppm 이상으로 10퍼센트나 증가했다. 지난 10년간 남극대륙 상공의 오존층에 거대한 구멍이 뚫렸고, 지난 5년간 산성비에 파괴된 서독의 숲은 10퍼센트 이하이던 것이 50퍼센트 이상으로 늘어났다.

월드워치 연구소의 통계에 의하면 미국 땅에 최초의 정착민이 이주했던 그 굶주림의 겨울 이후 처음으로 1988년에 미국인의 소비 식량이 국내 생산량을 넘어섰다. 다시 한번 버로스의 글을 인용해보자.

"어느 여름날 내가 고향의 시골길을 걷고 있던 중에 앞쪽으로 3~4미터 떨어진 곳에서 갑자기 돌담이 무너져내렸다. 주변이 워낙 고요하고 움직임이 없었던 터라 나는 더더욱 놀랐다. ……그것은 반세기 동안 돌의 원자 내부에서 일어나던 변화가 한순간에 현실로 나타난 것이었다. 오랜 세월의 풍상에 모래 한두 알이 무너지기 시작했고, 그 이후 자체 중력에 의해 절로 붕괴되고만 것이다."

시간을 상상할 수 없이 긴 것으로 생각하는 것처럼 우리는 지구 또한 가늠할 수 없이 큰 것으로 생각한다. 물론 우주비행시대가 개막되면서 어둡고 추운 거대한 우주 공간 속의 생명과 빛을 가진 작은 별로 지구를 생각하게 되었지만, 이러한 이미지가 실제로 인류의 가슴까지 다가온 것은 아니다. 우리에게 지구는 여전히 거대하며 무한한 존재로 남아 있다. 적어도 일반적인 이차원적 사고에서는 그렇다. 실제로 비행기를 자주 타서 보너스 마일리지가 많이 쌓인 사람도 지표면의 극히 일부밖에 보지 못한다. 세상에서 가장 용감한 뱃사람도 거대한 바다의 일부 뱃길만을 항해할 뿐이다.

뉴욕주 북부의 애디론댁 산맥 기슭에 있는 우리 집과 맨해튼 사이에는 광대한 공간이 가로놓여 있다. 그것은 한 대륙에 있는 하나의 국가에 속한 하나의 주를 가로질러 차로 다섯 시간을 가는 거리다. 하지만 우리 집 앞의 길 끝에 있는 우체국까지의 거리는 10.5 킬로미터다. 자전거로 가면 25분, 차로 가면 8~9분 정도 걸린다. 전에 걸어보았더니 1시간 반이 걸렸다. 만약 거기서 자전거의 방향을 틀어 지표면과 수직으로 올라간다면 25분 후엔 모래채취장, 묘지, 폭포, 앨런봉(峯)을 지나 에베레스트산 높이보다 1.6킬로미터나 더 높은 곳에 도달할 것이다. 그곳의 공기는 너무나 희박해서 보조기구 없이는 숨도 쉴 수 없을 것이다. 그 바로 위에 오존층이 있다. 오존층에 감싸인 그 좁은 공간 안에 모든 생명과 생명을 유지하도록 돕는 모든 것이 빼곡하게 들어차 있다.

물론 이것은 새로운 발견이 아니다. 그럼에도 내가 이 말을 되풀이하는 이유는 시간에 관한 나의 논지를 다시 펴기 위해서다. 이 세상은 우리가 직관적으로 믿고 있는 것처럼 그렇게 크지 않다. 공간도 시간만큼 유한한 것이다. 예를 들면 1년 평균주행거리 1만 6000킬로미터인 미국 자동차가 대기 중에 배출하는 탄소량은 그 차의 무게와 일치한다. 결국 복잡한 고속도로를 가득 메운 자동차가 저마다 1톤의 탄소를 대기 중으로 뿜어내면 그로 인해 높고 푸른 하늘은 점점 흐려지고 마는 것이다.

시공간에 관한 낙관적인 인식과 사소한 오해들로 인해 우리의 세계관은 왜곡되고 있다. 예를 들어 미국인은 아직도 미터법을 쓰지 않는다. 나는 학창시절에 리터, 미터, 헥타르를 비롯한 단위를 들으며 많은 날을 보냈다. 그리고는 곧바로 잊어버렸다. 과학자가 되어 그런 단위를 늘 사용하는 친구들을 빼고는 모두가 그랬다. 그래서 지금부터(1989년-옮긴이) 2000년까지 기온이 섭씨 0.8도 오르리라는 기사를 보면 화씨 1.5도가 오르리라는 기사보다 덜 심각해 보인다. 마찬가지로 해수면이 90센티미터 높아질 것이라는 예측은 1야드가 높아질 거라는 표현보다 충격이 덜하다. 실은 정상적 경사도를 가진 해변에서 수면이 상승해 바닷물이 현재 해안선보다 90미터나 안으로 들어오게 된다는 생각을 하기 전까지는 두 경우 다 별로 심각하게 느껴지지 않는다.

토양이나 물의 화학적 구성을 대표하는 로그지수적 척도 pH 역시 보통의 사람들에게는 유원지에서 보는 만화경만큼이나 현실을 왜곡하는 것이다. 예를 들면 '정상적'인 빗물의 pH는 5.6이다. 하지만 애디론댁에 내리는 산성비의 pH는 4.6~4.2이며 그것은 정상비보다 10~14배의 산성을 띤다는 의미다.

그런 어렵고 모호한 말들 중에서도 가장 수명이 짧은 말, 즉 밀레니엄이 가장 의미심장한 것은 역설이다. 그것은 우리가 지구에 거주하게 된 시간이 우연히 2000년에 근접해 있다는 뜻이다. 우리는 줄곧 다가오는 밀레니엄, 즉 2000년에 대한 글과 책을 읽기만 해왔다(이 책의 최초 출판일인 1989년을 기준-옮긴이). 2000년이란 시간은 멀리 있는 밝은 미래, 날아다니는 자동차를 타고 화상전화로 이야기하는 미래의 상징이 되었다.

그에 비하면 2010년은 더더욱 우리 손이 닿을 수 없는 먼 시간처럼, 마치 거대한 대양 저편에 있는 존재처럼 느껴진다. 만약 누군가 내게 2010년에 아주 나쁜 일이 일어나리라고 말한다면 약간의 우려는 하겠지만 결국은 아주 먼 일로 제쳐놓을 것이다. 따라서 1989년이라는 현시점에서 2010년이 오려면 실은 비틀즈가 해체된 때부터 현재까지의 시간보다 더 가깝다거나, 새로운 밀레니엄이 로널드 레이건(Ronald Reagan)이 대통령에 선출된 때부터 지금까지의 시간보다 더 가깝다고 생각하면 좀 충격적이다. 이렇듯 우리는 숫자에 대한 환영 속에서 살아가고 있고 그 때문에 미래를 제대로 보는 것이 어렵다.

자연이 영원하리라는 낙관적인 생각이나 우리가 느낄 수 없을 정도로 서서히 변화하리라는 믿음은 실은 교묘하게 왜곡된 관점이다. 인간에게 영향을 미칠 수 있는, 전쟁보다 더 크고 광범위한 변화가 우리의 삶이 끝나기 전에 일어날 수 있다. 그런 사실을 인식하지 못한 채 인류는 이미 변화의 문턱으로 들어섰다. 우리는 자연의 종말을 맞이하고 있는 것이다.

내가 말하는 자연의 종말이 세상의 종말은 아니다. 세상에는 여전히 비가 내리고 태양이 떠오를 것이다. 물론 이전과는 다르겠지만 말이다. 내가 말하는 '자연'이란 인간이 가진 세상에 대한 일련의 사상과 그 세상 안에서의 인간의 위치를 말한다. 하지만 인간을 둘러싸고 있는 구체적 현실이 변함에 따라, 과학자가 측정하여 숫자로 표기할 수 있는 현실이 변함에 따라 그런 사상들, 즉 자연의 죽음이 시작되었다. 이런 변화는 점점 더 자주 우리의 인식과 충돌할 것이고, 자연이 영원하고 별개의 존재라는 우리 생각은 마침내 종식될 것이다. 그제야 우리 인류는 스스로의 행위를 분명히 알게 될 것이다.

전지구적인 온실실험

스반테 아레니우스(Svante Arrhenius)는 1884년 스웨덴의 웁살라대학에서 물리학 박사학위를 받았다. 그의 학위논문은 최하 점수로 간신히 통과되었지만, 그로부터 19년 후 그는 용액의 전도성에 관한 논문으로 노벨상을 수상하게 된다. 아레니우스는 당시의 상황에 대해 훗날 이렇게 설명했다.

"나는 존경하는 지도교수 클리브에게 가서 말했다. '제가 화학반응의 원인이 되는 전기전도성에 관한 새로운 이론을 발견했습니다.' 그러자 교수는 '잘했군'이라고 말하고는 잘 가라고 인사만 했다. 후에 교수는 내게 자신의 태도에 대해 해명했다. 당시에 이미 너무나 많은 전기전도 이론들이 나와 있었지만 그것들은 결국 오류 때문에 거의 다 학계에서 잊혀졌고, 그러한 통계적 수치에 근거해서 내 이론 역시 오래가지 않으리라고 생각했다는 것이었다."

아레니우스의 이론이 무시당한 경우는 비단 전해질의 전도성에만 한한 것이 아니었다. 산업혁명 직후의 몇십 년을 연구한 결과 그는 인류가 전례 없이 빠른 속도로 석탄을 태워서 '지구의 탄광을 대기 중으로 증발시키고' 있음을 발견했다. 과학자들은 이미 화석연료 연소의 부산물인 이산화탄소가 적외선 복사열을 우주로 반사시키지 못하고 차단하는 현상을 알고 있었다.

열전도 이론을 발전시킨 장-밥티스트 푸리에(Jean-Baptiste Fourier)는 이미 1세기 전에 이 현상에 대해 알고 있었고 이를 '온실'에 비유해 설명하기도 했다. 하지만 보름달에서 나오는 적외선 복사열을 측정하여 인간에 의한 이산화탄소 생성 증가의 영향을 최초로 계산한 것은 아레니우스였다. 그는 대기 중 이산화탄소량이 산업혁명 이전 수치의 두 배가 될 때 지구의 평균기온은 5도까지 올라갈 것이라고 결론지었다. 이것은 미국 중부의 혹서(heat wave : 여름철에 간헐적으로 수일 또는 수주간 계속되는 이상고온현상으로, 열파라고도 하지만 이 책에서는 혹서로 통일—옮긴이)가 40도, 50도 대까지 올라가고, 해수면이 수 미터 상승하며 밭에서 농작물이 말라죽으리라는 것을 의미했다.

아레니우스의 이런 주장은 별로 알려지지 않았다. 어쩌다 한두 명의 과학자가 그 이야기를 꺼내기는 했다. 예를 들면 1930년대 영국 물리학자 캘린더(G. S. Callendar)는 1880년대에 기상학자들이 인지한 북아메리카와 북유럽의 온난화가 이산화탄소 증가와 관련이 있으리라고 추측했다. 하지만 1940년에는 그 온난화가 기온의 한랭화로 대치된 듯 보였다. 더욱이 대부분의 과학자들은 석유를 이용해 인류의 생활을 향상시키는 데 몰두하느라 그런 장기적인 예측은 할 겨를이 없었다. 이 문제를 숙고한 극소수의 과학자들조차 대기권보다 훨씬 더 많은 이산화탄소를 함유한 바다가 인간이 생성시킨 잉여 이산화탄소를 흡수해주리라고 결론지었다. 바다는 인류의 문제를 쏟아부을 수 있는 무한한 하수구였던 것이다.

그런데 1957년 캘리포니아 스크립스 해양연구소에 근무하던 두 명의 과학자, 로저 레벨(Roger Revelle)과 한스 쥐스(Hans Suess)

가 학술지인《텔루스 *Tellus*》에 이 문제에 관한 연구결과를 발표했다. 그들의 발견은 실망스러운 것이었다. 아니 실은 그 이상으로 그들은 한계성의 시대에서 가장 중요한 단 하나의 한계 인자인 무덥고 비좁은 행성인 지구를 발견했다.

그들이 발견한 것은 기존의 인식이 잘못되었다는 것이었다. 즉 대기와 바다가 만나 반응할 때 해양의 상층은 인간이 생성해낸 이산화탄소의 극히 일부분만을 흡수한다는 사실이었다.

좀더 정확히 말해 그들이 밝힌 것은 "해수에 아주 소량의 이산화탄소가 용해되어도 해양과 대기가 평형상태에 이르는 이산화탄소의 압력에는 꽤 큰 변화가 초래된다는 것이었다." 그들은 수백만 개의 굴뚝과 용광로와 자동차 배기가스가 대기 중으로 배출하는 이산화탄소의 대부분이 처음 그대로 대기 중에 남아 서서히 지구의 기온을 높여가리라는 것을 극적으로 보여주었다. "인류는 지금 과거에도 없었고 앞으로도 되풀이되지 않을 일종의 대규모 지구물리학적 실험을 하고 있다"고 그들은 논문에서 언급했다. 또한 그들은 과학자들 특유의 병적일 정도의 삼가는 표현으로 이렇게 덧붙였다. "충분한 실험과 연구가 뒷받침된다면 이 실험은 날씨와 기후가 결정되는 과정에 심오한 통찰을 가능하게 할 것이다."

지구온난화의 원인에는 오존층 감소, 산성비, 유전공학 등이 있지만 자연의 종말이라는 이 이야기는 결국 전지구적인 온실 실험과 그로 인한 날씨 변화로부터 시작한다.

계속 증가하는 이산화탄소 배출

유전에서 석유를 추출하는 것은 수천 년 동안 땅속에 저장되어 있던 유기물질을 뽑아 쓰는 것이다. 석유(또는 석탄이나 천연가스)를 태울 때 내부에 함유되어 있던 탄소는 분리되어 이산화탄소 형태로 대기 중에 배출된다. 그러나 이것이 일반적 의미의 '오염'은 아니다. 오염물질은 연소할 때 불필요한 부산물로 배출되는 일산화탄소를 말한다. 확실히 청정연소 엔진은 일산화탄소를 덜 배출한다. 하지만 이산화탄소의 경우에는 아무리 청정연소 엔진이라 해도 포드가 만든 구형 자동차 '모델 T'보다 더 나을 것이 없다. 휘발유 1리터당 자동차가 배출하는 이산화탄소는 670그램이다.

지난 100년 동안 인류는 오랜 세월 생성되어 저장된 탄소의 상당량을 엔진 가동과 산불을 통해 소모해버렸다. 그것은 마치 어떤 사람이 평생을 아끼고 절약하며 살다가 어느 멋진 한 주일에 재산을 모두 탕진해버린 것과 같다. 그래서 생물학자 로트카(A. J. Lotka)는 '현대는 진정 이례적인 시대'라고 말했다. 1970년대 석유파동을 겪으며 깨달았듯이 인류는 재산을 탕진하며 살고 있다. 하지만 이것은 상상 이상이다. 그리고 우리가 재산을 탕진하는 과정에서 대기가 변화되고 있다. 한 주일의 방탕을 즐기는 동안 인류는 생명을 앗아가는 치명적인 병에 걸리고 있는 것이다.

지구에 생명이 시작된 이후 대기 중에는 언제나 일정량의 이산화탄소가 존재해 어느 정도의 햇빛을 흡수함으로써 지구를 따뜻하게 했다. 만약 이산화탄소가 없었다면 지구는 화성처럼 추운 곳이 되었을 것이고 생명을 지속시킬 수도 없었을 것이다. 사실 약간의 온실효과는 식물이 생장하는 데 더 유익하다. 문제는 어느 정도인가이다. 금성은 대기의 97퍼센트가 이산화탄소로 구성되어 있다. 그리하여 지구 대기권에 비해 적외선 복사열을 100배 더 잘 저장함으로써 금성의 온도를 지구보다 700도나 높게 했다. 이에 비해 지구의 대기는 대부분이 질소와 산소이다. 현재 지구 대기 중 이산화탄소 양은 0.035퍼센트로서 극히 미량이라고 할 수 있다. 온실효과에 대한 우려는 이산화탄소의 양이 0.055~0.06퍼센트로 증가하리라는 것인데, 수치상으로는 그다지 크지 않은 그 작은 변화가 모든 것을 다르게 만들어버린다.

1957년 레벨과 쥐스가 논문을 발표했을 때 이산화탄소가 증가하고 있다는 사실을 확실히 아는 사람은 거의 없었다. 스크립스 해양연구소의 젊은 과학자 찰스 킬링(Charles Keeling)은 남극과 하와이의 마우나로아 섬의 3400미터 상공에 기상관측소를 설치했다. 그의 관측은 곧 레벨-쥐스 가설이 정확함을 증명해주었다. 1958년 최초의 관측에서 마우나로아 섬의 대기는 약 315ppm의 이산화탄소를 함유했다. 이후 관측결과는 그 수치가 매년 점점 더 빨리 증가하는 추세임을 보여주었다. 처음에는 연 0.7ppm이 증가했지만 지금은 적어도 그 두 배인 1.5ppm씩 증가하고 있다.

과학자들이 빙하층에 구멍을 뚫어 고대의 빙하 내부에 동결된 대기와 오래된 망원경에 밀봉된 대기를 검사한 결과 산업혁명 이전의 대기는 280ppm의 이산화탄소를 포함하고 있었고, 그것이 지난 16만 년 동안 최고기록이라는 사실을 확인했다. 하지만 현재는 그 수치가 360ppm에 이르고 있다. 연 1.5ppm의 비율로 증가한다고 할 때 대기 중 이산화탄소는 140년 후에 산업혁명 이전의 두 배가 된다. 그리고 이미 언급했듯이 이산화탄소는 미량으로도 기후를 변화시키기 때문에 두 배라는 양은 절대적 수치는 작을지라도 엄청난 영향을 미칠 수 있다. 그것은 마치 요리책을 잘못 읽어 한 시간 구울 빵을 두 시간 굽는 것처럼 매우 중요한 문제다.

더욱이 연 1.5ppm이라는 수치도 정해진 상수가 아니다. 아마도 더 증가할 것이 거의 확실하다. 여기서 중요한 사실은 인구통계학적이고 경제적인 것이지 화학적인 것이 아니다. 세계 인구는 금세기에 세 배 이상 늘었고, 1989년 5월 발표된 UN 통계에 의하면 향후 100년간 다시 한번 두세 배에 가깝게 될 것이라고 한다(현재 인구 상황은 한 10~20년 동안 나아지다가 다시 악화되고 있다. 중국의 출산율은 1986년 2.1명에서 2.4명로 증가한 후 그 수치를 계속 유지하고 있다). 그런데 3배수가 된 인구는 세 배의 자원만 쓰는 것이 아니다. 지난 세기에 산업 생산량은 50배로 늘어났다. 그중 5분의 4는 1950년 이후에 늘어난 것이고 당연히 화석연료를 바탕으로 한 것이다. UN은 다음 반세기 동안 지금의 13조 달러 경제가 5~10배로 성장하리라고 예측하고 있다.

이런 사실은 적외선 복사열 화학만큼이나 변화시키기 어려운 것으로서, 에너지 소비가 연 2~3퍼센트 증가할 것임을 의미한다. 그

가운데 석탄의 비중이 가장 클 것이며 이것은 분명히 우려할 만한 일이다. 석탄은 어떤 에너지원보다도 이산화탄소를 많이 배출하기 때문이다(천연가스의 두 배). 세계 최대 석탄매장국인 중국의 최근 채탄량은 소련을 앞질렀고, 중국은 2000년에는 자국의 석탄 소비를 두 배로 늘릴 계획이다.

분명히 이런 현상은 오랜 기간에 걸쳐 일어난 일이 아니다. 이것은 마라톤이 아니라 100미터 달리기이고, 르망 24시간 레이스(Le Mans 24-hours race: 한 바퀴가 13.48킬로미터인 경주로를 24시간 달려 가장 긴 거리를 주행한 차가 우승하는 자동차 경주-옮긴이)가 아니라 계속 빨라지는 드래그 레이스(drag race: 400미터 단거리에서 가속만을 겨루는 자동차 경주-옮긴이)와도 같다. 세계자원연구소에서 만든 측정모델에 의하면, 에너지 사용과 이산화탄소 증가에 영향을 끼치는 여타 요인들이 기하급수적으로 증가할 경우 2040년의 이산화탄소 수치는 산업혁명 이전의 두 배가 되리라고 한다. 대다수의 예측처럼 이 수치가 약간 느리게 증가하더라도 2070년쯤에는 결국 두 배가 될 것이다.

1989년 7월 중순, 세계경제대국 7개국 지도자회의는 이산화탄소를 제한하는 '공동 노력을 강력히 지지할 것'을 결의했다. 하지만 구체적인 해결책이 없었기 때문에 더 이상은 어쩔 수가 없었다. 예를 들면 화력발전소 굴뚝에 이산화탄소를 제거하는 일종의 집진기를 설치하는 것은 유효한 일처럼 보인다. 하지만 90퍼센트의 이산화탄소가 제거되면 발전소 유효 능력도 80퍼센트로 낮아진다.

그래서 좀더 자주 제기되는 대안은 원자력을 사용하라는 것이다. 하지만 에너지 사용량 중 많은 부분을 자동차 연료가 차지하고 있기 때문에 정치적 의지와 가능한 경제적 자원을 모두 동원하여 신속하게 모든 곳을 핵발전소로 바꾼다 해도 이산화탄소 배출량은 4분의 1 정도밖에 감소되지 않을 것이다. 적어도 초기에는 상온핵융합 원자력발전이든 고온핵융합 원자력발전이든 또는 다른 청정전기 생산법이든 마찬가지다. 그러므로 우리에게 요구되는 희생의 정도는 상상할 수 없을 정도가 될 것이다.

온실효과의 원인들

대기 중의 이산화탄소량이 증가하는 원인은 비단 화석연료 연소만이 아니다. 예를 들어 산림을 태우는 것도 대기 중에 탄소구름을 올려보내는 일이다. 현재 삼림지역은 여전히 지표면의 40퍼센트를 구성하고 있는데 이는 농경시대 이전에 비해 약 3분의 1로 감소된 것이며, 두말할 것도 없이 감소율은 가속화되고 있다.

브라질의 파라에서는 1975~1986년 사이에 18만 평방킬로미터의 숲이 사라졌다. 그 전의 100년 동안에는 새로 이주한 개척자들이 1만 8000평방킬로미터의 숲을 없애버렸다. "밤이면 포효하는 불꽃으로 삼림은 전쟁에 휩싸인 듯 보였다"고 한 기자는 기록했다. 브라질 정부는 삼림의 연소를 늦추려고 했지만, 유럽 대륙보다 더 큰 아마존 지역에 단 900명의 산림감시원을 고용했을 뿐이다.

이것은 새로운 소식이 아니다. 열대우림이 사라지고 있으며, 그곳에 살던 대부분의 식물과 동물 종도 동시에 사라지고 있다는 것은 주지의 사실이다. 하지만 여기서는 고유한 자원, 생명의 요람, 다른 무엇으로도 대체할 수 없는 장엄한 경관 등을 상실하고 있다는 문제들은 잠시 잊기로 하자. 빽빽하게 들어선 열대우림이 배출하는 단위당 탄소량은 일반 삼림보다 3~5배 더 많다. 브라질에서 불타 없어지는 1에이커의 삼림은 옐로스톤 국립공원 삼림이 1만 2000~2만 평방미터나 사라지는 것과 같다. 현재 삼림 소멸로 대기 중에 배출되는 탄소는 25억 톤 정도인데 이는 화석연료로 배출되는 양의 20퍼센트 정도다. 더욱이 삼림을 태워 만든 화전은 토양의 질이 나빠 몇 년 정도 농작물을 소출하고 나면 금세 사막이나 목초지로 변하고 만다.

목초지가 있는 곳에는 소가 있다. 소는 내장에서 엄청난 양의 혐기성 박테리아를 키워 풀에 함유된 셀룰로오스를 분해한다. 그래서 소는 사람과 달리 풀을 먹을 수 있는 것이다. 이것은 셀룰로오스를 소화하는 박테리아들이 메탄가스를 배출하기 때문에 중요한 문제가 된다. 메탄이나 천연가스는 연소시 이산화탄소를 배출한다. 그 양은 석유의 반에 불과하지만 메탄이 연소되지 않고 대기 중에 배출되면 이산화탄소보다 20배나 되는 태양복사열을 저장하여 지구의 온도를 높인다. 따라서 메탄이 대기 중에 2ppm 이하로 존재한다 해도 대단한 영향을 미치는 것이다. 일반적으로 대기 중의 메탄은 '자연적' 원천(메탄 생성 박테리아)에서 발생되지만 박테리아의 수가 많아진 것은 분명 인간의 영향이다. 인류는 12억 두의 소와 수많은 낙타, 말, 돼지, 양, 염소 등을 사육하고 있다. 이 동물들이 매년 대기 중에 배출하는 메탄가스는 7300만 톤으로, 지난 세기에만 435퍼센트가 증가했다. 물론 버펄로를 비롯한 야생동물도 메탄가스를 토해내지만 그 양은 별로 많지 않다.

또한 인류는 보다 더 극적인 방법으로 다량의 흰개미도 키우고 있다. 흰개미는 장내에 소와 동일한 박테리아를 가지고 있어서 나무를 갉아먹고 살 수 있다. 우리는 흰개미를 집의 파괴자로 생각하지만 실제로 그들은 집의 건축자로서 정교하고 바위처럼 단단한 6~9미터의 봉분형 요새를 만든다. 이 요새 안에서 세분화된 계급의 흰개미들이 여왕개미를 지킨다. 이를 위해 일부 흰개미는 자신의 몸보다 길고 뾰족한 집게를 사용한다. 어떤 개미들은 하수구 마개 같은 머리로 통로를 막음으로써 침입자를 막아낸다. 또 공격을 당하면 폭발해버리거나 독을 쏘는 흰개미들도 있다. 만약 불도저가 봉분 요새를 밀어버린다 해도 일하는 흰개미는 몇 시간 내에 다시 집을 짓는다.

흰개미는 음식의 공급이 숫자를 결정한다는 면에서는 다른 동물과 다르지 않다. 그런데 열대우림이 벌목되어 죽은 나무가 곳곳에 쌓이면 흰개미의 잔치상이 되고 만다. 국립기상연구센터의 패트릭 짐머만(Patrick Zimmerman)은 흰개미가 지렁이보다 더 '높은 소화능력'을 가지고 있다고 했다. 흰개미는 섭취한 목재에 존재하는 탄소 중 65~95퍼센트를 분해할 수 있다(목재는 50퍼센트가 탄소다).

이들은 엄청난 양의 메탄을 배출한다. 하나의 흰개미집은 1분당 5리터의 메탄을 대기 중에 뿜어낸다. 산림벌채가 진행되면서 흰개미 숫자도 늘어났다. 일부 과학자들의 추정에 의하면 현재 지구에는 인구 1인당 0.5톤의 흰개미가 존재한다고 한다. 다시 말해 1인당 6~7명의 체중에 해당하는 흰개미가 존재하는 것이다.

흰개미가 메탄 발생의 주요 원인이라는 데는 학자들 간에 이견이 있지만 논에 대해서는 의견이 일치한다. 산소가 없는 논바닥의 진흙은 메탄 생성 박테리아의 집이다(그래서 때로 메탄을 늪지 가스라고도 부른다). 그리고 메탄 배출에 있어 논은 흰개미보다 더 효율적이다. 벼가 대롱 역할을 하여 매년 논에서 배출되는 메탄가스가 1억 1500만 톤이나 된다. 논은 매년 그 숫자와 크기가 늘어나는데, 그것은 출산율 2.4명에 달하는 중국의 어린이를 먹여 살려야 하기 때문이다.

그리고 쓰레기 매립지도 있다. 짐머만은 30퍼센트의 매립지가 썩어서 메탄을 생산하는 '부패성' 매립지라고 말했다. 스태튼 아일랜드에 있는 뉴욕시의 매립장에서는 쓰레기더미 밑에서 직접 가스를 끌어올려 수천 곳의 가정으로 보내고 있다. 하지만 대부분의 매립지는 공중으로 배출되는 것을 방치하고 있다.

더욱이 과학자들은 최근 이런 원인들에서만 메탄가스가 나오는 것이 아니라고 주장하고 있다. 하버드대학의 물리학자 마이클 맥엘로이(Michael McElroy)는 "자세히 살펴볼수록 편안한 마음은 사라질 것이다"라고 경고한다. 과학자들은 메탄의 동위원소들을 측정한 결과 소와 흰개미, 논에서는 '가벼운' 메탄이 생성되는 반면, 다른 곳에서는 '무거운' 메탄이 발생한다는 것을 발견했다. 이 엄청난 양의 메탄가스가 툰드라와 대륙붕의 진흙 속에 수화물로서 저장되어 있다는 그들의 보고는 실로 두려움을 야기하는 문제다. 간단히 말해 그것은 메탄 얼음으로, 바다 밑 진흙뻘 속에만도 10조 톤의 메탄이 함유되어 있다.

온실효과가 해양의 온도를 높여서 영구동토층이 녹기 시작하면 마지막에는 그 메탄 얼음들도 녹으리라고 일부 과학자들은 말하고 있다. 일부 예측에 의하면 그로 인한 메탄 배출량은 연 6억 톤에 이를 것이고 대기 중 메탄은 현재의 두 배로 늘어날 것이다. 그리고 이것은 악순환의 고리를 형성하여 그로 인해 변화된 대기는 또다시 더 많은 변화를 가져올 것이다. 대기가 온난화되면 메탄이 더 배출된다. 그리고 메탄이 배출되면 기온은 더 오른다. 그렇게 악순환의 고리는 계속된다.

온실가스의 요인을 종합적으로 살펴보면 이산화탄소보다 메탄가스가 더 급격하게 증가했다. 남극대륙의 빙하 시료를 분석했을 때 지난 16만 년 동안 대기 중 메탄 농도는 0.3~0.7ppm 수준이었고, 기온이 가장 높았던 시기에 최고 농도를 나타냈다. 1987년에 대기 중 메탄 함량은 1.7ppm이었다. 세 번의 빙하기와 간빙기 때보다 2~2.5배의 메탄이 현재 대기 중에 존재하는 것이다. 그리고 그 농도는 매년 1퍼센트씩 상승하고 있다.

인간은 이외에도 소량의 다양한 온실가스를 대기 중에 배출하고 있다. 산화질소, 염소 화합물 등은 모두 이산화탄소보다 효율적으로 열을 저장한다. 과학자들은 현재 비록 농도는 작지만 다양한 희소가스들과 메탄이 온실효과의 50퍼센트를 일으킨다고 보고 있다. 결국 이들의 총합은 이산화탄소만큼이나 큰 문제를 발생시키는 것이다. 이 모든 화합물은 대기를 온난화하면서 수증기를 더 많이 함유하는데 그 수증기 또한 강력한 온난화 가스다. 영국기상청의 계산에 의하면 이 잉여 수증기가 온난화에 미치는 영향은 이산화탄소의 3분의 2 정도라고 한다.

변화하는 대기

지난 100년 동안 인류는 대기 중 이산화탄소를 25퍼센트 증가시켰고, 향후 100년 동안 또 두 배로 만들 것이다. 메탄 역시 두 배 이상 증가시켰다. 그 밖에 다양한 희소 가스들도 증가시켰다. 결국 인류는 지구 대기의 구성을 본질적으로 변화시켜놓은 것이다.

이것은 분명 국지적 오염이나 로스앤젤레스 상공의 스모그와는 다르다. 우리는 지구 전체의 대기 변화를 말하고 있는 것이다. 1960년에 오지의 산에 올라 병 안에 담은 정상의 공기와 올해 똑같이 담은 공기는 상당히 다른 결과를 보여줬을 것이다. 그들의 화학적 구성이 근본적으로 변한 것이다.

온실효과에 관한 토론이 열리면 이미 변화가 진행되고 있다는 사실은 숙고할 틈도 없이 '수면이 상승할 것인가?' 등과 같은 미래에 대한 파급효과로 서둘러 넘어가버린다. 그러나 우리 주변의 공기는 가장 깨끗한 곳, 봄내음이 나며 새소리로 가득한 곳조차도 이미 변했다. 그것도 눈에 띄게 변했다.

이제 '새로운 대기'가 무엇을 의미하는지 살펴보자. 그것이 아무런 의미도 없다면 우리는 곧 잊어버릴 것이다. 공기는 이전처럼 색깔이나 냄새도 없으며 숨쉬기도 용이할 것이다. 그리고 직접적 영향은 눈에 띄지 않는다. 늘 실내에서 생활하는 사람은 대기보다 훨씬 농축된 이산화탄소가 들어 있는 공기를 마시면서도 별 부작용 없이 살아간다. 연방정부는 산업근로자의 실내공기 이산화탄소 노출 한도를 5000ppm, 즉 대기 중 함량의 15배 농도로 정해놓았다. 앞으로 100년 후에도 쉬는 시간에 교실 밖으로 나온 어린이는 교실 안에 있는 어린이보다 훨씬 적은 양의 이산화탄소를 흡입할 것이다.

하지만 이것은 그다지 좋은 소식이 아니다. 비록 그 영향이 직접적이지 않아도 이것은 인류에게 매우 중요한 문제다. 대기구성의 변화는 날씨를 변화시키고, 그리하여 어린이의 쉬는 시간을 변화시킬 것이다. 기온, 강우량, 바람의 속도도 변할 것이다. 사실 대기권 상층부의 화학적 구성은 외국어로 쓰인 책처럼 낯설지도 모른다. 하지만 그것이 뉴욕과 샌프란시스코의 날씨로 통역되면 우리 모두의 삶을 변화시키게 되는 것이다.

이런 영향에 관한 이론은 기온 상승 추정치로부터 시작된다. 아레니우스는 대기 중 이산화탄소량이 산업혁명 이전의 두 배가 되면 기온이 5도 오르리라고 했다. 레벨-쥐스의 논문과 킬링이 측정한 마우나로아 섬의 데이터로부터 시작된 우려의 결과 전체 지구에 대한 광범위한 컴퓨터 모델이 출현했다. 그 모델은 지구 표면을 수천 개의 박스로 분할하고, 개개의 박스는 또 수직으로 분할되어 각기 대기와 땅, 바다의 다양한 층을 나타내고 있다. 일종의 기상학적 스프레드시트 프로그램이라 할 수 있는 이것은 개개의 박스에서 우선 물리학의 근원적 보존 법칙을 해결하고, 다음에는 질량과 에너지의 전환 및 한 박스에서 다음 박스로 가는 힘을 계산한다. 그렇게 해서 이 복잡한 프로그램은 아주 먼 미래의 날씨까지 예측하는 것이다. 예를 들면 이 모델은 대기 중의 이산화탄소량 같은 하나의 변수를 변화시켜 그 결과를 지켜보는 것이다.

그렇게 해서 증가된 이산화탄소와 다른 기체들에 정해진 값을 대입했을 때 그 결과는 아레니우스의 예측과 별반 다르지 않았다. 이렇게 구축된 모델들은 이미 예기된 대로 이산화탄소나 그에 상응하는 온실가스의 양이 산업혁명 이전의 두 배가 될 때 지구의 평균 기온은 상승할 것이며, 그 상승값은 1.5~4.5도가 되리라는 것을 보여주었다. 지구의 기후예측모델 프로그램의 결과는 +-2 편차 내에서 일관성을 보였다.

이런 컴퓨터 프로그램들 중 가장 유명한 것은 뉴욕 맨해튼에 소재한 NASA의 고더드 우주연구소에서 핸슨과 그 연구원들이 사용한 모델일 것이다. NASA는 1970년대에 위성의 기상관측 데이터를 기반으로 정확한 예측방법을 연구하기 위해 이 컴퓨터의 초기 모델을 사용했다. 고더드 기상연구팀이 워싱턴으로 옮겼을 때 뉴욕에 남은 핸슨은 이 모델을 좀더 장기적인 문제, 즉 날씨가 아니라 기후 같은 문제에 적용해보리라 결심했다. 수년 동안 그의 연구팀은 이 프로그램을 다듬었다. 비록 엄청나게 복잡한 실제 세계를 대강 시뮬레이션한 것이었으나, 이들은 프로그램을 계속 개선하여 이산화탄소가 두 배가 되었을 때의 효과만이 아니라 그 지점에 점진적으로 이르는 과정까지 산출했다. 즉 2050년만이 아니라 2000년의 예측도 가능해진 것이다.

핸슨의 계산에 따르면 달라스에서 이산화탄소가 배증하거나 이산화탄소와 메탄 등의 혼합 가스가 그에 상당하게 증가되면 38도 이상인 날이 연중 19~78일로 늘어나게 된다. 또한 밤이 되어도 27도 이하로 떨어지지 않는 열대야가 현재의 4일에서 68일로 늘어난다. 결국 연중 162일, 즉 거의 반년 동안 기온은 32도를 웃돌게 된다. 뉴욕시도 32도를 넘는 날이 현재의 15일에서 48일로 늘어날 것이다. 이러한 기온 상승은 우리가 익숙하게 알고 있는 세상을 바꾸어놓을 것이다.

핸슨의 동료 중 하나가 기자들에게 말했다. "지금 애리조나주 피닉스시 기온은 49도에 이르렀다. 기온이 54도가 되는 날에도 사람들은 여전히 그곳에 살까? 60도가 되면 어떨까?" (지구의 평균기온 증가가 연 1도에 불과하다 해도 그와 같은 혹서는 가능하다. 평균이란 큰 폭의 상승과 하강을 포함하고 있기 때문이다.) 더욱이 이산화탄소가 배증하는 데는 수십 년이 걸리는 것도 아니다. 1988년 핸슨 연구팀이 《국제지구물리학회지 International Journal of Geo-

physics〉에 발표한 논문에 의하면 이런 변화는 늦어도 1990년대 초에 거리를 걷는 사람들에게 분명히 느껴질 것이라고 한다. 온실효과로 인해 여름이 지금보다 훨씬 더워질 확률이 커지기 때문이다.

기온변화가 초래할 영향은 무한히 많다. 예를 들면 극지방의 빙하가 녹고 더워진 물이 확산되면서 해수면은 2미터 이상 상승할 것이다. 반면 증발현상으로 인해 대륙 내부는 건조해질 것이다. 온실화된 세상에서 생활하는 것에 대해서는 현재 구제적 연구가 진행중이다. 학자들이 추측하는 변화는 곤충들의 북상으로 질병이 확산되리라는 것부터, 기온이 따스해진 캐나다가 세계강국으로 부상하리라는 것까지 다양하다. 일부 예측은 엉뚱하기까지 하다. 최근 《포춘 *Fortune*〉은 극지방의 빙하가 녹기 시작하면 미국과 소련의 잠수함이 숨을 곳이 없어진다고 지적했다. "그 결과 소련이 더 타격을 입을 것이다. 미국 잠수함은 소련 잠수함보다 더 빠르고 멀리 갈 수 있기 때문에 빙하 밑의 은신처를 굳이 의존하지 않아도 된다."

하지만 그런 예측은 섣부른 것이다. 먼저 그런 일이 진정 일어날 것인지 즉 그 이론이 맞는 것인지를 알아내야 한다. 최근 몇 년간 지구의 종말을 예언한 수많은 예측은 어긋났다. 내가 이 책을 쓰는 동안에도 유가는 1배럴에 18달러로 몇 년 전의 반값에 팔리고 있다.

가장 분명한 검증은 정말 기온이 올라가는지 확인하는 것이다. 하지만 그것은 말처럼 쉬운 일이 아니다. 온난화는 즉시 표면화되지 않기 때문이다. 레벨과 쥐스가 발견했듯이 해양은 잉여 이산화탄소를 흡수하지는 않지만 대신 많은 열을 흡수할 수 있다. 그 결과 지금까지는 바다에 저장된 열이 대기권으로 재복사될 준비를 하고 있는지도 모른다. 마치 바위가 밤새 태양열을 보유하고 있는 것처럼 말이다. 이러한 '열전도의 지체현상'은 짧게는 10년에서 길게는 100년까지 갈 수도 있다.

또한 기온 상승을 확인하기 위해 단 몇 년 동안 두세 곳을 측정하는 것은 의미가 없다. 기후는 임의적 변동성과 변화 가능성으로 가득한 존재다. 따라서 자연적으로 한랭한 해와 온난한 해들을 관찰하면서 소위 기후학자들이 말하는 '온난화 신호'를 포착하려면 엄청난 노력이 필요하다. 이를 위한 연구가 영국의 이스트 앵글리아대학과 핸슨이 속한 NASA 연구팀에서 이루어졌다. 두 곳 모두 과학자들이 체계적인 기후관찰을 시작한 100년 전까지 소급해 연구했다. 그들은 평균 기온을 계산하기 위해 수천 곳의 지상관측소와 선상(船上)관측소에서 기온을 측정했다.

그 결과 두 군데 모두 지난 100년 동안 지구기온이 약 0.5도가 증가했다고 보고했다. 이 수치는 온실효과에 대한 컴퓨터 모델 예측보다 약간 작기는 하지만 거의 일치한다. 또한 이 자료들은 역사상 가장 더웠던 해가 1980년대에 네 차례나 일어났음을 보여준다. 기온 상승이 가속화되고 있고, 더 많은 종류의 희소 가스가 대기권으로 진입하고 있다는 측정결과 역시 모델의 예측과 일치한다. 영국 모델에서 기록상 가장 더웠던 해는 기온순으로 1988, 1987, 1983, 1981, 1980, 1986년이었다.

드러나는 온실효과의 공포

1981년과 1983년은 매우 더웠다. 미국의 일부지역은 심한 가뭄을 겪었다. 하지만 피해를 입은 농부들 외에 이 상황을 걱정하는 사람은 별로 없었다. 그저 날씨에 불과했을 뿐이다. 온실효과 이론에 가장 충실한 과학자들조차 별다른 언급을 하지 않았다. 1982년 레벨은 이렇게 썼다. "현재까지 온난화 경향은 '노이즈 수준(noise level)' 위로 떠오르지 않았다. ······온난화 경향이 노이즈 수준을 넘어서 확실해질 때 이산화탄소 가설에 대한 신뢰도는 굳건해질 것이다"(신호의 품위 수준의 척도로 신호 대 노이즈 비(SN비)가 있다. 신호는 단독으로 존재하지 않고 대개 노이즈와 섞여 있다. 측정 수치가 일정 수준 이상을 넘어서야 온난화 신호로 받아들인다는 기준을 이야기하고 있다-옮긴이).

하지만 1988년에 들이닥친 미국의 가뭄은 전세계의 관심을 끌었다. 미국뿐 아니라 전세계에 식량을 공급하는 곡창지대에 가뭄이 기습했던 것이다. 이미 건조했던 가을과 겨울을 지난 후에 닥친 가뭄은 순식간에 그 상흔을 드러냈다. 그해 미시시피강은 미 해군이 강의 수위를 측정하기 시작한 1872년 이래 최저 수위를 기록하고 있었다. 가뭄 소식이 TV 화면에서 시청자의 관심을 끌 즈음 정부 관료와 방송통신사가 밀집해 있는 동부의 도심지대에 혹서가 덮쳤다. 때는 6월말이었고 불안감은 급속하게 상승하고 있었다.

방송에서는 차후 2주간이 옥수수의 수분(受粉)에 중차대한 기간이라 했고(35도 이상으로 더워지면 수분이 잘 되지 않아 옥수수가 열리지 않는다-옮긴이), 기상학자들은 절망적인 향후 60일간의 기상예보를 내보냈다. 상원의 에너지-천연자원 분과위원회는 온실효과에 대한 공청회를 열었다. 사실 그것은 2차 공청회였고, 1차 공청회는 이미 1987년 11월에 열렸었다. 루이지애나주 베넷 존스턴(J. Bennett Johnston) 상원의원의 표현에 의하면, 과학자들이 온실효과의 파급 중 하나로 미 중서부의 건조화를 발표했을 때 상원의원들은 '우려하며' 들었다. 하지만 존스턴 상원의원의 표현이 이제는 달라졌다.

"현재 워싱턴의 기온이 38도이고, 중서부의 토양에도 습기가 부족해 콩, 옥수수, 면화 농사가 해를 입고 있는 지경이니, 이제 '우려' 보다는 '공포' 라는 말이 더 피부에 와닿는다."

의회공청회가 흔히 그렇듯이 일부 상원의원들은 발표자보다 앞서 개회연설을 했는데 그 가운데 많은 의원이 그날의 주요 증인인 핸슨 박사의 보고서를 읽었다며 그 내용이 청중을 경악시킬 것이라고 언급했다. 아칸소주 데일 범퍼스(Dale Bumpers) 상원의원은 "핸슨 박사의 보고서는 내일 미국 모든 신문의 헤드라인을 장식할 것이다"라고 말했다.

범퍼스 상원의원의 말은 과장이 아니었다. 핸슨 박사는 모든 기록을 충분히 검토한 결과 정상적 날씨가 내는 노이즈의 수면 위로 경보신호가 분명히 떠올랐다고 말했다. 지난 2~3년간의 기온 상승이 우연일 확률은 단 1퍼센트에 불과했다. 모든 이론과 예측이 사실로 드러나고 있었다. 그것은 우리가 거대한 온실 안에 살고 있다는 것이다.

그런 주장을 명망 있는 과학자, 특히 정부로부터 월급을 받는 연구원이 하기는 처음이었다. 핸슨 박사는 자신의 연구결과를 훌륭한 과학자다운 평이하고 감정 없는 어조로 발표했지만 그에 대한 반응은 상원의원들이 예측한 대로 경악이었다. 다음날 《뉴욕 타임스》는 1면에 '지구온난화 시작, 전문가들 상원에서 발표'라는 헤드라인과 함께 기사를 실었다. 온실효과에 대한 아레니우스의 최초 경고로부터 1세기가 지나고, 레벨과 쥐스의 논문이 발표된 지 30년이 지난 후에 이 문제가 비로소 심각하게 받아들여지기 시작한 것이다.

하지만 그날 의원들의 관심에는 희비가 교차되고 있었다. 그 공청회가 모든 이의 관심을 온난화 문제에 집중시킨 것은 사실이지만 사람들이 생각한 것은 1988년의 혹서와 가뭄이 온실효과와 관련이 있다는 것 정도였다. 엄밀히 말해 핸슨 박사의 증언은 그것이 아니었다. "특정 가뭄의 원인으로 온실효과를 지목할 수는 없다(실로 많은 전문가가 1988년의 가뭄과 혹서가 열대 해류와 그에 관련된 자연현상의 결과라고 생각한다). 하지만 온실효과가 그러한 가능성을 증대시킨다는 증거는 존재한다."

결국 핸슨의 주장은 이산화탄소와 메탄이 원인이라고 지목할 수 있는 경우는 장기적 기후 양상에 한한다는 것이다. 만약 1988년의 여름이 서늘하고 습기가 많아서 캔자스주의 밀밭에서 버섯이 자랄 정도였다고 해도 핸슨은 같은 말을 했을 것이다. 그에게 그런 확신을 준 것은 불안해하는 중서부의 농부들이나 매출신장으로 신이 난 동부 도심의 에어컨 세일즈맨이 아니라, 그의 컴퓨터가 계속 계산해내는 숫자였다. 따라서 만약 1990년 여름 독립기념일에 평원을 덮어버릴 만큼 눈보라가 치거나, 또는 평균적 여름 더위가 찾아와서 이 세상이 변화하기엔 너무나 크고 오래 됐다고 생각하는 사람들을 안심시켰다해도 100년 동안의 온도계를 읽어온 핸슨 박사의 온실효과에 대한 확신은 바꿀 수가 없었다.

의회 증언을 한 지 몇 개월 후에 핸슨 박사는 말했다. "여기서 고려해야 할 것은 두 개의 논리적 시간 척도다. 하나는 우리가 이산화탄소와 다른 기체를 측정해온 30년간으로, 1950~1980년 사이의 자연 기온변화는 0.13도다. 그 기간에 지구의 평균온도는 0.4도가 올랐다고 측정된다. 또 다른 논리적 선택은 더 큰 기록, 즉 1800년대의 관측결과를 참조하는 것이다. 그 기간 동안 약 0.6도의 기온 상승이 있었다. 좀더 긴 시간을 고려하면 자연 변화는 더 많이 있다. 태양흑점이나 심층 해류 순환 등의 변화 원천 말이다."

장기간에 걸친 기온의 표준편차 즉 임의성은 +-0.2도다. 두 경우 모두 핸슨이 관측한 상승온도는 표준편차의 거의 세 배에 달했다. 그는 말했다. "우리가 신호를 포착하는 마술 같은 지점은 없다. 노이즈가 신호로 변하는 지점은 없다. 다만 3시그마, 즉 3 표준편차가 되면 그것은 우연한 온난화라고 할 수 없는 수준이 되는 것이다."

다수의 전문가가 핸슨의 주장을 뒷받침하며 온실효과의 광범위한 파급을 예측한 후, 공청회가 끝났을 때 기자들이 질문공세를 폈다. 그중 한 질문에 핸슨은 다음과 같이 대답했다.

"이제는 애매모호한 말을 중단해야 할 시점입니다. 이제는 지구가 온난화되고 있다고 긍정해야 할 시각입니다."

진행되고 있는 온실효과

온난화 문제는 사실 과학자보다는 정치가들에게 더 중요한 사안일 것이다. 핸슨의 증언이 있기 몇 달 전 칼럼니스트 조지 윌(George Will)은 당시 대통령 후보였던 고어 상원의원이 '선거구 주민들에게는 주변적 문제조차 되지 않는' 온실효과 등의 문제에 오랜 관심을 보였다고 비난했다. 아마도 윌과 그의 독자들의 의식수준은 1975년 국립과학아카데미가 《기후변화에 대한 이해 Understanding Climatic Change》라는 보고서에서 이산화탄소에는 단지 두 문단만을 할애했던 시각에 머물러 있는 듯 보인다.

하지만 지난 8년간 과학계에서는 온난화 경향이 아직 표출되지 않았다 하더라도 그 도래는 불가피하다는 의견이 일치되고 있었다. 국립연구위원회, 환경보호국, 세계기상기구, UN환경계획을 비롯한 다수의 과학자 집단이 지구온난화에 대한 예측을 담은 두꺼운 보고서를 발행했다. 온난화는 이미 시작되었거나 앞으로 20~30년 내에 시작될 것이다. 사실 온난화 이론이 정확한 것이라면 시기는 큰 문제가 아니었다.

1983년 국립과학아카데미 보고서는 빠져나갈 구멍을 계산한 흔적이 명백히 있는 애매모호한 것이었다. "지난 세기에 전지구 또는 북반구의 평균기온 자료는 같은 기간 증가된 대기권으로의 이산화탄소 배출량으로 인한 기후변화가 일어나고 있을 가능성을 배제하지 않는다." 하지만 '배제하지 않는다' 거나 '가능성' 이란 단어는 '노바(Nova)' 같은 과학전문 프로그램에나 적합한 용어이지 공중파 'CBS 이브닝 뉴스'에 적합한 말은 아니다. 그래서 1988년 여름의 혹서가 비록 대기 구성과는 관계없는 한시적 현상이었다 할지라도 진지한 대중토론을 이끌어내기 위해서는 필요한 과정이었을 수 있다. 그것은 하루에 담배를 두 갑 피우면 암에 걸릴 수도 있다는 사실을 단순히 아는 것과 주치의가 당신 앞으로 와서 헛기침을 해대며 '안 됐지만 꼭 아셔야 할 일이 있습니다' 라고 말하는 것만큼이나 차이가 나는 일이다.

온실이론을 믿는 과학자들조차도 온난화 신호가 아직은 분명하지 않다고 생각한다. 그런 의미에서 핸슨 박사는 비록 높이 평가되고는 있지만 아직까지는 지엽적 존재다. 그가 통계자료나 거침없는 말을 사용하는 방식을 비평하는 사람들도 있었다. 콜로라도주의 국립대기연구센터의 연구원이며 오랫동안 지구온난화 이론의 수호자였던 스티븐 슈나이더(Stephen Schneider)는 온난화에 도박사의 비유법을 사용했다. 그에 의하면 1980년대의 높은 기온이 온난화의 '증거' 가 아닌 것은, 한 딜러가 계속해서 네 장의 에이스를 뽑는 것이 그가 속임수를 쓰고 있다는 '증거'가 아닌 것과도 같다.

슈나이더는 6주 후에 다시 열린 상원 공청회에서 말했다. "사람마다 각기 취미와 성향이 달라서 기후변화설이라는 현실을 낮은 SN비에서도 받아들이는 사람이 있는가 하면, 그런 현상이 아주 오랫동안 지속되어도 믿지 않는 사람도 있다. 간단히 말해 특정의 SN비를 지구온난화의 '증거'로 받아들이는 것은 관찰자의 개인적 판단에 속한다." 1989년 5월 초 한 과학패널은 기온의 자연 변화를 고려한다면 온난화가 공식적으로 진행되고 있다는 주장을 '신뢰'하기는 불가능하다는 결론을 내렸다.

최근의 몇몇 연구는 온난화가 이미 시작되었다는 핸슨의 결론을 지지한다. 북위 30도 이북에서는 증가한 강수량이 이남에서는 감소했고, 또 인도양과 태평양 상공에 수증기 함량이 눈에 띄게 증가했는데 이 두 가지 모두가 온실효과 모델에서 예측된 것이다. 또 일부 관측자들은 알래스카 동토층에서 지역에 따라 다르지만 광범위한 온난화의 진행을 발견했다. 동토층은 대기보다 훨씬 느리게 온도가 변화하므로 더 우량한 측정치를 제공한다.

반면 일부 과학자들은 지금까지도 온난화 신호에 대한 별 증거를 찾지 못했다. 캘리포니아대학 데이비스 캠퍼스의 환경학 교수 케네스 와트(Kenneth E. F. Watt)는 핸슨과 이스트 앵글리아대학의 연구결과를 대체로 무시하면서, 그 이유로 그들이 수치측정에 열섬효과(heat island effect)를 고려하지 않았다는 점을 지적했다. 열섬효과란 기상학자들에게는 잘 알려진 현상으로 도시가 성장하면서 콘크리트 건물과 배기가스 등이 기온 측정치를 왜곡시키는 현상이다. (열섬효과의 반대인 냉섬효과(cold island effect)도 관측된다. 캘리포니아주 팜스프링스는 골프장 건설이 늘어났기 때문에 주변 사막보다 온도가 1~2도 낮아졌다고 한다.) 심지어 선상관측소마저 이런 오염의 영향을 받기 때문에 과학자들은 엔진 주변의 물이 더워지는 것 같은 현상에 대비해 측정 데이터 수정 방식을 도입하려 하고 있다.

또한 도시의 성장보다 더 큰 요인이 측정치를 왜곡시킬 수도 있다. 태양흑점이나 최근의 엘니뇨(El Niño) 해류 역시 그런 요인에 속한다. 날씨란 강력한 힘이다. 대부분의 기후학자는 1988년 가뭄이 주기적으로 오르내리던 열대 해양 기온 때문이라는 데 동의한다. 그로 인해 북아메리카 대륙의 제트기류가 폭풍우와 함께 대평원 북쪽으로 이동했던 것이다. 실은 1989년 캘리포니아주 라홀라의 스크립스 해양연구소 기후 연구원 팀 바넷(Tim Barnet)이 그해 상반기에 서늘한 기온을 예측했다. 이는 잘 알려진 엘니뇨의 반대인 라니냐(La Niña), 즉 열대지방의 '냉온 현상'이 1년 동안 지속되었기 때문이다. 남아메리카 적도 부근의 해양 일부에서는 그 전 여름 기온이 4도나 떨어지기도 했다. 자신의 컴퓨터 데이터에서 이런 하강을 본 핸슨은 그로 인해 그해의 측정치가 좀더 느리게 상승하거나 하강할 것이라며 이렇게 덧붙였다. "하지만 그런 일은 얼굴의 점과도 같다." 온실효과는 화장처럼 그런 점을 덮어 가린다는 것이다.

어쨌든 온실효과 이론 자체에 대해서는 반대가 거의 없다. 전체 과학계가 대기 중의 이산화탄소가 증가한다는 사실에 동의하고, 거의 모두가 그것이 어떤 영향을 미치리라고 믿고 있다. 일부 논설위원들이 썼듯이 온난화가 아직 나타나지 않았으므로 그 이론이 틀리다고 선언하는 것은 한 여성이 아직 아이를 낳지 않았으니 임신을 하지 않은 것이라고 주장하는 것이나 진배없다.

독창적인 의회 증언이 있은 지 1년이 지난 1989년 5월 핸슨 박사는 자신의 연구 결과가 앞으로 분명 가뭄이 닥칠 것을 예고하고 있다고 의회에서 다시 증언했다. 백악관은 그의 증언을 왜곡하기 위해 대통령 공보비서 말린 피츠워터(Marlin Fitzwater)를 통해 다음과 같이 주장했다. "지구온난화 문제에 대해서는 많은 의견이 존재한다." 하지만 그는 핸슨의 연구를 반박할 만한 어떤 연구결과도 내놓지 못했다. 다음날 국립대기연구소의 정부 과학자 슈나이더는 의원들에게 다시 한번 확언했다. "사실상 과학적 설전(舌戰)은 없다. 이산화탄소의 증가는 기온 상승을 의미한다. 이것은 단지 추측에 근거한 불확실한 이론이 아니다."

온실효과에 대한 다양한 견해

과학계에서는 이산화탄소와 기타 희소 가스가 이 세상의 기온을 높이리라는 이론을 수용했다. 하지만 그 이후 무슨 일이 일어날 것인가 하는 문제에 이르면 의견이 서로 달라진다. 기후의 큰 변화는 분명 일련의 다른 변화를 가져올 것인데, 이 변화들 중 어떤 요소는 온난화 문제를 더 악화시킬 것이고 또 다른 요소는 문제를 감소시킬 것이다. 온실이론의 회의론자들은 후자 쪽을 택한다. 즉 온난화가 일어나면 자연이 보정장치를 가동시킬 가능성이 있다고 생각하는 것이다.

버지니아대학 환경학 명예교수이며 연방정부 교통부의 주임과학자인 프레드 싱어(S. Fred Singer)는 다양한 신문사에 온실효과에 대한 비평을 게재해 이 이론에 의혹을 제기하고 있다. 그는 '다른 모든 조건이 동일하게 유지된다면' 지구의 기온이 상승하리라고 인정했지만 실제로는 그렇게 되지 않을 것이라고 말했다. "예를 들면 해양이 온난화되어 더 많은 수증기가 대기권에 진입하면 온실효과는 다소 증가하겠지만 더불어 구름도 늘어난다. 구름은 태양복사열을 차단함으로써 온난화를 감소시킬 것이다."

다른 가능성들도 있다. 만약 기후 조건이 변화되어 해류 순환율, 즉 해저수가 표면으로 올라오는 데 걸리는 시간이 현재의 500년에서 더 빨라진다면 이산화탄소를 더 많이 흡수할 수 있는 '오래된' 물이 해수면에 도달하리라는 것이다. 또 이산화탄소량이 많아지면 식물성장이 촉진되어 대기 중의 이산화탄소를 더 많이 흡수할 수도 있다.

캘리포니아주 로렌스 리버모어 국립연구소의 마이클 매크라켄(Michael MacCracken)은 기자들에게 말했다. "이와 관련된 피드백들은 엄청나게 복잡하다. 이 세상을 불바다나 얼음바다로 만드는 데 수많은 요소들이 상호작용한다는 의미에서 그것은 골드버그가 만든 기계(20세기 초 만화가 루브 골드버그가 작품 속에서 묘사한 기계로서 '가장 단순한 과제를 해결하기 위해서 만든 가장 복잡한 기계'를 의미-옮긴이)와도 같다."

컴퓨터 모델은 그런 인자들을 통합 계산하기 위해 만들어졌다. 어떤 경우 핸슨은 정보에 근거한 추측 이상을 할 만한 충분한 지식을 가지고 있지 않다고 인정했다. 해양의 움직임은 예측할 수 없는 요인이고 구름 또한 그렇다(구름의 피드백을 측정하기가 어렵기 때문에 대부분의 온난화 예측은 한 개의 확실한 숫자보다는 기온의 범위로 표현되는 것이다). 하지만 거의 모든 의문은 양날의 칼과도 같다. 일부 밝고 낮게 떠 있는 층적운은 태양복사열을 많이 반사하고 그로 인해 지구를 식혀주는 효과를 가지고 있다. 반면 몬순을 몰고 오는 길고 얇은 구름은 태양열이 달아나는 것을 방지하고 단단히 잡아둔다. 핸슨의 연구는 구름이 전반적으로 지구온난화를 증가시킨다는 것을 보여준다.

그밖에도 다양한 피드백 효과가 확인되거나 계산되었다. 예를 들면 모든 표면은 태양빛을 반사하는 비율인 '알베도(albedo)'를 가지고 있다. 극지방의 만년설이나 흰 와이셔츠는 높은 알베도를 가지고 있어 태양빛의 대부분이 즉시 우주로 반사된다. 검푸른 바다는 좀더 많은 열을 흡수한다. 열대우림은 현재 많은 열을 흡수하고 있다. 그곳이 사막으로 변한다면 좀더 많은 열을 반사할 것이다. 피드백은 기온에 항상 영향을 끼쳐왔고 앞으로도 다양한 현상들로부터의 피드백은 분명 있을 것이다. 예를 들면 대기권으로 흙먼지를 많이 날려서 베일처럼 덮어버리는 화산이나 엘니뇨, 또는 태양 홍염의 증가된 휘도 등이 그것이다. 다양한 피드백은 오히려 온난화 신호의 산물이고 그것들은 온난화를 더 증폭시키거나 감소시킬 수 있다.

어쨌든 온실 모델이 산출한 온난화 예측 수치는 최악의 시나리오가 아니다. 현재 그것은 중간쯤에 있다고 할 수 있다. 온난화 예측 수치가 너무 낮게 나왔을 가능성도 있다고 슈나이더는 상원에서 증언했다.

기온상승에 따른 숲의 변화

가능한 일부 피드백은 하도 광범위해서 언젠가는 우리가 지구온난화의 본래 원인이 무엇이었는지를 잊어버리게 만들 수도 있을 정도다. 이미 그중 하나는 살펴보았는데 그것은 툰드라와 해저 진흙층에 저장된 메탄가스가 지구에 엄청난 온난화를 가져오리라는 것이다.

하지만 메탄의 경우는 상상이 좀 어렵다. 그보다는 뉴욕주 애디론댁 산맥 부근의 우리 집을 둘러싼 숲을 생각하는 것이 상상도 쉽고 그로 인한 고민도 더 하게 만든다.

2만 년 전 우리 집터는 캐나다에서 서서히 내려온 빙하로 덮여 있었다. 빙하는 종국에는 왔던 방향으로 다시 후퇴했다. 한 지역 작가는 빙하가 사라지고 난 대지를 이렇게 표현했다. "자연의 냉혹한 무자비함이 자비로움으로 바뀌었다. 몇 년 동안 비가 내리자 들판이 순화되었다. 지표면을 덮고 있던 분화구는 맑은 물로 채워졌고, 벌거숭이 암석만 널려 있던 산에 부드러운 녹색식물이 자라며 땅을 덮었다." 시적인 이런 변화는 매우 천천히 일어났고 현재도 완성되지 않은 진행이다.

일부 식물과 동물들은 아직도 이곳으로 이주해 오고 있다. 빙하로 덮였던 땅에서 대산림이 조성되었고 그것이 다시 흙을 만들어 더 많은 산림이 생겨났다. 이 과정은 200년쯤 전 인간이 숲을 베어내기 시작할 무렵까지 계속되었다. 하지만 인간의 간섭은 잠시뿐이었다. 20세기 초 뉴욕주는 환경의식의 발로에서 거대한 땅을 사들이고 이곳을 '영원한 야생지역'으로 선언하여 벌목꾼과 콘도 개발자가 근접하지 못하도록 했다. 그 결과 이곳은 행복한 예외에 속하게 되었다. 다시 나무가 심어지고 생명을 보호하게 된 이곳은 제2의 야생기를 맞이하게 되었다.

하지만 이곳에 살고 있는 나무는 법이 아니라 기후가 살리고 있다. 이들은 빙하기가 끝나고 기후가 따스해지면서 서서히 북쪽으로 이동해 왔다. 온난화가 계속 진행된다면 이들은 서서히 이동을 계속할 것이다. 소나무는 이곳에서 이주해버릴지도 모른다. 애팔래치아 산맥 하부에 살고 있는 단단한 나무들이 결국 소나무 대신 들어설지도 모른다. 하지만 우리가 이런 이동의 비유에 익숙해지기 전에 나무는 흙에 뿌리를 박고 있다는 사실을 상기할 필요가 있다. 그들은 자신들이 태어난 땅을 바라보면서 죽어간다. 숲은 나무로 이루어져 있고, 새로운 나무가 서서히 가장자리에 자라남으로써 이동할 수 있다. 연구자들은 숲이 1년 동안 최고 800미터까지 자연 이동한다고 추정하고 있다. 물론 기후가 그 정도로 느리게만 변한다면 그런 이동속도는 문제가 안 된다.

그러나 컴퓨터 모델은 지구 평균기온이 10년에 0.5도까지 상승하리라고 예측하고 있다. 평균기온 0.5도의 상승은 기후대를 55~80킬로미터 북쪽으로 이동시킨다. 그래서 애틀랜타에서 뉴욕으로 차를 몰고 가면 고속도로 주변의 식물군이 변하는 것이다. 10년당 0.5도 비율로 기온이 상승한다면 우리 집 주변의 숲은 2020년경이면 캐나다 국경 쪽으로 이동해 있을 것이다. 그리고 160킬로미터 남쪽의 나무들이 우리 집 주변에 나타날 것이다. 하지만 실제로는 그렇지 않다. 숲은 기껏해야 1년에 800미터 이동한다. 그러므로 내 방 창밖에 있는 나무는 여전히 그 자리에 있을 것이다. 다만 이미 죽었거나 죽어가는 중이거나 할 것이다.

마침내는 20~30년 내로 새로운 환경에 더 잘 적응한 숲(또는 덤불숲)이 수명이 다한 숲을 대체할 것이다. 하지만 그동안 죽어가는 숲은 엄청난 양의 탄소를 대기 중에 배출할 것이다. 나무는 대부분 탄소로 이루어져 있다. 화석연료 연소로 매년 56억 톤의 탄소가 배출되는 것에 비해 열대우림의 연소로 인해서는 연 30억 톤의 탄소가 대기 중에 유입된다.

1988년 옐로스톤 국립공원 화재로 배출된 탄소만 해도 미국인이 화석연료 연소로 1년 동안 배출하는 양의 2.8퍼센트나 되었다.

단 몇 주 만에 6000평방킬로미터를 태운 산불로 배출된 탄소량은 미국인이 10일 동안 자동차 운전, 실내 난방, 공장 가동, 모터보트 가동 등으로 배출한 것과 거의 비슷한 양이었다.

숲과 식물과 토양(죽은 나무는 더 많은 탄소를 순식간에 배출한다)은 2조 톤 이상의 탄소를 함유하는데, 그중 3분의 1 이상이 중고위도 지역에 있다. 우즈홀 해양연구소장이며 생태학자인 조지 우드웰(George Woodwell)은 "우리가 연구하는 대상은 이동될 수 있는 1조 톤이다"라고 말한다. 이에 비해 현재의 대기는 다만 7500억 톤의 탄소를 함유하고 있다. 그러므로 숲에서 일어나는 비교적 작은 변화도 대기 중 탄소를 상당량 늘림으로써 온난화를 악화시킬 수 있다. 이 피드백 고리 중 일부가 가동을 시작했다는 신호, 1980년대의 이상고온이 끝없는 순환주기를 촉발했다는 가공할 신호들이 존재한다.

1989년 5월 우드웰은 지난 18개월간 대기 중 이산화탄소가 1.5ppm에서 갑자기 2.5ppm으로 상승했다고 의회에 보고했다. 그는 "지구온난화가 유기물질의 부패를 증가시키고 있음"을 지적했다. 또한 그는 그런 변화가 컴퓨터 모델에 반영되지 않았기 때문에 미래에 대한 온난화 예측 수치가 지나치게 낮을 수도 있다고 말했다.

하지만 잠시 탄소와 피드백 고리는 잊어버리자. 나무는 죽을 것이다. 여기서는 나무가 죽을 것이란 것만 생각해보자. 아침 산책길에 나무가 늘어선 언덕과 줄기가 흰 백송 대신, 산봉우리로 가는 능선을 따라 누런 소나무잎, 갈잎과 잎이 듬성듬성한 가지, 죽은 가지, 썩은 밑둥치만 있을 수 있다. 또는 세계자원연구소가 '전환기(transition period)'라 부른 시기가 지난 후에 '좀더 다양한 환경조건에 적응한 관목숲이 나타날' 수도 있다. 이것은 개인적 취향이겠지만 나는 관목이나 덤불보다 나무숲이 훨씬 좋다. 즉 황자작나무, 아메리카낙엽송, 블루 스프루스와 가을이면 제일 먼저 물이 드는 일본단풍나무, 사탕단풍과 헴록이 좋다. 그러나 숲의 잎이 말라 사라지는 현상은 아주 훗날의 일이 아니다.

지난여름 의회에 제출된 보고서에 의하면 '생식의 단절과 숲의 고사 현상은 2000~2050년에 시작될 것'이라 했다. 버지니아대학의 연구 결과는 온난화가 지금처럼 계속될 경우 환경방어기금의 마이클 오펜하이머(Michael Oppenheimer)가 '생물자원 파산(biomass crashes)'이라 부른 현상이 향후 40년 동안 미국 서남부의 소나무숲에서 일어나리라고 예고했다. 핸슨은 기자들에게 말했다. "자작나무나 북동부의 대다수 상록수가 10~20년 후에는 살아남기 어려울 것이다."

토양과 산림을 황폐화시키는 산성비

나무가 죽는 정확한 원인을 찾기는 어렵다. 우드웰은 말했다. "기후변화가 원인이라고 분명히 말할 수는 없다. 소나무는 구멍을 뚫으며 서식하는 곤충의 공격을 받는다. 그런 곤충은 몇 킬로미터나 떨어진 곳에서 약해진 나무를 찾아온다. 그래서 나무가 죽으면 사람들은 벌레 때문에 죽었다고 할 것이다. 사탕단풍도 곳곳에서 죽어간다. 산성비, 알루미늄 같은 중금속의 토양 내 축적, 그리고 약한 나무를 공격하는 곤충이 원인이다. 어떤 경우든 곰팡이나 해충 같은 특별한 원인이 있는 것처럼 보인다." 스웨덴 자연사박물관의 알프 조넬스(Alf Johnnels)는 이런 상황을 기근에 비유했다. "기아가 직접적 원인이 되어 죽는 사람은 별로 없다. 이들은 대부분 약해진 몸으로 이질이나 다양한 감염성 질병에 걸려 죽는다."

어떤 면에서 이것은 별 상관이 없어 보인다. 나무는 이런저런 방식으로 죽고 곧이어 탄소가 배출된다. 하지만 한편 그것은 비극적인 문제다. 왜냐하면 전통적인 국지적 공해가 원인과 영향이 산재한 새로운 형태의 전체적 오염으로 전환되고 있다는 중차대한 지식이 대중에게 차단되고 있기 때문이다. 헨리 2세의 왕비 아키텐의 엘레오노르가 나무를 태우는 난로에서 나오는 연기가 싫어 노팅엄의 투트베리성을 나왔을 때, 런던이 13세기부터 스모그 때문에 석탄 연소를 금지했을 때, 미국의 오대호 중 하나인 이리호가 거의 죽음에 이르렀을 때, 그것들은 모두 전통적인 공해로서 그 영향이 지엽적이었다. 또한 그 변화도 분명했고 비교적 원인을 찾기도 쉬웠으므로 많은 경우 문제 처리도 빨랐다. 나이아가라의 러브운하 사건(미국 후커케미컬사가 땅속에 매립한 유해폐기물이 새어나와 수십 년 동안 지역주민 대다수가 병든 환경재난 사건-옮긴이), 펜실베이니아주 도노라시의 유독성 스모그, 웨스트버지니아주의 석탄 탄광지대를 흐르는 산성냇물 등이 모두 국지적인 전통적 공해다.

하지만 1960년대 후반에서 1970년대 초반까지 스칸디나비아와 미국 북동부 주민들은 공해원인과 아주 멀리 떨어진 숲에서도 피해를 목격하기 시작했다. 결국 그들은 빗물과 빗물이 모이는 호수의 pH를 측정하여 빗물이 산성화되고 있다는 것을 발견했다. 보통 5.6 정도여야 할 pH가 5.0 이하로 떨어져 있었다. 산봉우리 주변 구름의 산성도를 측정한 결과 그것은 수증기가 아니라 식초나 레몬주스와 비슷했다.

산성비(acid rain)는 새로운 개념도 단어도 아니다. 그것은 이미 19세기 말에 영국 알칼리 검사국장 로버트 스미스(Robert Smith)가 만들어 사용한 용어다. 유럽대륙에 내리는 빗물의 화학적 성질에 대한 그의 데이터는 석탄을 많이 연소하는 지역과 강풍의 상관관계를 암시했다. 그는 산성비가 나무에 해를 입히리라는 추측까지 했다. 하지만 그의 개념은 아레니우스의 계산수치와 마찬가지로 즉시 잊혀졌고 최근에 와서야 재발견되었다(1986년에야 영국은 1만 명의 어린이에게 분석용 빗물을 빈병에 담아오라는 방식으로 산성비 검사를 했다).

많은 연구자들이 1970년대와 1980년대에 석탄연소가 산성비의 주범이라고 지적했을 때도 그들은 논지를 강력하게 전개하지 못했다. 산성비는 색깔도 맛도 냄새도 없을 뿐 아니라 전통적 공해물질이 아니었기 때문이다. 그것은 멀리서 와서 피해를 입히는 것이었다. 산성비는 전통적 공해물질과 지구온난화 같은 새로운 환경파괴원의 중간적 존재라고 할 수 있다. 어떤 면에서 그것은 언제나 도심지역 하늘을 시커멓게 가렸던 석탄연기다. 하지만 공해를 유발하는 화력발전소는 사람들을 불유쾌하게 만드는 요소를 시야에서 벗어나게 하려고 점점 더 굴뚝을 높이고 있었다. 60미터 이상의 굴뚝 429개(그중 다수가 210미터 이상)가 1970년대에 미국 중서부와 남동부에 세워졌다. 바람은 땅에서 높이 떨어진 곳으로 배출된 연기를 수백, 수천 마일의 먼 거리까지 실어 나른다. 그리고 연기에 포함된 이산화황과 산화질소는 일정한 조건이 되면 질산과 황산이 되어 마지막에는 땅으로 떨어지거나 빗물을 타고 내린다. 그 결과 나무를 약화시키고 호수를 산성화하여 결국 생물이 살 수 없는 곳으로 만들어버린다.

피해가 점점 더 증가하리라는 것은 확실하다. 1964~1970년에 버몬트주의 산 중턱에서 봉우리까지 살고 있던 붉은가문비나무 가운데 절반이 죽었다. 스웨덴에서는 모든 호수가 다 산성화되었고 그중에서 1만 5000개는 생명이 서식할 수 없는 곳이 되었다. 중국 남부의 빗물은 대서양 연안의 최대피해 지역보다 더 산성화되었다. 미국서부에서도 빗물의 pH는 현저히 저하되어 지역 호수의 3분의 2가 '제한적인 산성중화력'을 갖게 되었다. 아마도 작지만 고도로 산업화된 유럽 중앙부의 피해가 컸을 것이다.

월드워치 연구소의 레스터 브라운(Lester Brown)과 크리스토퍼 플라빈(Christopher Flavin)은 1983년 제1차 지구백서를 작성할 때 "서독 산림 중 8퍼센트가 피해 증후를 보이고 있다. 대기오염과 산성비가 그 원인으로 추정되었는데, 이것을 서독산림연구보고서에 포함할 것인지의 여부를 토론했으나 이런 발견도 국제적 경종을 울리는 계기는 되지 못했다"고 회고했다. 하지만 그로부터 5년이 지난 1988년에 "서독 숲의 반 이상이 피해를 입었고 그것이 대기오염과 관련이 있다는 것이 자명해졌다."

그럼에도 여전히 연구만 할 뿐 아무런 조치도 취해지지 않고 있다. 그 부분적 이유는 공해를 일으킨 사람들이 자신들이 야기한 공해로부터 떨어져 있을 수 있었기 때문이다. 그런 상황에서 평범한 환경적 사고는 통하지 않는다. 문제가 정상적 사고 범주 밖에 있기 때문이다. 한동안 환경운동가들이 애용하던 구호는 '사고는 세계적으로, 행동은 지역적으로!'였다. 실제로 아무런 소득도 없이 전 세계의 문제를 해결하려고 하기보다는 살고 있는 지역의 문제를 다루는 것이 효과적이다. 하지만 현실이 변하면 인식도 변해야 한다.

내가 사는 애디론댁의 지역 문제인 산성비는 그 원인이 오하이오주와 켄터키주에 있다. 그리고 기온이 온난화됨에 따라 나무가 고사하는 문제의 원인은 세계의 모든 곳에 있다. 일본의 공장이 브라질의 불타는 열대우림만큼이나 치명적이 되었고, 루마니아 공산당의 탄광이 웨스트버지니아주 자본가의 공장만큼이나 위험하게 되었다. 내가 앉아 있는 곳에서 7미터 떨어진 도로에 주차된 1981년형 청색 자동차나 내 등에 온기를 공급해주는 장작난로도 마찬가지다.

오존층을 파괴하는 프레온가스

이 새로운 공해가 전지구적 문제임을 가장 잘 드러내주는 예는 오존층의 파괴일 것이다. 오존 즉 O_3는 산소원자 세 개가 결합한 분자다. 성층권에서 강렬한 자외선을 받은 산소분자 O_2는 두 개의 산소원자로 갈라진다. 이때 대부분의 산소원자는 다시 결합하여 O_2를 만든다. 하지만 일부 산소원자는 세 개가 결합하거나 다른 O_2에 붙어 결국 오존을 만든다.

이렇게 생성된 오존은 다시 자외선을 흡수한다. 자외선은 다시 오존을 분리시켜 O_2와 O를 만들어낸다. 이러한 과정을 통하여 대기 중의 모든 성분이 균형을 이루며, 다행히 지구로 들어오는 자외선의 대부분이 흡수된다. 자외선이 과다하면 식물과 동물의 세포가 손상된다. 그리하여 인간에게는 피부암이나 시각손상이 오고, 작고 민감한 동물들은 죽게 되는 것이다.

오존과 자외선의 상호작용은 시생대 이후 지금까지 수십억 년 동안 지속되었다. 그런데 1928년 제너럴모터스(GM)의 화학자들이 탄소, 염소, 불소 원자가 합쳐진 무독성 기체를 발명하여 프레온가스 또는 CFC라 명명했다. (연구팀장 토마스 미즐리는 휘발유 첨가제인 사에틸납도 개발하여 인류 발전에 공헌한 사람이다. 하지만 그는 역사상 사용금지 물질을 가장 많이 제조한 기록을 가지게 되었다.)(휘발유에 납을 첨가해 연료효율을 높이는 데 사용되었던 사에틸납은 공기 중에 납을 배출하게 한 공해인자로 지목되어 금지되었다-옮긴이).

프레온가스는 처음에 많은 장점을 보유한 물질로 보였다. 즉 프레온가스는 냉장고의 냉매뿐 아니라 스프레이의 분사용 기체로 사용할 수 있다. 또한 비활성물질이므로 스프레이 캔 안에 담긴 내용물에 아무런 영향도 미치지 않았다. 따라서 초록색 캔의 버튼을 누르면 초록색 페인트가 나왔다. 프레온가스 화합물의 종류는 수십 개가 되었는데 그중에서 상업적으로 가장 중요한 것은 CFC_{11}과 CFC_{12}였다(이 숫자는 듀퐁사가 고안한 방법으로서 분자 안의 불소와 염소수를 나타낸다).

프레온가스는 지금도 아주 다양한 분야에서 쓰인다. 미국에서 사용되는 식품의 75퍼센트를 냉장하고 전세계의 에어로졸 스프레이의 주 분사체, 플라스틱의 발포제, 컴퓨터 회로판의 세제, 곡물창고와 화물창고의 훈증소독제, 배관과 트럭의 단열재로 사용된다. 또한 계란 포장재, 일회용 커피잔, 패스트푸드 포장용기에도 사용된다.

프레온가스는 기업뿐 아니라 개개의 소비자에게도 효율적으로 판매되고 있다. 예를 들면 일부 자동차 판매소는 고객들에게 매년 기존의 프레온가스 냉매를 다 빼내고 새 가스를 주입하라고 독려하는 불필요한 일을 하고 있다. 1958~1983년에 CFC_{11}과 CFC_{12}의 생산은 매년 13퍼센트 증가했는데 이러한 성장은 앞으로도 계속될 것이다. 제품의 주성분을 공급하는 형석(螢石)의 대량 매장지가 발견되었기 때문이다.

그러나 프레온가스는 지금까지 설명한 비활성, 무독성, 유용성이라는 장점 외에 두 가지 특이한 성질을 가지고 있다. 첫번째는 대기권에 존재하는 대부분의 화학물질이 몇 시간, 며칠, 몇 주, 길어도 몇 개월이면 분해되는 것에 반해 프레온가스는 화학적으로 반응력이 없어 아무런 변화 없이 100년까지도 갈 수 있다(CFC_{11}은 75년, CFC_{12}는 110년의 평균 수명을 가지고 있다).

이런 프레온가스가 대기권 상층으로 천천히 올라가 성층권에 도달하는 데는 5년밖에 걸리지 않는다. 성층권에 도달한 프레온가스는 오존분자와 반응하여 오존을 파괴한다. 예를 들면 프레온가스의 염소원자 하나가 오존과 반응하여 O_2와 일산화염소(ClO)를 만든다. 그런 다음 바로 일산화염소 중의 산소가 산소원자와 결합하여 O_2를 만들고 다시 염소가 분리된다. 이 염소는 다시 오존을 찾아 파괴한다. 그렇게 염소원자 하나가 수천 개의 오존 분자를 파괴할 수 있다.

메틸 클로로포름과 사염화탄소 같은 용제 역시 프레온가스에 합세하여 오존층을 파괴한다. 인간이 합성해낸 화합물 할론가스는 물과 같은 피해를 입히지 않기 때문에(물을 부적절하게 사용할 때 원하는 소화효과를 얻을 수 없고, 기름의 경우 오히려 화재가 확대되거나 보호하려는 대상물에 손상을 입힐 수 있다-옮긴이) 가정용 소화기에 사용된다. 하지만 그 안에는 염소화합물보다 100배 더 강한 오존층 파괴력을 가진 브롬이 함유되어 있다. 가정용 소화기는 에어컨에 비해 작은 수가 설치되어 있지만 그 양으로도 오존층의 4분의 1을 파괴할 수 있다.

프레온가스에 대한 뒤늦은 대처

과학자들이 프레온가스에 대해 진지하게 생각한 것은 1970년대 초반의 일이다. 지구가 하나의 살아 있는 유기체라는 가이아 가설로 잘 알려진 영국의 과학자 제임스 러브록(James Lovelock)이 대기 중의 프레온가스를 처음으로 측정했다. 그는 대기 중에 널리 퍼져 있는 프레온가스의 존재를 증명했지만, 얼마 후 "이런 화합물의 존재가 뚜렷한 해를 입히는 것은 아니다"라는 결론을 내렸다. 훗날 그는 그것이 '자신의 가장 큰 실수 중 하나'였다고 인정했다.

그로부터 불과 1~2년 후 캘리포니아대학 어빈 캠퍼스의 셔우드 롤런드(Sherwood F. Rowland)와 지금은 패서디나의 제트추진연구소에 근무하는 마리오 몰리나(Mario Molina)가 염소원자의 오존파괴력을 처음으로 증명하며 이 문제의 중대성을 제기했다. 롤런드는 당시를 이렇게 회상한다. "어느 날 밤 집으로 돌아온 나는 아내에게 말했다. '연구는 잘 진행되고 있지만 아무래도 세상의 종말이 온 것 같아.'" 그들은 국민이 겨드랑이에 뿌린 탈취 스프레이 때문에 나라가 완전히 파괴될 것이며, 그것도 하루아침에 '콰당' 소리를 내며 무너지는 것이 아니라 소리 소문도 없이 무너지리라는 것을 발견했다.

그들의 이러한 결론은 마침내 미국 정부로 하여금 프레온가스를 에어로졸 스프레이의 분사체로 사용하는 것을 전면 금지시키기에 이르렀다. 하지만 미국을 제외한 세계 여러 나라에서는 여전히 프레온가스를 스프레이에 사용하고 있고 다른 목적으로도 두루 사용된다. 프레온가스 사용은 연 성장률 두 자리 숫자를 어김없이 유지하고 있다.

이산화탄소에 의한 온난화 문제의 경우처럼 여기서도 문제가 되는 점은 실제 관측은 적고 이론만 무성하다는 것이다. 이론의 정당성에 싸움을 거는 사람은 없지만 무엇인가 정치적 행동이 나오려면 사람들의 두려움을 크게 자극해야 한다. 1985년 비엔나협정에서는 프레온가스를 제재해야 한다는 '종합적 의무'를 결의했지만 실제 행동으로 이어진 것은 없었다. 미국과 캐나다 및 몇몇 유럽 국가들이 에어로졸 스프레이 사용금지를 원했지만(그들은 이미 금지를 시행하고 있었다), 대부분의 유럽국가는 모호한 태도로 사용 절감과 향후 에어로졸 생산에 한도를 적용할 것을 원했다. 이 회의는 구체적인 의정서 결의를 유보한 채 각 국가에 '실제로 적용할 수 있는 한 최대한도로' 프레온가스 배출을 제한할 것을 독려하는 데 만족해야 했다.

이 결의가 있은 지 2개월 후에 1957년부터 남극 성층권을 관찰해온 영국남극연구소가 남극 상공 한가운데 거대한 구멍이 돌연 나타났다고 발표했다. 사실 그것은 갑작스러운 것이 아니었다. 미국의 기상관측위성인 님버스는 5년 전부터 오존층의 구멍을 기록했지만, 컴퓨터는 이렇듯 돌연한 큰 변화는 무시하도록 설계되어 있었다. (무관심은 평범한 사람들의 전유물이 아니다. 컴퓨터를 프로그래밍하는 과학자들도 우리들과 똑같다. 그들 역시 자연이 변화한다면 아주 천천히 안정성 있게 변하리라고 예상한 것이다. 그래서 이례적인 결과가 나오면 기계가 고장난 것이지 세상이 파괴된 것이 아니라고 가정하는 것이다.) 롤런드는 다음과 같이 말했다.

"비평가들은 오존층 파괴가 실제로 대기를 관찰하여 측정한 것에 근거한 결론이 아니라고 계속 떠들어댔다. 오존층에 뚫린 구멍이 나타나기 전까지 그랬다. 이제 우리는 2050년에 있을 오존층 손실을 이야기하고 있지 않다. 우리는 작년에 일어난 손실을 말하고 있는 것이다."

롤런드와 몰리나의 모델은 영국인들이 발견한 남극의 오존층 구멍을 예고하지 않았기에 한동안 과학자들은 남극 하늘에 창문이 있는 것은 자연현상이라고 믿었다(미국대륙만한 크기의 구멍에 대한 묘사치고는 너무나 아늑한 기분을 자아내지 않는가). 더욱이 그 현상이 매년 9, 10월에 나타났기 때문에 그들은 어떤 기상학적 문제가 있으리라 가정했다. 하지만 1987년 국제연구조사팀은 남극의 오존층 구멍이 인간이 만들어낸 화학물질로 인한 것이라는 확실한 결론을 내렸다. 지구의 기류는 적도에서 극지방으로 움직이며 프레온가스를 나르는 것 같았다.

하버드대학의 맥엘로이에 따르면 남극의 겨울은 지구의 중위도 지역과 극지방의 기온차로 인해 강한 기압곡선이 형성되어 기류를 움직인다. 이것이 태풍 같은 대규모 나선형 기류를 형성하는데 그 내부온도는 영하 90도까지 떨어진다. 이 나선형 기류 안에 미세 얼음결정으로 이루어진 구름이 형성되면서 그 표면에 오존층을 급속히 파괴시키는 화학물질이 부착된다. 나선형 기류 안에서는 최대 50퍼센트의 오존이 파괴된다. 그리고 45일이 지나서 나선형 기류가 해체되면 오존이 희박해진 기류는 주변의 대기와 혼합되어 지구 전체의 오존 수위를 낮추는 것이다. 이것은 마치 맥주에 물을 타는 것과 똑같은 현상이다. 맥엘로이에 따르면 지구는 지금까지 1~3퍼센트의 오존을 상실했다.

1987년 북극의 한겨울에 과학자들은 비슷한 구멍이 형성되는 최초의 징조를 발견했다. 북극에 인접한 지역은 남극보다 훨씬 더 많은 인구가 살고 있기 때문에 이미 미국 노스다코타주와 스위스의 관측소들에서 겨울에 오존층이 9퍼센트까지 감소한다는 기록을 보이고 있다. 또한 NASA 오존동향연구소는 1988년 북반구의 성층권 오존량이 지난 20년간 기상모델이 예측한 것보다 높은 수치인 3퍼센트까지 감소했음을 보고했다. 1987년 지구의 오존층 파괴 정도는 이미 2020년대의 예측치에 이르러 있었다.

오존층 구멍은 충분한 공포를 야기하였으므로 많은 정치가들이 행동을 촉구하고 나섰다(전부는 아니다. 레이건 행정부의 도날드 호델 내무부장관은 피부암과 수정체 손상을 우려하는 미국인들에게 야구모자와 선글라스를 착용하라고 말했다). 외교관들은 몬트리올 의정서에서 비엔나협정에 대한 후속조치로 프레온가스 생산을 20세기 말까지 50퍼센트 수준으로 점차 낮출 것을 합의했다. 월드워치 연구소는 대체로 암울한 '지구백서-1988년'에서 "이 의정서는 중요한 심리적 승리를 기록한다. ……그것은 국제사회가 공

새로운 대기 79

동의 위협을 받았을 때 협조할 수 있음을 의미한다"고 밝혔다. 그러나 이러한 국제적 협력에도 오존층 파괴범인 염소의 급속한 증가는 여전히 허용되고 있다.

1988년 환경정책연구소 보고서는 오존층을 파괴하는 모든 화학 물질을 신속하고 완전하게 금지해야만 차후 20~30년간 오존층이 안정화되기 시작할 것이라고 공표했다. 말할 것도 없이 화학제품 회사는 그런 전망에 부정적 반응을 보였다. '책임 있는 프레온가스 정책을 위한 연맹' 대변인은 기묘한 비유법을 사용하여 말했다. "일부 인사들이 요구하는 프레온가스의 신속하고 완전한 금지는 끔찍한 결과를 몰고 올 것이다. 그것은 치료를 하려다 환자를 죽이는 것과도 같다." 하지만 주요 프레온가스 생산업체들은 마침내 대체품을 찾고 있다는 발표를 했고, 환경보호국은 그 말을 믿는 것처럼 보인다.

몬트리올 의정서가 발효되기 전에 환경보호국은 의정서를 따른다면 염소 수치가 세 배에 달하리라는 것을 알았다. 따라서 1988년 환경보호국 리 토마스(Lee Thomas) 행정관은 프레온가스 생산의 조속한 중지와 기타 오존파괴 화학품의 동결을 요청했던 것이다. 영국의 마가렛 대처(Margaret Thatcher) 수상 역시 비록 그 위험성을 인식하는 데 수년이 걸리긴 했지만 50퍼센트 절감으로는 충분하지 않다고 언급했다. 1989년 런던에서 열린 오존회의에서 대처는 완전한 금지를 촉구하는 연설을 했다.

그 이하의 어떤 조치도 분명 불충분한 것이다. 환경방어기금의 오펜하이머는 말했다. "몬트리올 의정서를 따른다면 오존층 손상이 점점 커지다가 약 10퍼센트 손상 수준에서 멈출 것이다. 우리는 급속하게 자외선의 위험수위 안으로 진입하고 있다." 물론 그런 위험 영역을 정확하게 그린 지도는 없다. 가장 무서운 예측모델도 남극상공의 구멍 같은 것을 예고하지 못했다. 환경정책연구소가 제시한 최악의 시나리오에 의하면 다음 세기 중반까지 유해물질 배출이 극적으로 차감되지 않는 한 대기 중 오존은 최대 25퍼센트 감소하게 될 것이다(반면 핵전쟁은 30~70퍼센트의 오존을 파괴할 것이다). 오존량이 20퍼센트 감소할 경우 햇빛에 두 시간만 노출되어도 피부에 물집이 생길 것이다.

변화를 야기하는 인간의 행위

하지만 우선 당장은 그런 결과는 잊어버리자. 대기 중 이산화탄소의 증가와 오존량 감소로 인한 결과는 때로 엄청나지만 인류가 이미 범한 파괴 사실에 비하면 별로 대단한 것도 아니다. 어떤 면으로 그 변화는 매우 작다고 할 수 있다. 대기권의 이산화탄소 농도가 두 배가 된다 해도 그 수치는 0.035퍼센트에서 0.06~0.07퍼센트가 되는 것뿐이다. 현재 지구 상공의 어떤 지점에 있는 모든 오존을 대기압 정도로 압축하면 2.5밀리미터 두께가 될 것이다. 최악의 미래 시나리오에서 그 두께는 2.1밀리미터로 줄어들 수 있다. 하지만 이미 오존층은 줄어들고 있다. 비록 1~2퍼센트에 지나지 않는다 해도 그것은 지구 곳곳에서 현저히 나타나고 있다.

그리고 그런 변화는 거의 되돌릴 수 없다. 바란다고 해서 사라지는 것이 아니고, 입법화하여 없앨 수도 없는 것이다. 그것을 방지하려면 수십 년 전 인류의 집단적 행동을 고쳤어야 했다. 온난화가 시작되었는지의 여부에 대해서는 과학자들의 이견이 있지만 이산화탄소의 증가와 그 영향에 대해서는 논쟁의 여지가 없다. 해양의 열 저장성, 즉 '열의 평형상태(thermal equilibrium)'가 지금 당장은 인류를 구하고 있을지도 모른다. 하지만 그렇다 해도 그것은 단지 화학적인 예산 적자(赤字)일 뿐이다. 조만간 우리는 부채를 갚아야 할 것이다. 최근의 연구결과에 의하면 지금까지 인류가 배출한 이산화탄소 및 희소가스들로 인해 최저 0.5도, 최대 1.6도까지의 기온이 상승하리라고 한다. 더욱이 인류는 계속하여 기름을 때고 나무를 베고 쌀을 재배할 것이다.

이런 파괴는 차를 몰고 공장을 짓고 숲을 베어내고 에어컨을 사용하면서 인류 스스로 자초한 일이다. 우리가 지구에 가져온 변화로 인한 정확한 물리적 영향은 (심지어 그것이 더 악화될 것인가의 문제도) 지금 이 순간 중요한 것이 아니다. 그 부분은 미래를 다룰 이 책의 후반부에서 논할 것이다. 우선은 인류가 저지른 파괴의 규모를 인정하기 바란다. 남북전쟁 이후, 그리고 대부분은 제2차 세계대전 이후에 인류는 대기를 변화시켰다. 기후가 극적으로 변할 정도로 바꾸어놓았다.

인류사에서 중요했던 대부분의 사건들도 서서히 그 의미를 잃어간다. 당시에는 아주 중요하게 보이던 전쟁도 이제는 학생들이 기억조차 하지 않으려는 날짜나 숫자가 되어버렸다. 엄청난 공적으로 보였던 공학기술도 이제 사막에서 무너지고 있다. 가장 거대한 인간의 노력도 지구의 크기에 비하면 왜소하다. 로마제국은 북극이나 아마존에 비할 때 별 의미가 없다. 하지만 겨우 반세기 동안 세상의 한 모퉁이에서 영위된 생활 방식이 지구 구석구석과 모든 시간을 변화시키고 있다.

2. 자연의 종말

주변에서도 발견되는 변화

나는 거의 매일같이 집 뒷문으로 나가서 산을 오른다. 90미터만 가면 숲이 온통 나를 둘러싸고 인간 사회를 상기할 만한 것은 전혀 남지 않는다. 쓰레기도 베어버린 나무둥치도 울타리도 없고 오솔길마저도 없다. 높은 곳에서 내려다보아도 길이나 집이 보이지 않는다. 그곳은 인간세상과 동떨어진 곳이다.

하지만 가끔씩 계곡에서 누군가 목재를 베는 전기톱 소리가 숲에 울려퍼진다. 그런 날이면 마음을 집중해 시공을 초월한 숲의 존재를 느끼기가 힘들다. 인간이 근처에 있기 때문이다. 전기톱 소리는 숲에서 나는 모든 소리를 앗아가거나 동물을 쫓아버리지는 않지만 우리가 또 다른 영역, 즉 시공을 초월해 인간과 분리된 야생에 있다는 느낌을 앗아가버린다.

이제 우리 주변의 가장 기본적인 힘은 변화되었으며, 그 전기톱 소리는 언제나 숲속에 존재할 것이다. 인류는 대기를 변화시켰고 그 대기는 날씨를 변화시킨다. 기온과 강우는 더 이상 인간과 분리된 문명화될 수 없는 힘이 하는 일이 아니라 어느 정도는 인류의 습관, 경제 활동, 삶의 방식이 초래한 것이다. 한 그루 나무도 베지 못하도록 엄격한 법이 보호하는 가장 동떨어진 야생지역에서조차 전기톱 소리는 분명 들리고, 그 잉잉거리는 소음으로 인해 숲속의 산책은 이전과 다른 의미가 되었다. 야외는 이제 실내 세상과 동일한 것을 의미하고, 산과 집의 큰 차이가 없어지는 것이다.

하나의 생각, 하나의 관계가 동물이나 식물처럼 소멸될 것이다. 여기서의 관념은 '자연'이다. 인간과 분리된 야생 영역, 인간이 적응한 세상과 동떨어진 곳, 그 법칙 아래에서 인간이 태어나고 죽는 그런 자연 말이다. 과거에 인류는 그 자연의 일부를 못 쓰게 만들고 오염시켜 환경적 '피해'를 입혔다. 하지만 그것은 인체를 이쑤시개로 찌른 것과도 같았다. 아프고 성가시고 질을 저하시키긴 했지만 그것은 중요한 기관을 건드리거나 림프액이나 혈액의 순환을 봉쇄하지는 않았다. 인간은 자신이 자연을 파괴했다는 생각을 전혀 하지 않았다. 우리는 우리가 그럴 수 있다고도 생각하지 않았다. 자연은 너무나 크고 오래된 존재였기 때문이다. 바람, 비, 태양 같은 자연의 힘들은 나무나 강력했고 나무나 기본적인 것이었다.

하지만 우리는 더 나은 삶을 추구하는 과정, 즉 따스한 집과 경제 성장을 추구하고, 인간을 농업으로부터 자유롭게 해줄 만큼 생산성 높은 농업을 추구하는 과정에서 우연히 이산화탄소와 다른 기체들을 발생시켰다. 그로 인해 태양의 힘이 변화되었고 태양열은 더 증가했다. 그리고 기온 상승은 습기와 건조의 양상을 바꾸어 새로운 곳에 폭풍우와 사막을 만들었다. 그런 일이 이미 일어났을 수도 있고 그렇지 않을 수도 있다. 하지만 그런 일이 일어나지 않도록 방지하기에는 이미 너무 늦어버렸다. 우리는 이미 이산화탄소를 생성했고, 그로 인해 우리는 자연의 종말을 야기하고 있다.

강우나 햇빛이 없어진 것은 아니다. 그럼에도 강우와 햇빛은 우리 삶에서 더 중요한 것이 되어 있다. 바람이 얼마나 더 세게 불 것인지, 태양빛이 얼마나 더 뜨거워질 것인지를 예고하는 것은 시기상조다. 그것은 미래에 할 일이다. 하지만 바람과 태양과 비의 의미, 자연의 의미는 이미 변했다. 물론 바람은 여전히 분다. 하지만 바람이 불어오는 그곳은 이제 더 이상 인간이 없는 별개의 공간이 아니다.

여름이면 나는 매일 오후 아내와 함께 자전거를 타고 인근 호수로 수영하러 간다. 곡선형의 호수에는 비버들이 사는 세 개의 굴이 있고, 큰왜가리와 수달, 그리고 톱니오리 가족이 살고 있으며 가끔은 물새들도 보인다. 한쪽 끝에는 여름 별장이 몇 채 있지만 그곳은 대체로 야생의 땅으로 둘러싸여 있다. 나는 주중에 호수를 헤엄쳐 오가면서 40분 정도를 보낸다. 모든 것을 잊고 몸을 감싸는 물과 물결, 힘찬 발장구가 주는 기쁨과 팔의 당김 등을 충분히 느끼며 시간을 보낸다.

하지만 주말에는 사람들이 모터보트를 가지고 와서 수상스키를 즐기며 수도 없이 호수를 가로지른다. 그런 경우에는 모든 느낌이 다 바뀌어버린다. 모든 것을 잊고 자신에게만 몰두하던 이전과는 달리, 또는 자신마저 잊고 근육과 피부의 느낌에만 몰두하던 것과 달리, 경계태세를 갖추고 열 번쯤 팔을 저은 후엔 배가 어디 있는지 살피고, 만약 배가 가까이 온다면 어떻게 할지를 생각하며 수영을 하는 것이다. 물론 모터보트는 그다지 큰 위험요소는 아니다. 모터보트 때문에 죽은 수영자는 거의 없을 것이다. 다만 그 보트가 신경에 거슬린다. 그로 인해 그저 느끼던 모드에서 생각하는 모드로 바꾸어야 하고, 결론적으로 인간 사회와 사람들을 생각해야 하기 때문이다. 요즘 호수는 완전히 다른 존재가 되었다. 지구가 완전히 달라진 것만큼이나.

야생에 대한 기억

자연이 종말을 맞이했다는 주장은 복합적이다. 따라서 그에 관한 심오한 반론이 가능하며 나는 그 모든 반론에 답을 할 것이다. 하지만 무언가의 종말을 이해하려면 과거에 대한 이해가 필수다. 그렇다고 고대나 빅뱅, 생명이 싹트던 바다로 가자는 뜻은 아니다. 아메리카 대륙에 유럽인들이 원정을 왔던 때 정도면 충분하다. 여기서 중요한 것은 자연에 대한 인간의 개념이고, 근대 인류의 자연 개념은 이런 야생의 신세계에 근거하여 형성된 것이다. 물론 북아메리카 대륙은 당시 유럽정착민들에 의해 많은 변화를 겪었다. 하지만 그 이전에 대륙을 점유했던 인디언들은 자연을 잘 관리했기에 대다수의 지역은 야생 그 자체였다.

독립전쟁 발발 당시에도, 미국 최초의 자연주의자 윌리엄 바트램(William Barttram)이 고향 필라델피아를 떠나 남부를 여행할 때에도 아메리카 대륙의 대부분은 여전히 야생으로 남아 있었다. '노스캐롤라이나, 사우스캐롤라이나, 플로리다주의 동부와 서부, 체로키 인디언 지역, 무스코지 인디언, 크리크 동맹 인디언, 촉토 인디언들의 땅'을 여행한 그의 여행기는 이제 고전이 되었다. 그곳에서는 신대륙의 초기 모습을 선명하게 볼 수 있다. 물론 그가 여행한 땅은 이미 정착민이 살고 있었지만(그는 대농원을 경영하는 지체 높은 농장주들의 집에서 많이 묵었다) 정착촌은 많지 않았고, 인디고 밭과 논을 잠시 지나면 곧바로 야생지역이 한없이 펼쳐졌다. 그것은 유럽의 동화에 나오는 어둡고 금기 가득한 야생이 아니라 꽃 피고 새 우는 비옥한 천국이었다.

바트램의 긴 여행기에는 신대륙의 다산성과 풍만함이 가득하다. "몇 킬로미터를 가니 신록이 가득한 야산이 나온다. 그곳에는 꽃과 향기로운 딸기가 지천으로 널려 있어, 딸기즙과 꽃물이 말발굽은 물론 발목까지 물들였다." 저녁때가 되면 그는 말을 멈추고 송어를 낚아올리고 오렌지를 하나 땄다. 그리고는 모닥불을 피워 오렌지즙에 송어를 요리했다.

어디를 가든 바트램은 풍요한 아름다움을 만났다. 심지어 이 신대륙에서 넘어질 때조차도 그는 무언가를 발견했다. 브로드강 인근에서 '가파른 바위투성이 산'을 오르다가 그는 미끄러졌다. 떨어지지 않으려고 풀포기를 붙들었는데, 그것은 정향의 새로운 품종이었다. 당연히 그 뿌리는 "약동하는 정향 냄새와 강렬한 향으로 주변을 가득 채웠다."

바트램의 일기에는 1000가지 식물과 동물의 라틴어 이름으로 넘쳐난다. 또한 따스한 분위기를 가진 평범한 영어 이름들도 많이 있다. 하지만 그가 사용한 풍요한 형용사는 그의 기분을 좀더 제대로 표현해준다. 예를 들어 어느 오후에 대한 묘사에 동원된 형용사는 다음과 같았다. '보람찬, 향기로운, 숲속의(두 번), 적당히 따스한, 극히 즐거운, 매력 있는, 훌륭한, 환희로운, 가장 아름다운, 연한 금빛의, 금빛의, 적갈색의, 은빛의(두 번), 청녹빛의, 벨벳처럼 검은, 오렌지빛의, 거대한, 금박의, 맛있는, 조화로운, 달래주는, 선율이 아름다운, 기운찬, 고조된, 쾌활한(두 번), 높고 우아한, 상쾌하고 서늘한, 맑은, 달빛 비치는, 달콤한, 건강한.'

심지어 눈으로 볼 수 없는 곳에 대해서도 그의 상상력은 놀랍게 표현된다. "땅밑 물길로 사라지는 물고기. 그곳은 아마도 셀 수 없이 많은 통로나 비밀의 바위투성이 길들로 가득할 것이다. 그들은 갖가지 장애를 극복하기도 하고 새롭고 들어보지도 못한 즐거운 장면과 끔찍한 장면을 보기도 하며, 그렇게 여러 날들을 지상에서 사라진 후에 마침내 무시무시한 지하 감옥에서 나와 저 멀리 있는 투명한 호숫물에서 기쁨에 넘쳐 신나게 노닌다." 하지만 바트램은 디즈니가 아니고 이것 역시 판타지아가 아니다. 그는 관찰한 것을 기록한 과학자이고 '쾌활한'이나 '달콤한' 같은 단어는 그가 방랑한 손때 묻지 않은 세상을 있는 그대로 묘사한 것뿐이다.

자연에 대한 이런 순수한 기쁨은 당대의 문학적 관습이 아니라 바트램이 타고난 것이었다. 폴 브룩스(Paul Brooks)가 《자연을 위해 말하다Speaking for Nature》에서 지적했듯이 18세기에 낭만주의가 대두될 때까지 대부분의 문학작품은 적어도 야생을 보잘것없고 거친 것으로 생각했다. 예를 들면 앤드루 마블(Andrew Marvell)은 산을 '디자인이 잘못된 이상(異狀) 생성물'이라 불렀다. 이런 우매함은 낭만주의가 대두되자 새로운 우매함으로 바뀌었다.

예를 들면 르네 드 샤토브리앙(F. René de Châteaubriand)은 매우 인기 있던 《아탈라Atala》에서 미국의 야생지역을 포도에 취한 수많은 곰들이 느릅나무 가지에 매달려 흔들거리는 곳으로 묘사했다. 하지만 그런 지나친 열정은 금세기에 들어 좀더 건강한 쪽으로 바뀌었다. 대부분의 초기 개척자들은 버펄로를 사냥 대상으로, 숲은 베어낼 대상으로, 그리고 지나가는 비둘기떼는 총을 쏘아대야 할 대상으로 인식했다(농부들은 돼지들을 데리고 와서 그런 사냥에서 비처럼 떨어져 내리는 비둘기 시체를 먹였다). 그럼에도 여전히 많은 사람들은(심지어 사냥꾼과 벌목꾼들 중에도, 아니 특히 그들이) 이런 초기 자연의 아름다움과 질서를 인식하고 묘사했다.

수많은 예 중에서 내가 가장 좋아하는 것은 미국 인디언들의 초상화를 그리기 위해 서부 개척지로 여행을 한 조지 캐틀린(George

Catlin)의 글이다. 그의 일기장에는 역병을 피하기 위해 포트 깁슨에서 북쪽으로 말을 타고 미주리강을 넘어가는 중 보낸 하룻밤이 적혀 있다.

"내가 야영한 계곡. 나는 지금까지 그렇게 아름다운 작은 계곡을 본 적이 없다. 인간이 상상할 수 있는 그 어떤 것보다도 훨씬 더 아름다웠다. 물고기가 헤엄치고 잔물결이 이는 서늘한 강둑 위로 2만 평방미터의 매력적인 풀밭이 펼쳐져 있었다. 맛있는 식사가 될 만하게 컸지만 또 너무나 단순해 뻔한 죽음을 피하지 못하게 생긴 멋진 품종의 오리떼 녀석들이 나타났다.

풀밭은 그림처럼 아름다운 잎사귀를 가진 관목숲과 높은 느릅나무로 둘러싸여 있었다. 그들은 둥그렇게 집단을 이루고 있는 체리나무와 자두나무를 보호라도 하려는 듯 거대한 가지를 뻗고 있었다. 가지각색 빛깔과 크기의 야생화로 장식된 풀밭에는 소박한 야생 해바라기가 커다란 줄기 위에 늘어진 목을 달고 수없이 늘어서 있고, 꼿꼿한 백합꽃 아래에는 땅을 기는 듯한 제비꽃도 있었다. 그 초록빛 카펫 위로 탐스럽게 매달려 있는 보랏빛 포도송이를 지탱해주는 것은 체리나무, 자두나무에 몸을 기댄 포도덩굴이었다. ……야생사슴이 몇 번이나 고요한 굴에서 나와서는 우아한 초원 위로 걷는 모습이 한 폭의 그림이었다."

만약 이 글의 문장에 번호가 달려 있었다면 '창세기'가 될 수도 있었을 것이다. 이 글은 인류가 어디서부터 시작했는지를 상기하게 해주는 것으로 내 마음 깊은 곳에 늘 간직되어 있다.

더 이상 사람의 손이 미치지 않는 곳이 없다

인간의 역사 밖에 존재한 그런 세상의 모습은 해가 갈수록 점점 줄어만 간다. 야생협회 창립자인 밥 마셜(Bob Marshal)이 1930년대에 알래스카의 브룩스 산맥을 탐험하러 나섰을 때 본토의 48개주는 이미 사람들의 답사가 끝나고 명명되어 지도에 표기된 상태였다.

"요세미티나 글레이셔 국립공원, 그랜드캐니언, 애벌랜치 호수, 또는 뛰어난 경관을 지닌 자연을 볼 때 나는 자주 내가 그것을 발견한 첫번째 사람이 되는 기쁨을 누렸으면 하고 바랐다. 탐험가 루이스가 미주리의 대 폭포들을 멋지게 묘사한 장면을 나는 두근거리는 가슴으로 읽었다. 나는 루이스와 클라크가 했던 모험에 견줄 만한 모험을 하고 싶었다."

마셜은 카이어컥강 상류에서 그런 모험을 할 수 있었다. 그곳은 알래스카 에스키모인조차도 발을 들여놓지 않은 듯 보였다. 매일 그의 눈은 8개, 10개, 12개의 능선과 시냇물과 봉우리를 발견했고 그것들은 그렇게 인간의 역사 안으로 들어왔다. 어느 날 아침 그가 모퉁이를 돌자 다음과 같은 풍경이 나타났다.

"이전에 있으리라 기대했던 세 개의 골짜기가 아닌 서쪽으로 거의 직각으로 구부러진 숨겨진 계곡으로부터 클리어강이 나타났다. 그곳에 잠들어 있는 드넓은 계곡을 발견한 기분, 수억 년 전 지질시대가 시작될 무렵처럼 신선하고 거침없는 그 기분을 말로 다 표현할 수가 없다. 그 정경을 묘사할 적절한 방법도 없다……."

300미터 높이의 깎아지른 듯한 절벽이라고 말할 수는 있다. 그 계곡을 요세미티 국립공원에서 우선 폭포를 빼고, 대신 세계적으로 유명한 하프돔(Half Dome : 요세미티 공원의 아름다운 봉우리-옮긴이)과는 비교도 되지 않을 둥근 바위봉우리가 놓여진 것과 비슷하다고도 말할 수는 있다. 하지만 그 어떤 말로도 연이어 펼쳐지는 거대한 경관의 느낌을 제대로 표현할 수 없다. ……그중에서도 가장 좋았던 것은 신선함, 영광스러울 정도의 신선함이었다. 발걸음을 옮길 때마다 새로운 처녀지를 밟는다는 두근거림이 있었다. 인간의 흔적은 조금도 없었다. 이것은 의심의 여지없이 사람이 다닌 적이 없는 길이었다."

마셜은 완전한 처녀지를 본 거의 마지막 인간에 속했다. 그의 탐험은 제2차 세계대전이 일어나기 얼마 전에 이루어졌지만 사실상 그 이전시대에 행해졌던 것 같은 탐험여행의 자취를 지닌 마지막 원정이었다. 120년 전만 해도 콜로라도주의 그랜드캐니언 계곡은 지도상에서 공백으로 표시되었고, 60년 전에는 로키산맥이 백인들에게 소문에 불과한 존재였다는 것을 믿기는 쉽지 않다. 1846년 헨리 데이비드 소로우(Henry David Thoreau)가 메인주의 커타딘산을 올랐을 때 그는 자기보다 앞서 그 산을 올랐던 다섯 명의 유럽인을 다 기억했다. 그는 이렇게 썼다.

"나는 이번 여행을 하면서 이 나라가 무척이나 신생국임을 다시 한번 상기하게 되었다. 메인의 숲은 내가 사는 콩코드의 숲과 근본적으로 다르다. 메인의 숲을 한걸음씩 걸으면서 나는 그 야생지가 마을사람들이 자주 다니던 산이라든가, 그곳이 낡은 증서에 상세하게 씌어진 과부의 유산으로서 그녀의 조상들이 몇 세대 동안 땔감용 목재를 베어낸 곳이라든가 등의 생각을 절대로 할 수가 없다."

여기 애디론댁에서 가장 높은 마시산 봉우리 역시 루이스와 클라크 탐험대가 돌아온 후 한 세대가 지난 1837년까지도 백인이 발을 디딘 적이 없는 곳이었다.

우리는 이제 더 이상 미국을 신대륙이라고 느끼지 않는다. 발견의 시대로 가는 문은 이제 기사도와 용의 시대처럼 굳게 닫혀져버렸다. 커타딘산은 공원으로 보존되고 있지만 하도 인기가 많아 야영자를 엄격하게 제한하고 있다. 어떤 날은 수백 명이 동시에 정상에 오르기도 했다. 휴일이나 주말에 마시산으로 가는 등산로는 메이시 백화점의 에스컬레이터를 방불케 한다. 발삼향이 난다는 것만 빼면 말이다.

언젠가 나는 아르헨티나의 티에라델푸에고에서 남극까지 노를 저어가던 사람을 인터뷰한 적이 있다. 그는 이렇게 말했다. "이제는 지도상에 없는 곳을 탐험한다든가 등산을 해서 최초라는 기록을 세울 수가 없잖아요. 그래서 요즘 기록은 새로운 스타일이어야 해요."(그는 이전에 스키를 타고 에베레스트산을 한 바퀴 돌았었다.) 그의 말처럼 지금은 심지어 달마저도 이미 정복되었다.

시간이 흐르면서 우리는 더 이상 아무데서도 최초의 등정자가 되지 못하리라는 것을 받아들이게 되었고, 그래서 이제는 어떤 지역의 과거 역사에 흥미롭고 즐거운 것이라는 가치를 부여하게 되었다. 평원에서는 초기정착민의 마차바퀴 자국을 찾고, 소로우가 인간 세계를 피하여 찾았던 월든 호수에서는 그의 통나무집을 보기 위해 진지하게 호숫가를 걷는다.

같은 맥락에서 우리는 과학적 설명의 침입을 수용하지만 그에 경탄을 보내며 즐기게까지 되었다. 이를테면 그랜드캐니언의 남쪽 계곡에서는 이전보다 덜한 경이로움에 감탄하는 동시에 그런 계곡을 빚어낸 지질학적 힘을 이해할 수 있다는 사실에서 보상을 받는다. 그랜드캐니언은 정말 그랜드(grand, 거대)해서 우리가 그것을 본 최초의 인간이 아니라는 사실조차 아무런 문제가 되지 않는다. 자연의 경이로움은 그 신선함에 달려 있지 않다.

위협받고 있는 자연

그래도 우리는 여전히 원시의 청정지역이 필요하다고 느낀다. 인간의 손을 덜 타고 덜 변화된 그런 곳이. 설령 우리가 직접 그곳에 가지 않는다 해도 그곳은 우리에게 중요하다. 우리가 건물들에 둘러싸여 있어도 세상에는 늘 그래왔던 것처럼 그런 광활한 지역이 있음을 알아야만 하는 것이다.

알래스카주의 북쪽 해변에 있는 국립북극야생보호소는 매년 단 200~300명이 방문하지만, 그곳에서 원유를 채굴하려는 정유회사 때문에 분노한 많은 사람들의 마음속에 생생하게 살아 있는 곳이다. 그들이 화가 난 것은 시추작업이 순록에게 해가 될 수 있기 때문이었다. 또한 그곳이 도로와 건물과 안테나가 없는 광활한 공간으로, 비록 지도상에서는 한 점을 차지하고 있지만 지표면 상에서는 빈공간이기 때문이었다. 맥머도 사운드에 있는 미남극연구소에서 일어난 '부적절한 폐기물 처리 행위'가 그런 오지에 유독성 폐기물을 확산시킬지도 모른다거나, 엑슨 정유회사의 유조선이 밸디즈 항에 좌초해서 해변을 타르로 덮었다는 소식을 접하면 정말 넌더리가 날 만큼 싫다.

우리 마음속 깊은 곳에 원시의 청정지역에 대한 갈망이 있다는 증거는 미국인들의 '야생지역' 입법화에서 나타났다. 광대한 땅 일부를 따로 떼어 '지구 생명 공동체가 인간에 의해 구속받지 않는 곳, 인간이 다만 방문자일 뿐 계속 남아 있지 않는 곳'을 지정한 것이다. 심지어 국립공원에서조차 청정한 자연은 위협받고 있다. 하지만 법으로 지정된 몇 안 되는 야생지역에서는 그 위협이 멈추었다. 인간이 발을 들여놓지 않은 곳은 더 이상 존재하지 않지만 최소한 지금 이 순간 인간이 없는 곳은 존재할 수 있는 것이다.

야생지역을 분리하는 것은 쉬운 일이 아니었다. 우리 집 뒤에 있는 200평방킬로미터나 되는 주 소유 야생지의 고요함은 매일 저공비행을 연습하는 공군제트기의 소음에 깨져버린다. 비행기는 한 쌍이 함께 와서는 몸을 꼬다가 산 위로 비명을 지르며 날아간다. 그리고 그 후로도 잠시 동안 그곳은 전혀 야생지역이 아니다. 또한 이곳은 인간에 의해서도 침입당한다. 인간이 합성해낸 화학물질인 살충제는 서서히 생명의 그물을 잠식해 들어온다.

하지만 그런 장애에도 불구하고 그곳은 여전히 우리 마음속에서 야생이고 청정지역이다. 하루 중 대부분 뒷산 위의 하늘은 그저 하늘이지 '비행기의 공간'이 아니다. 지저분한 영국의 공장지대에서 조지 오웰(George Orwell)은 다음과 같은 '희망적인' 생각을 했다.

"부단한 노력에도 불구하고 인간은 아직 모든 곳에서 공해를 만들지는 못했다. 지구는 여전히 광대하고 비어 있어 지저분한 문명의 한복판에서도 회색빛 아닌 초록빛 풀밭을 발견할 수 있다. 아마도 찾으려고만 한다면 통조림이 아니라 살아 있는 연어가 있는 냇물도 발견할 수 있으리라."

레이첼 카슨(Rachel Carson)은 《침묵의 봄 Silent Spring》을 쓸 때 북극 어딘가에서 아직 인간의 손길이 닿지 않은 곳을 발견했다. 그곳의 물고기와 비버, 흰돌고래, 순록, 큰사슴, 북극곰, 해마 등의 몸 안에는 DDT 흔적이 없었다. 크랜베리와 딸기, 야생 대황도 검사 결과 모두 청정했다. 예외적으로 흰올빼미 두 마리에서 아마도 서식지 이동 경로 중 유입된 것으로 추정되는 소량의 살충제가 검출되었고, 에스키모인 두 명은 앵커리지의 병원에 한동안 입원했을 때 유해물질에 노출된 것으로 보였다.

다시 말해서 DDT 공해가 만연된 문제이긴 하지만 여전히 우리는 그런 오염으로부터 자유로운 곳이 있다고 상상할 수 있다(그리고 카슨의 책 덕분에 그런 곳이 점점 더 늘어나고 있다). 산성비 문제가 점점 더 악화된다 해도 지금 이 순간 정상적인 pH를 가진 비가 내리는 곳도 있다. 그리고 산성비를 멈추고 싶었다면 우리는 그

독자카드

- **구입하신 도서명은**
- **이 책을 구입하신 곳은**　　　　　　　　　에 있는　　　　　　　서점
- **이 책을 구입하시게 된 동기는**
  | 주위의 권유로(　　　　　로부터 권유받음/　　　　로부터 선물받음)
  | 광고를 보고 (　　　　　에 난 광고)
  | 신간안내 서평을 보고 (　　　　에 실린 글)
  | 서점에서 책을 고르다가 (제목_ 표지_ 내용_)이 눈에 띄어서
  | 좋아하는 작가여서　| 베스트셀러니까
  | 인터넷에서 보고

- **이 책을 읽고 난 느낌은**

  내용이 기대만큼　| 만족스럽다　| 보통이다　| 불만이다
  제목이　　　　　| 잘되었다　| 보통이다　| 잘못되었다
  편집체제가　　　| 잘되었다　| 보통이다　| 잘못되었다
  표지디자인이　　| 잘되었다　| 보통이다　| 잘못되었다
  본문디자인이　　| 잘되었다　| 보통이다　| 잘못되었다
  책값이　　　　　| 비싸다　　| 알맞다　　| 싼 편이다

- **관심있는 책의 분야는**
  | 시 | 에세이 | 국내소설 | 외국번역소설 | 교양상식 | 철학
  | 인문 | 과학 | 자녀교육 | 실용 | 기타(　　　　　)

- **구독하고 있는 신문, 잡지 이름은**
- **즐겨듣는 라디오 프로그램은**
- **즐겨보는 TV프로그램은**
- **최근에 읽은 책 중 가장 기억에 남는 책이나 권하고 싶은 책은**
  책 |　　　　　　　　　출판사 |

- **구입하신 책을 읽고 난 소감이나 양문에 바라는 의견은**

독자카드

_____ **보내는 사람** _____

이름　　　　　　　　(만　　세) □남 □여

e-mail add.

직업　　　　　학력

주소

양문은 세상의 빛이 되는 책을 만듭니다
양문은 독자여러분의 소중한 의견을 기다립니다
여러분들의 의견은 작지만 가장 귀중한 알갱이가 될 것입니다
그 알갱이를 모아 모두에게 빛이 되는 책을 만들겠습니다
독자 여러분들이 양문의 스승입니다

서울시 종로구 가회동 170-12 자미원빌딩 2층
독자엽서 담당자 앞

tel. 02 742 2563~2565　fax. 02 742 2566　e-mail. ymbook@empal.com

110 - 260

렇게 할 수 있었다. 실험가들은 숲 곳곳에 텐트 지붕을 치고, 산성비가 없다면 숲은 정상으로 돌아갈 것이라는 자신들의 생각을 증명하려 하고 있다. 체르노빌 원전 폭발로 누출된 방사능마저 사라지기 시작하여 스칸디나비아반도 사람들은 다시 한번 야채를 먹을 수 있게 되었다.

우리는 여전히 야생의 자연을 상상할 수 있다. 또는 적어도 미래에 야생 자연의 가능성을 상상할 수 있다.

이런 자연 개념은 탄탄하다. 훼손된 부분을 마음속에서 차단하는 능력, 인간의 퇴보에서 아름다움을 발견하는 능력은 상당한 것이다. 몇 년 전 나는 린 제이콥스(Lyn Jacobs)와 함께 밴을 타고 며칠 동안 애리조나주를 돌아다녔다. 그는 서부의 공공지역에서 소떼가 풀을 뜯는 것을 제한하고자 어려운 싸움을 하고 있는 소수의 환경운동가 중 한 사람이다.

미국 서부 소재 연방정부 땅 70퍼센트를 임대하여 점유하고 있는 소떼는 임대료를 내지 않을 뿐만 아니라 세금감면까지 받으면서 미국 내 쇠고기 수요의 3퍼센트를 충당하고 있다. 소떼가 풀을 뜯는 땅은 황무지화되고 있다. 시냇물이 흐르는 곳의 둑은 함몰되고, 야생조류의 둥지는 소들의 발에 짓밟힌다. 그들이 밟고 지나간 곳에는 기다란 풀 대신 몇 포기 잡초와 엉겅퀴만이 남아 있다.

하지만 서부는 오랫동안 목장이었기 때문에 아무도 그런 현상을 알아채지 못하고 있다. 사람들은 그저 그곳의 풀은 30센티미터 이상 자랄 수 없는 것이라 생각한다. 어느 날 아침 제이콥스와 나는 그랜드캐니언의 남쪽 가장자리에서 24킬로미터 남쪽으로 난 목장 길을 따라 차를 몰았다. 정말 멋진 날이었다. 하늘은 편광된 청색을 띠고 있었고 비록 볼 수 없지만 그랜드캐니언이 어디 있는지는 너무나 분명히 알 수 있었다. 구름이 가장자리로 내려앉으면서 그 하부를 빙산처럼 가렸기 때문이다. 제이콥스는 밴을 멈추고 말했다.

"저게 문제예요. 서부의 전경을 볼 때 우리는 아래를 보지 않아요. 우리 눈은 이 사막이 정상이라고 훈련되었기 때문이죠. 우리는 그저 위에 있는 산과 푸른 하늘과 구름만을 보죠."

야생지역의 개념은 대부분의 '정상적인' 자연 파괴도 견디고 살아남을 수 있다. 땅이 발견되고 지도가 작성되어도 야생은 우리 마음속에 살아남을 수 있다. 그것은 모든 종류의 오염에도, 심지어 수백만 마리의 소가 풀을 뜯어먹어도 살아남을 수 있다. 땅이 짓밟히고 먼지가 풀썩이면 우리는 하늘을 본다. 하늘에 스모그가 가득하면 더 맑은 곳으로 여행을 한다. 그도 안 되면 알래스카나 오스트레일리아 또는 어디든 하늘이 맑은 곳에 있다고 상상한다. 그리고 그 방법은 언제나 유효하다. 자연은 실제로는 매우 약하지만 우리의 상상 속에서는 견고하다.

야생과 야생의 개념은 지구 전체를 망라하는 탐험을 견뎌냈다. 살충제와 오염도 견뎌냈다. 우리 주변의 자연의 질이 저하되면 우리는 어딘가 신선하고 오염되지 않은 다른 곳을 그린다. 그곳이 산성비나 DDT로 오염되면 우리는 언젠가 곧 좋아지리라고, 오염을 멈추면 자연이 복원되리라고 상상한다. (그리고 실제로 사람들은 이런 일을 시작했다. 여기 애디론댁에서는 헬리콥터가 호수의 산도를 낮추기 위해 대량의 석회를 뿌렸다.) 우리 마음속에서 자연은 가혹한 피부병 내지는 피부암을 앓고 있다. 하지만 자연의 본질적 힘에 대한 믿음은 변치 않았다. 피해가 언제나 국부적으로 보였기 때문이다.

인간이 왜곡한 자연

하지만 이제 그런 믿음의 근간도 사라졌다. 자연의 개념은 이산화탄소와 프레온가스에 의한 새로운 전지구적 오염을 견디지 못할 것이다. 이런 새로운 자연 파괴는 그 범주만이 아니라 종류에서도 영국 시냇물에 버려진 연어 캔과는 다르다. 우리는 대기를 변화시켰고 그로 인해 날씨도 변화시켰다. 날씨가 바뀜으로써 우리는 지구상의 모든 곳을 인공적이고 인위적인 곳으로 만들었다. 우리는 자연으로부터 독립성을 빼앗았고, 그로 인해 자연의 의미는 치명적인 손상을 입었다. 자연에 독립성이라는 의미가 없다면 이 세상에 인간 이외의 아무것도 없다.

포근한 여름날 당신이 비행기나 개썰매를 타고 눈신을 신고 북극의 먼 곳으로 여행을 한다면, 기온이 평소처럼 정상적인 것인지 또는 잉여 이산화탄소 때문에 온실과 같은 것인지를 알 수가 없을 것이다. 기온이 영하 20도이고 바람이 사납게 몰아친다면, 아마도 체감온도는 영하 40도가 될 수도 있다. 물론 우리들 대부분은 마음으로만 북극으로 갈 테니까 실제 상황은 아마도 이럴 것이다.

  7월의 런던에 혹서가 닥친다면 그것은 자연현상이 아닐 것이다. 그것은 분명 인위적 현상으로서 자연이 의도한 것의 확대이거나 전적인 인간 개입의 결과일 것이다. 혹서를 앗아갈 수 있는 폭풍은 절대 생기지 않거나 또는 다른 방향으로 비켜갈 것이다. 왜냐하면 그것은 순수한 자연의 법칙에 따른 것이 아니라 인간이 비효율적이고 거칠게 왜곡한 자연의 법칙에 따라 발생하는 것이기 때문이다. 태양이 사정없이 내려쬐일 때 우리는 '그게 자연이잖아'라고 편안하게 말할 수 없다. 물론 목덜미에 햇볕이 따스하게 느껴진다면 기분은 좋겠지만 그건 자연이 아니다. 지금 태어난 아이는 절대 자연의 여름, 또는 자연의 가을, 겨울, 봄을 알지 못할 것이다. 여름은 절멸되고, '여름'이라 불리는 다른 것으로 대체될 것이다. 이 새로운 여름은 그 상대적 특성을 보유할 것이다. 그 '여름'은 여전히 나머지 계절들보다 더울 것이고, 농작물이 자라는 시기이겠지만 그것은 여름이 아닐 것이다. 세상에서 제일 좋은 의족도 다리가 아닌 것처럼.

  기후는 자연의 모든 현상을 결정한다. 즉 기후는 숲이 그치고 초원과 툰드라가 시작되는 곳, 비가 떨어지고 건조한 사막이 웅크리고 숨는 곳, 바람이 강하게 지속적으로 부는 곳, 빙하가 형성되는 곳을 결정하고, 호수가 얼마나 빨리 증발하는지, 어디에서 해수면이 올라가는지를 결정한다. 환경보호국의 존 호프만(John Hoffman)은 《산림 저널Journal of Forestry》에서 "오늘날 심은 나무는 기후가 이미 변한 후에 최대 성장기를 맞이하게 될 것이다"라고 말했다. 오늘날 태어난 아이는 유독성 폐기물이 없는 강에서 헤엄칠지는 몰라도 영원히 자연의 강은 보지 못한다. 해변에 부서지는 파도가 모래언덕을 침식하고 가옥을 파괴한다 해도 그것은 어머니 자연의 경이로운 힘이 아니다. 그것은 아주 천천히 변화하고 진화해온 지구의 과정을 한 세기 만에 압도해버린 경이로운 인간의 힘이다.

기상통보관들이 말하는 '사상 최고기온'이나 '사상 최저기온'이라는 것은 이제 의미가 없어졌다. 그것은 장대높이뛰기 경주에서 대나무 장대와 유리섬유 장대를 쓰는 선수를 비교하는 격이고, 스테로이드와 시리얼을 섭취한 선수의 경주 시간을 비교하는 격이다. 그것은 과거와 현재 사이의 존재하지 않는 연결 관계를 시사한다. 그러한 비교는 렘브란트의 그림을 앤디 워홀 옆에 거는 것과 같다. 우리는 탈 자연세계에 살고 있다.

소로우는 언젠가 말했다. "반시간만 걸으면 인간이 1년 내내 발을 들여놓지 않은 곳을 만나고, 그곳에서는 당연히 정치 같은 것이 없다. 정치란 인간이 피우는 담배연기 같은 것이기 때문이다." 하지만 이제는 반년을 걸어도 그런 곳을 찾기가 힘들다. 우리의 삶의 방식, 우리가 어떻게 살아야 한다는 개념을 말하는 정치는 지구상의 모든 곳에서 연기를 피워올리고 있다.

우리 집에서 800미터 정도 떨어진 호수 주변의 마을에 가로등 한 개가 설치되었다. 인근 수 킬로미터 내에 단 하나뿐인 그 가로등은 당연히 유용하다. 그 등이 없다면 여름마다 한두 대의 차가 회전할 곳을 놓치고 강물에 빠져버릴 것이다. 그럼에도 불구하고 그 가로등은 어둠을 방해하고 있다. 여름철 휴가객들이 떠나고 나면 다른 불빛은 보이지 않는다. 별이 뜬 밤엔 은하수가 큰 천막처럼 드리운다. 옆에서 걷는 개조차 보이지 않는 칠흑 같은 어둠 속에서도 걸을 수는 있었다. 그러나 이제는 모퉁이에 가로등이 보인다. 나트륨 증기가 만들어내는 동그란 빛에는 신비함이 없다. 벌레들이 램프를 좋아하는 것은 사실이다. 6월 밤에 가로등 주변에 모여든 생물은 처녀림의 어느 곳보다도 많다. 결국 그 등은 밤의 느낌을 깨버린다. 이제 우리는 거대한 가로등을 하늘에 설치할 것이고 언제 어디에나 그 무미건조하고 메마른 불빛이 비칠 것이다.

또 다른 아름다움

지난가을 어느 날 아침 땔나무를 쌓던 나는 공중에 재가 많이 떠다니는 것을 발견했다. 나는 열린 창으로 아내에게 물었다. "모닥불 피웠어요?" 그녀는 아니라고 대답했다. 나는 길을 따라 내려가며 혹시 그 재가 가까운 집에서 나오는 것인지 살폈다. 하지만 재는 멀리서부터 오고 있었다. 나는 발걸음을 멈추고 떠다니는 재를 손으로 잡아서 살펴보았다. 그것은 한번도 본 적이 없는 벌레였다. 진디등에 비슷한 곤충이 등에 재처럼 보이는 회색빛 양모 같은 덩어리를 달고 있었던 것이다. 그것은 인간에 의한 것이 아니라 자연의 산물이었다.

우리들 주변에 일어나는 변화가 다 그런 것이라면, 모든 유추가 다 그저 유추라면 얼마나 좋을까. 그것들이 다 꾸며낸 이야기이고 이 세상이 언제나 존재했던 그대로라면 얼마나 좋을까. 하지만 세상은 우리가 하는 일의 영향을 받고 있다.

1960년대 초 대기 중의 원폭실험이 한창일 때 화이트(E. B. White)는 유명한 에세이 '방사능 낙진'에서 이렇게 말했다.

"새로이 일군 텃밭에서 가졌던 즐거움은 이제 내 마음속에 들끓는 망상 때문에 사라져버렸다. 내일은 비가 올 것이다. 그러면 빗물은 먼 곳에서 오래전에 일어났던 원폭 폭발의 재들을 싣고 밭에 떨어질 것이다. 그 재가 많든 적든, 그것이 농부의 눈에 띄든 그렇지 않든 간에 한 가지 분명한 사실이 있다. 비의 성격이 달라진 것이다. 이제 대지를 적시는 빗물을 보는 기쁨이 줄어들고, 밭의 의미나 가치조차 의심스럽게 되었다."

다행히 대기 중 원폭실험은 계속되지 않는다. 하지만 화이트의 말은 여전히 사실이다. 다만 현재 비의 오염물질인 이산화탄소, 메탄, 산화질소, 프레온가스는 멀리 떨어진 곳에서 일어난 큰 사건이나 몇 개의 대폭발 때문이 아니라 보편적으로 널려 있는 수억 개의 피스톤이 폭발하면서 만들어낸 결과물이란 것이 다를 뿐이다.

이런 새로운 상황을 믿기는 매우 어렵다. 통찰력 있던 초기의 자연주의자들도 대기나 기후가 극적으로 변화될 수 있음은 이해하지 못했다. 계속되는 벌목작업으로 대서양과 미시시피강 사이에 더 이상 처녀림이 남아 있지 않다고 불평하던 소로우는 말했다.

"머지않아 동부에는 나무가 다 사라져 사람들이 구레나룻이라도 길러서 그 황폐함을 가려야 할 정도가 될 것이다. 하지만 다행히도 하늘은 안전하다."

요세미티 계곡을 탐험한 스코틀랜드 탐험가 존 뮤어(John Muir)는 어느 날 계곡에서 풀을 뜯는 양떼를 따라가던 일을 이렇게 일기에 묘사했다. "수천 개의 다리가 풀과 꽃을 밟고 지나갔다. 하지만 이 광대한 자연에서는 그들조차도 미약한 무리로 보였다. 당연히 많은 밭들은 그들의 파괴적인 짓밟힘을 면할 것이다. 나무의 경우는 어린 묘목이라면 몰라도 안전할 것이다. 하지만 이들 양떼의 숫자가 대거 늘어난다면(달러화의 가치로 볼 때 틀림없이 그러하리라 짐작되지만), 그런 숲조차도 얼마 후엔 소멸될 것이다. 그때 안전한 것은 하늘밖에 없을 것이다."

최초의 현대적 환경운동가인 조지 퍼킨스 마시(George Perkins Mash)는 이미 1세기 전에 숲의 벌목이 유해함을 알고 있었다. 그럼에도 불구하고 그는 말했다. "계절의 순환에 따른 기온 및 낮과 밤의 길이 변화, 각 지역의 기후 차이, 대기와 해양의 일반적 조건과 움직임은 대체로 우주적 원인에 의존하고 인간의 통제를 벗어나 있다."

우리가 그동안 행해온 잘못을 드디어 깨닫기 시작한다 해도 당분간은 무엇인가가 변한다는 것을 망각할 기회가 있다. 왜냐하면 종말을 맞은 것은 자연의 아름다움이 아니기 때문이다. 스모그가 저녁놀을 장관으로 만들듯이, 공해로 인해 상상도 못했던 새로운 아름다움이 나타날 수도 있다. 이전과 달라진 것은 그 아름다움이 내포하는 의미다. 이제 우리는 황혼을 바라보면서 주황, 보라, 빨강의 배색 너머 수많은 것을 생각하게 될 것이다.

오늘의 위기는 자연적이 아니다

물론 지구의 역사에서 이것이 최초의 대파괴는 아니다. 지구가 생성된 이후 지름이 최대 16킬로미터인 소혹성이 음속의 60배 속도로 지구에 30번이나 충돌했을 것이고, 그로 인해 현재 세계가 보유하고 있는 핵무기가 다 폭발한 것의 1000배 정도나 되는 에너지를 배출했을 것이라고 러브록은 말한다. 일부 과학자들은 그러한 사건으로 아마도 지상 생물의 90퍼센트가 죽었을 거라고 밝혔다. 좀 더 범위를 넓혀 살펴보면 태양은 꾸준히 광도를 증대시켜왔다. 지구상에 생명이 시작된 이래 태양은 30퍼센트 가까이 광도가 증가했다. 생명체는 그 변화를 따라잡으려고 애를 써왔지만 결국은 그 경주에서 지게 될 것이다. 아직은 몇십억 년의 시간이 남아 있지만 말이다.

그리고 인류가 이미 넘어온 가파른 분수령과 닮은 예를 생각해보자. 미생물학자 린 마굴리스(Lynn Margulis)는 약 20억 년 전에 특정한 박테리아가 번식하여 순식간에 대기 중의 산소를 0.0001퍼센트에서 21퍼센트로 증가시킨 적이 있다고 말한다. 그런 사건에 비할 때 이산화탄소가 280ppm에서 560ppm으로 늘어났다는 것은 우리 집 뒷산과 네팔의 안나푸르나봉을 비유하는 격일 것이다. 마굴리스는 이렇게 기록했다. "이것은 아마도 지금까지 지구가 겪었던 가장 큰 오염의 위기였다. 표준 방식의 DNA 복제와 유전자 전이, 돌연변이밖에 몰라 이런 대격변을 맞이할 준비가 되어 있지 않던 대부분의 미생물이 산소에 중독되었다." 그리고 실로 이 사건은 오늘날 지구를 점유하고 있는 성공적인 산소 합성 생명체를 탄생시켰다.

하지만 이 모든 예는 지금 우리가 겪고 있는 위기와는 다르다. 이전의 사건들은 모두 인위적이 아니라 자연적인 것이었기 때문이다. 작은 별이 지구에 와서 부딪친다. 빙하가 점점 퍼진다. 별들의 엄연한 법칙에 따라 태양이 점점 밝게 불타다가 결국 폭발한다. 유전적 돌연변이가 특정 박테리아로 하여금 산소를 토해내게 만든다. 그리고 머지않아 그 박테리아가 지구를 점유한다. 이 모든 것은 다 '온전히 자연적인' 오염이다.

물론 인간도 자연의 일부이므로 현재의 위기를 '자연적'이라고 주장할 수도 있다. 그리스 철학자들도 물질과 의식 사이에 차이가 없고, 자연은 모든 것을 포함한다고 주장했다. 영국 과학자 러브록은 몇 년 전에 이렇게 썼다.

"인류는 기술을 가진 종으로서 그저 자연현상의 불가피한 일부일 뿐이다. 인류는 기계적으로 발전한 비버일 뿐이다. 이런 관점에서 우리가 자연을 종식시켰다거나 손상시켰다고 하는 것은 말이 되지 않는다. 인류가 바로 자연이며, 인류가 하는 어떤 일도 비자연적인 것이 없기 때문이다."

이런 관점은 마굴리스에 의해 더욱 확대되었다. 그녀는 로봇이 생명체라고 할 수 있느냐는 질문에 이렇게 답했다. "인간이 만든 발명품은 모두 DNA 복제과정을 포함한 다양한 과정에서 비롯하였기 때문에 그런 복제의 시간이나 공간이 발명품으로부터 분리된 것은 문제가 되지 않는다."

하지만 이러한 논의는 여전히 실감이 나지 않을 수 있다. 그것은 토론가의 관점이고 언어적 논쟁이다. 우리가 자연을 종식시켰다고 하는 것이 자연 과정이 끝났다는 의미는 아니다. 여전히 태양과 바람은 존재하고 성장과 소멸도 존재한다. 광합성은 계속되고 호흡도 계속된다. 하지만 우리는 적어도 현대사회에서 인간을 정의해주던 인간사회와 분리된 자연, 바로 그것을 종식시킨 것이다.

그런 분리는 매우 실제적이다. 일부 시인이나 생물학자들처럼 우리가 자연에 적응하는 것을 배워야 한다든지, 인간이 단지 수많은 종(種)들 중 하나일 뿐이라고 지적하는 것도 좋다. 하지만 우리 중 누구도 그것을 확실히 믿는 사람은 없다. 소피스트들은 '자연적인 것'은 원래 존재했던 것으로, '인습적인 것'은 인간의 개입으로 성립된 것으로 대조시킨다. 그들의 구분은 플라톤과 그리스도교와 그 밖의 많은 여과기를 통해 지금도 건재한다. 그것이 우리가 본능적으로 가지고 있는 세계관과 통하기 때문이다.

나는 지금 사무실에 앉아 이 글을 쓰고 있다. 맞은편 벽에는 사전, 기네스북, 백과사전 등의 참고도서와 컴퓨터가 놓인 책장이 있다. 또 다른 책장에는 미국역사에 관한 책들이 있고, 왼편과 오른편 벽에는 가족사진과 크리스마스용 통신판매 카탈로그가 있으며, 라디오에서는 라벨의 '왼손을 위한 피아노협주곡 D장조'를 클리블랜드 오케스트라가 연주하고 있다. 창문 밖으로는 가파른 산봉우리가 보인다. 1.6킬로미터 정도 지속되는 나무가 없는 능선과 정상 부근의 연못도 보인다.

산과 사무실은 내 삶의 분리된 일부분이다. 나는 그 둘이 연결되어 있다고 생각하지 않는다. 밤이면 밖은 어둡다. 호수 옆 가로등 외에는 서쪽으로 32킬로미터, 남쪽으로 48킬로미터 내에 등불이 없다. 하지만 이 방안에는 등불이 빛난다. 가로등 불빛은 밤에 몇십 센티미터를 비추다가 약해지고 주변은 곧 칠흑의 어둠이 된다. 겨울이면 밖은 춥지만 이 방에는 새벽이 오기까지 모닥불이 실내를 덥혀주고 그 불이 사그라질 때쯤이면 석유난로가 가동된다.

이 안에서 일어나는 일은 내가 제어한다. 반면에 밖에서 일어나는 일은 언제나 어떤 독자적인 힘이 제어했다. 그것은 외부 세계가 중요하지 않다는 말이 아니다. 내가 이곳으로 이사 온 것은 산에 자주 가기 위해서였다. 나는 자연이 중대한 의미를 가지고 있다고 생각한다. 심지어 도심에 익숙한 도시거주자에게도 말이다. 하지만 현대인의 마음속에서 자연과 인간 사회는 별개의 존재이다. 내가 자연이라고 말할 때도 바로 이 별개의 자연을 의미하는 것임을 알아주기 바란다.

어떤 이는 우리가 이 독자적인 자연을 오래전에 종식시켰으므로 지금은 특별한 금지가 필요 없다고 말할 수도 있다. 인간이 최초의 연장을 만든 날이나 최초의 농작물을 심은 그날, 인간은 돌이킬 수 없는 자연의 변화를 꾀했다고 할 수도 있다. 월터 앤더슨(Walter T. Anderson)은 《진화의 통치To Govern Evolution》에서 "야생지를 지정하거나 멸종위기의 생물 보호를 포함한 인간의 모든 행위가 이미 일종의 인간 개입이다"라고 주장했다. 또한 그는 자신의 고향인 캘리포니아가 양치기와 금광 광부들의 뒤를 이어 이미 1870년대에 시작된 대규모 농업으로 영원히 변화되었다고 주장했다.

기술적으로는 물론 그의 말이 옳다. 어떤 행위도 그 환경을 변화시킨다. 심지어 집을 짓는 새도 주변 환경을 변화시킨다. 그리고 그의 말대로 "우리가 인간의 손이 닿지 않은 자연세계로 돌아갈 수 없는 것"도 사실이다. 하지만 자연을 더욱 변화시키는 명분으로 흔히 인용되는 앤더슨 등의 주장은 지나치게 광범하다. 1870년에 캘리포니아에서 독자적인 자연은 죽지 않았다. 1870년에 뮤어는 막 요세미티에 체류를 시작했다. 인간을 초월한 그 세상에서 뮤어는 가장 위대한 노래를 짓고 지혜를 얻었다. 어떤 장소가 자유롭고 야생으로 남아 있는 한 자유와 야생이라는 개념도 계속 남아 있을 것이다.

멀어져가는 원시의 자연

핵무기의 발명은 실제로 자연의 종말을 예고한다. 우리는 마침내 자연을 제압할 능력, 모든 곳에 지울 수 없는 자국을 남길 능력을 소유했다. 조나단 쉘(Jonathan Schell)은 《지구의 운명 The Fate of the Earth》에서 이렇게 썼다.

"핵의 위험은 보통 다른 생명체나 그들의 생태계에 대한 위협과는 동떨어진 것으로 간주된다. 하지만 실제로 핵은 생태계에 대한 위협의 중심에 있다. 구름 덮인 에베레스트에서 눈에 보이는 직접적인 환경 피해는 빙산의 일각에 불과한 것처럼."

그리고 쉘의 말이 옳다. 그가 책을 쓰던 10년 전쯤에는 사실 그 정도의 위협을 인식하기가 어려웠다. 지구온난화는 수없이 모호한 이론들 중 하나였고, 핵무기는 독특했다(그것의 파괴 속도 때문에 계속 독특한 상태로 남아 있었다). 하지만 핵의 딜레마는 인간이 핵폭탄 사용을 금지할 수도 있고, 실제로 핵을 감축하거나 제거시킬 수도 있다는 점에서 인간의 이성에 달려 있다. 일본과 비키니섬, 네바다주 지하와 우리의 상상 속에서 여러 번 증명된 핵무기의 가공할 힘은 인간을 마땅히 바람직한 방향으로 이끌었다.

이와 대조적으로 자연의 종말로 가는 다양한 과정들은 본질적으로 인간의 사고를 초월해 있다. 이산화탄소가 세상의 기온을 높이리라는 것을 안 사람은 소수에 불과했고 그들은 오랫동안 우리를 일깨우려고 헛되이 노력했다. 이제는 너무 늦어버렸다. 그럼에도 일부 변화를 개선하고 최악의 영향을 피하기에는 너무 늦지 않았다. 과학자들은 이미 우리가 너무나 많은 가스를 공중으로 뿜어올려 기온 상승과 그에 수반된 날씨 변화가 불가피하다고 주장한다.

이제는 일부과학자들이 우리를 구하기 위해 제안한 치유책에서 우리가 얼마나 그 타당성을 인식할 수 있는지가 중요하다. 그것은 필요 이상으로 사태를 악화시킬 화석연료 사용을 줄이고 열대우림을 보존하는 치유책이 아니라, 사태를 '정상'으로 돌려놓을 해결책을 말한다. 지금까지의 제안 중 가장 자연스런 방법은 공기 중에서 이산화탄소를 제거해줄 나무를 많이 기르는 것이다.

논의상 새로운 화력발전소를 만들어 38퍼센트 열효율로 1000메가와트의 전력을 생산하고 그 가운데 70퍼센트가 유용하다고 하자. 그 발전소에서 나오는 이산화탄소를 상쇄하려면 반경 24.7킬로미터에 해당하는 지역에 1.2미터 간격으로 플라타너스(속성으로 자라는 품종으로)를 빼곡히 채우고 4년마다 '수확' 해야 한다. 그 정도의 성장률은 가능하다. 정부의 산림전문가는 상원에서 유전인자 선별, 띄어심기, 솎아내기, 가지치기, 잡초 관리, 산불 및 병충해 관리, 비료주기, 관개를 잘하면 연 성장률이 "지금보다는 훨씬 더 높을 수 있다"고 했다. 그런데 그 방법이 효과가 있다 해도 이런 나무심기가 자연스러운 것인가? 동일한 간격으로 심어진 끝없는 플라타너스와 위에서 제초제를 뿌리는 헬리콥터, 그리고 밑에서 조용히 물을 뿜는 관개용 파이프는 내가 생각하는 자연과 근원적으로 동떨어진 것이다.

다른 제안들은 더욱 기괴하다. 《뉴욕 타임스》에 '미래지향적 아이디어'라 불리며 게재되었던 기사는 프린스턴대학의 토마스 스틱스(Thomas Stix) 박사의 제안이었다. 그는 프레온가스가 오존층에 도달하기 전에 레이저를 사용하여 대기층에서 '긁어내는' 가능성을 제안했다. 지구 곳곳에 적외선 레이저를 설치하고 '대기 처리'라는 방법을 사용함으로써 매년 수백만 톤의 프레온가스를 '분해'할 수 있다고 그는 말했다.

앨라배마대학의 화공학 전공자 레온 새들러(Leon Y. Sadler)는 수십 대의 비행기로 오존을 성층권으로 옮기는 방법을 제안했다(다른 사람들은 동결된 오존 '총알'을 연속적으로 쏘아 올리면 성층권에서 녹는다고 했다). 또한 컬럼비아대학의 지구화학자 월리스 브뢰커(Wallace Broecker)는 수백 대의 점보제트기를 동원하여 성층권으로 연 3500만 톤의 이산화황을 공급함으로써 태양광선을 지구 밖으로 반사해버리는 방법을 고안했다. 다른 과학자들은 얇은 필름막으로 만들어진 거대한 위성을 쏘아올려 지구에 그림자가 지게 하면, 블라인드를 치는 것과 같은 효과로 온난화를 상쇄할 수 있다고도 했다.

이런 다양한 해결책에는 몇 가지 실용적인 문제가 수반되어 실현이 어렵다. 예를 들면 브뢰커 박사는 대기권에 대량의 이산화황을 주입하면 산성비가 증가하고 '푸른 하늘에 희뿌연 칠'을 하게 된다고 했다. 하지만 그 방법이 효과적일 수도 있다. 그리고 아마도 브뢰커 박사가 주장하듯이 '이성적인 사회는 거주 가능한 지구를 만드는 방법에 대해 모종의 보험이 필요' 할지도 모른다.

그러나 그 방법들이 유효하여 지구가 거주 가능한 곳으로 유지된다 해도 그것은 이전과 같지 않을 것이다. 기하학적 가장자리를 자랑하는 위성구름으로 인해 흰빛이 도는 오후의 하늘은 사방에서 쏘아올린 레이저가 교차하는 황혼으로 이어질 것이다. 자연을 재조립할 방법은 없다. 지구의 반사율을 높여 기온을 낮추기 위해 대양의 대부분을 흰색 스티로폼 조각으로 덮는 방식으로는 분명 안될 것이다.

자연의 파괴가 자신과는 별 상관이 없다는 사람도 다수가 있을 것이다. 2년 전 한 회사 중역팀이 브리티시컬럼비아에서 래프팅을 하다가 사고로 다섯 명이 죽었다. 그 후 생존자 한 사람이 기자에게 자신들은 그 강을 '롤러코스터 대용품' 쯤으로 생각했다고 고백했다. 자연은 우리에게 취미의 대상이 되었다. 어떤 사람은 야외를, 어떤 사람은 요리를, 또 다른 사람은 전화선을 통해 군대 컴퓨터에 침입하는 것을 즐긴다. 자연에 대한 취미는 1970년대 붐을 이루었는데 요즘은 약간 줄어드는 추세다. (1983년 이래 국립공원의 오지에서 등산이나 야영을 하겠다는 신청자 수가 반으로 줄었다. 반면에 차를 타고 구경하는 사람들의 숫자는 계속 증가 추세다.)

자연에 대한 욕구는 아주 빠른 속도로 피상적이 되고 있다. 이제 계절은 우리에게 볼거리 이외의 별 의미가 없다. 내가 사는 곳과 다른 많은 지역에서 한때는 추수를 기념했던 10월 축제가 이제는 관광객이 아직은 돈을 뿌릴 수 있는 8월말에 개최되고 있다. 매주 쇼핑카트를 밀면서 추수를 할 수 있는데 무엇 때문에 새삼 추수를 축하하겠는가?

어린 시절 나는 교외의 주거 전용지역에서 자랐다. 비록 지금 야생의 언저리에 살고 있지만 자연세계에 대한 나의 이해는 보잘것 없다. 수백 킬로미터를 차를 몰고 가도 그 들판에서 무엇이 자라는지 옥수수를 빼고는 모른다. 심지어 농부들도 자신들을 둘러싼 세계에 대한 감정이 줄어들었다. 수필가 웬델 베리(Wendell Berry)는 새 트랙터 광고를 인용해 다음과 같이 썼다.

"외부 — 먼지, 소금, 열기, 폭풍, 매연. 내부 — 모든 것이 조용하고, 편안하고, 안전하다. ……운전자는 그가 원하는 대로 다이얼을 돌려 '내부 날씨'를 조절한다. ……그는 버튼을 눌러 라디오나 테이프를 스테레오로 듣는다."

하지만 이것도 내가 보는 신문에 매주 한번씩 전면광고로 실리는 장의사 사장의 철학에 비하면 몇 단계 위다. "지상 묘지. 깔끔한 장례. 흙속의 성가신 물질들이 있는 지하가 아님." 그의 청결하고 건조하고 문명화된 무덤은 이미 네 개가 팔렸고, 지금 5호가 건립중이다. 우리는 아직 살아 있고 때로는 오징어나 영양을 다루는 자연 프로그램을 본다. 하지만 대부분의 경우 우리는 'LA 변호사들(Law)' (로펌을 주제로 한 인기 시리즈물 — 옮긴이)를 본다.

지구는 신의 의지가 표현된 박물관

우리가 알고 있는 자연의 종말은 다른 거대한 개념의 종말처럼 즉시적이고 장기적인 결과가 있을 것이다. 1893년 미국역사학회에서 프레드릭 터너(Frederick J. Turner)가 프런티어(frontier: 미국인의 개척정신을 표방하는 서부의 변경-옮긴이)는 소멸했다고 증언했을 때 프런티어가 미국인의 삶을 규정하는 힘이라고 생각하는 사람은 별로 없었다. 그것이 없어지는 순간에야 비로소 이해되었던 것이다. 우리가 주변에 있는 자연에 별로 관심을 두지 않는 이유 중 하나는 그것이 언제나 거기 있었고 앞으로도 그러하리라는 가정 때문이다. 그것이 사라질 때 그것의 중요성은 분명해질 것이다. 그것은 흔히 자식들이 부모가 자기네 인생과는 별로 상관이 없다고 생각하다가 부모를 땅에 묻을 때가 되어서야 그렇지 않다는 것을 깨닫는 것과 같은 이치다.

우리는 자연의 종말을 어떤 감정으로 맞이할까? 여러 가지 반응이 있을 것이다. 자연이 바트램의 표현처럼 신선하고 사람의 손이 닿지 않은 것에 대한 기쁨이라면 자연의 상실은 곳곳에 남겨진 인간의 발자국에 대한 슬픔이다. 하지만 사람의 죽음과 마찬가지로 거기에는 단순한 상실 이상의 구멍이 뚫릴 것이다. 또한 새로운 관계가 생겨나고 이전 관계에는 긴장과 변화가 생긴다. 그리고 이 상실이 불가피한 것이 아니었다는 점에서 사람이 죽었을 때와는 다른 심각한 질문이 대두될 것이다.

이 질문 중 가장 첫번째는 신과 관련이 있다. 물리적 사건의 의미를 찾아 곧장 형이상학으로 가는 것이 이상해보일 수 있다. 하지만 우리가 이미 보았듯이 자연은 사실임과 동시에 관념이다. 관념은 어떤 면에서 신과 관련이 있다. 나는 신학자가 아니기에 더 이상 이를 논하기가 망설여진다. 신의 의미가 무엇인지도 내겐 확실하지 않다(아마 일부 신학자들 역시 나와 같은 불확실성을 느끼리라고 생각한다).

현대에 들어서 종교가 쇠퇴하기 시작했다는 것은 새로운 발견이 아니다. 최근 근본주의가 부상하긴 했어도 신앙의 위기는 계속되고 있다. 나를 포함한 많은 사람들은 신을 자연에서 찾음으로써 종교를 극복했다. 지금까지 내가 목격한 영원성, 설계, 자비는 다 자연세계에서 왔다. 계절과 그 아름다움, 생성과 소멸의 섬세한 그물망으로부터 왔다. 사람들 간에 존재하는 크고 이타적인 사랑의 경우처럼 다른 징조들도 있지만 이는 덜 믿음직스럽다. 그들은 자연이 선언하는 영원성이 아니라 다만 그것이 구체화된 모습을 시사하기 때문이다. 진부한 생각으로 보인다 해도 결국 그것이 바로 내가 말하고자 하는 바다. 우리가 아는 초기의 신들은 호랑이, 새, 물고기 같은 동물이었다. 그들의 형태와 얼굴들은 고대의 유적, 토템, 최초의 종교 벽화에서 우리를 바라보고 있다.

시간이 지남에 따라 인간이 신에게 자신의 모습을 반영하긴 했지만 그래도 우리는 여전히 숲과 들판과 새와 사자에게 많은 감정을 주고 있다. 그렇지 않다면 우리가 무엇 때문에 환경에 대한 '신성모독(desecration)'을 괴로워하겠는가? 나는 스스로 어느 정도 정통 감리교도라 생각한다. 또 나는 친교가 중요하고, 이스라엘과 복음서의 역사에 매력을 느끼며, 찬송가를 부르는 게 좋기에 일요일마다 교회에 간다. 하지만 내가 신의 존재를 가장 강렬하게 느끼는 것은 '신의 집' 안이 아니라 신의 집 밖의 공간, 소나무가 우거지고 따스한 햇볕이 쬐는 산언덕이나 바닷가 파도에서다. 그곳에서는 죄나 구원처럼 인간이 만들어낸 이성을 마비시키는 범주들이 무너져내린다. 그리고 오직 이 세상에 존재하는 선과 아름다움만이 내 가슴에 압도적으로 밀려온다.

아마도 이런 감정은 도시 세대에게는 희미할 것이다. 사람들은 이제 신을 기독교 방송을 통해서 인식하게 되었다. 고대인뿐만 아니라 외부 세계가 원자재의 보급원이나 맹수들의 집 이상임을 처음으로 우리에게 알려준 미국의 자연주의자들에게도 자연의 의미는 언제나 변함없이 신적인 것이었을 것이다. 20세기 초 버로스는 말했다. "우리는 자연이란 단어를 조상들이 신이란 말을 사용한 것처럼 쓰고 있다. 그 의미는 우주에 편재하고 작동하는 힘, 우리 눈에 보이는 우주를 그의 무릎에 안고 키워주는 힘이다. 이런 지혜에 관한 한 무신론자도 회의론자도 나오지 않는다."

자연은 실재(實在)라고 소로우는 말했다. "그것은 인간이 만들어낸 아라비안나이트의 재밌는 이야기와는 구분된다. 신은 지금 이 순간 최상의 자리에 있고, 모든 시간이 다 지나가도 지금보다 더 신적이지는 못하리라. 그리고 우리 인간이 그런 숭고하고 고귀한 것을 이해하는 유일한 방법은 오직 우리를 둘러싸고 있는 실재를 조금씩 배우고 그 실재에 온전히 존재하는 일을 부단히 계속하는 길밖에 없다."

그렇게 온전히 존재하는 일은 월든 호수 주변의 숲에서 이루어질 수 있지만 진정한 야생지역에서라면 더욱 좋다. 커타딘산에서 소로우는 벌목이 행해진 적 없는 수 킬로미터의 숲을 지나며 말했다. "아마도 '우리의' 야생 소나무가 서 있고 바닥에는 낙엽이 떨어져 있던 콩코드의 땅에서는 이전에 곡식을 갈고 추수도 했을 것이다. 하지만 이곳에는 인간의 손길에 상처를 받은 흔적이 한 곳도 없다. ……신은 이런 세상을 창조하고 흡족하게 바라보았으리라." 지구는 신의 의지가 표현된 박물관이다.

하지만 단순히 자연 속에서 신을 이해한다고 말하는 것은 시작에 불과하다. 신비주의자가 말하듯이 대체로 사람들은 살아가는 동안 언젠가는 자연의 아름다움에 감동받아 '고양된 의식의 세계'로 이동한다. 그리고 '풀잎 하나마다 의미로 생생한 것'을 경험한다. 그런데 이것이 사실일 경우 문제는 그것이 어떤 의미냐는 것이다. 1세기 전에 또 다른 신비주의자는 "모든 자연은 신이 스스로의 생각을 표현하는 언어다"라고 말했다. 그렇다면 신은 어떤 생각을 하고 있는가?

가장 중요한 교훈은 세상에 아름다운 질서가, 가늠할 수는 없지만 위안을 주는 질서가 있다는 것이다. 그리고 이런 조화로움에서 가장 마음에 드는 부분은 그 영원성에 있다. 우리 인간의 뿌리는 영원한 과거까지 거슬러올라가고, 가지는 영원한 미래로 뻗어나간 어떤 것의 일부라는 느낌이다. 인간의 삶은 영원성에 대한 욕구를 조금밖에 채워주지 못한다. 하나의 개체로서 인간은 필사적으로 외롭다. 우리는 자녀를 가지지 않을 수도 있고, 자녀가 어떻게 자랄 것인지 관심을 두지 않을 수도 있고, 부모에게서 자신의 흔적을 찾지 않을 수도 있다. 심지어 인간을 혐오할 수도 있다. 또는 인간의 삶이 보잘것없는 짧은 것이며 최후의 허무를 향해 돌진하는 것이라 생각할 수도 있다. 하지만 지구와 그 안에 담긴 모든 과정들, 예를 들면 태양이 식물을 길러내고, 동물이 그 식물을 먹고 자라고, 그 동물이 죽어 또 다른 식물에 영양을 공급해주는 과정은 인간에게 좀더 지속적인 역할 감각을 준다.

인간 조건에 대해 지극히 비관적이었던 시인 로빈슨 제퍼스 (Robinson Jeffers)는 이런 글을 썼다. "부분은 변화하고 통과하고 그리고 죽는다. 사람들과 인종들, 바위와 별들. 그 무엇도 그것 자체로는 내게 중요해 보이지 않는다. 오직 전체만이 중요하다. …… 이 전체만이 깊은 사랑을 받을 가치가 있고, 이 전체 안에 평화와 자유, 그리고 구원마저 있다고 나는 느낀다……."

뮤어는 이런 영원성을 가장 잘 표현해냈다. 아들에게 성경을 외우게 하기 위해 벨트로 체벌도 서슴지 않았던 엄격한 캘빈주의자 아버지를 피하여 그는 시에라네바다의 요세미티 계곡을 여행했다. 그곳에서 보낸 첫 여름을 그린 일기는 '주변의 아름다움에 대한 숨막히는 기쁨'으로 가득하다. 그는 '영원'이란 단어를 그만의 특유한 방식, 아버지의 음울하고 이기적인 종교와는 대조되는 방식으로 사용했다. 그 산속에서 시간은 정상적인 의미를 갖지 않았다.

"시에라의 아름다운 날. 인간이 그 안으로 녹아들어 파도처럼 아무도 모를 곳으로 나아가는 듯한 날. 삶은 길지도 짧지도 않아 보이고, 나무나 별들처럼 인간도 이제 시간을 절약할 일도 서두를 일도 없다. 이것이 진정한 자유이다. 실재적 차원에서의 영원이다."

이런 기분이라면 시간이나 공간은 더 이상 인간을 제약하는 경계가 되지 않는다.

"우리는 지금 산속에 있고 산은 우리 안에 있어, 내 몸의 모든 신경들을 다 고요하게 하고, 모든 세포와 구멍들을 다 채워준다. 뼈와 살로 이루어진 우리들의 예배당은 주변의 아름다움에 유리처럼 투명해졌고, 마치 진정 그의 분리될 수 없는 일부가 된 양, 공기와 나무, 냇물과 바위와 함께 그리고 아른거리는 햇빛 속에서 떨고 감동한다. 우리는 모든 자연의 일부이다. 우리는 늙지도 젊지도 않고, 아프지도 건강하지도 않고 그저 영원하다."

뮤어의 표현은 감동적이긴 하지만 약간은 모호하고 초월적이다. 버로스나 뮤어, 소로우에게 신은 이름이나 교리를 가지고 있지 않았다. 많은 서구인에게 신에 대한 개념은 이렇게 경계선이 흐릿한 것이다. 다른 많은 사람들에게 신은 좋아하는 것과 싫어하는 것이 너무나 분명한 존재인 것과 마찬가지로. 인간을 모든 존재 위로 올려놓은 서구문명의 유대-그리스도교 전통은 흔히 반환경적인 것으로 간주된다. 지배를 강조하는 창세기 이야기는("땅을 가득 채우고 그를 정복하라. 바다의 물고기와 하늘의 새들과 땅위를 움직이는 모든 생물 위에 군림하라") 숲을 벌목하고, 야생지역에 도로를 내고, 달팽이 시어(snail darter : 1978년 미국 테네시 강 댐 건설 사건에서 유명해진 물고기 이름. 멸종위기종인 달팽이 시어가 사라질 것이라며 환경단체들이 댐 건설 중단을 요구했고 결국 연방대법원에서 승소했다-

옮긴이)를 죽이는 행위들의 완벽한 명분이 되는 것으로 보인다.

조지프 캠벨(Joseph Campbell)은 말한다. "성경의 전통은 농경사회의 자연중심적 신화에 반하는 유목민족의 사회중심적인 신화다. 그렇기 때문에 우리 서구인들은 자연을 제어하거나 또는 제어하려 한다." 환경운동이 한창일 때 쓴 영향력 있는 수필에서 린 화이트 주니어(Lynn White Jr.)는 말했다. "그리스도교는 생태적 위기에 대해 거대한 죄의식의 짐을 지고 있다." 그 말의 의미를 좀더 실감하려면 유타주로 가면 된다. 주의 좌우명이 '근면'인 모르몬교도들은 이곳에서 야생을 정복하겠다는 종교적 열정이 아니고는 도저히 건설이 불가능했을 건조하고 황폐하고 가파른 사막에 마을을 세우고 자연을 지배하는 위대한 프로젝트를 훌륭히 수행했다.

청지기에 불과한 인간

그리스도교는 오랫동안 노예제도의 보루이기도 했다. 성경이 땅의 정복을 촉구한 것처럼 노예의 쇠사슬도 은근히 장려했다는 사실은 텍스트를 통해 설득력 있게 다루어질 수도 있다. 하지만 이러한 주장은 성경의 짧은 단락들을 좁은 의미로 해석한 결과다. 성경을 전체적으로 읽으면 그에 반대되는 메시지도 강력하리라고 나는 생각한다. 실제로 창세기에는 절제와 땅에 대한 사랑을 강조하는 구절도 많이 있다. 최근 많은 신학자들은 성경이 부주의한 지배보다는 조심스런 '청지기' 역할을 요구했다고 주장하며 바로 뒤에 이어지는 '그것을 가꾸고 유지하라' 는 명령을 근거로 제시했다. 사실 성경은 보다 많은 여지를 가지고 있다.

구약의 여러 곳에 나와 있지만 특히 '욥기' 에는 인간의 손이 닿지 않는 자연과 야생에 대한 폭넓은 옹호가 실려 있다. 그 논지는 자연의 상실이 인간에게 무엇을 의미하는지를 잘 말해준다. '욥기' 는 정의롭고 부유한 한 남자의 이야기다. 악마는 욥의 경건함이 그의 성공에서 나오는 것이라며 신에게 내기를 건다. 만약 욥을 파멸시키면 그가 신을 저주하리라는 것이었다.

신은 내기에 응했고, 머지않아 욥은 마을 밖 누추한 곳으로 밀려난다. 그의 상처에서는 진물이 흘렀고 아이들은 죽었으며 가축은 뿔뿔이 달아나 재산도 없었다. 그러나 그는 신을 저주하기를 거부한 채 다만 신을 만나 자신이 불운한 이유를 묻고 싶다고 했다. 욥은 지금 받고 있는 벌이 자신도 모르는 사이에 지은 죄 때문일 거라고 말하는 신심 깊은 친구들의 논리를 받아들일 수 없었다. 세상이 인간중심으로 돌아가고, 모든 결과 역시 인간의 행동으로 설명될 수 있다는 친구들의 관점을 욥은 납득할 수 없었던 것이다. 그는 자신의 결백함을 알고 있었다.

마침내 회오리바람 속에 신의 목소리가 들렸다. 하지만 신은 형이상학적 토론 대신 자연과 형상을 가진 피조물에 대해 한동안 말했다. "내가 땅의 기초를 다질 때 너는 어디 있었느냐?" 절묘한 시적 표현을 통해 자신의 업적을 하나하나 말씀할 때 피조물에 대한 그의 자부심은 대단했다. 신이 '문을 닫아 바다를 가두었을 때' 욥은 어디 있었는가? 욥은 거기 없었다. 따라서 욥은 '외로운 황무지의 필요를 만족시키기 위해 그리고 땅에서 풀이 싹트게 하기 위해 아무도 살지 않는 땅에 비가 내리는' 이유 같은 수수께끼를 이해할 수 없었다. 신은 인간이 우주의 중심이 아니며, 인간이 없는 곳에 비를 내려도 당신은 행복하다고, 사람이 살지 않는 곳이 있어 매우 행복하다고 말하는 것 같았다. 이것은 우리가 당연하다고 생각한 것들과 정반대되는 것이었다.

욥기의 마지막은 신이 창조한 두 피조물 비헤모스(Behemoth: 거대한 짐승-옮긴이)와 레비아탄(Leviathan: 거대한 바다 동물-옮긴이)을 그리고 있다. 신은 천둥소리 속에서 말했다. "보아라 저 비헤모스를, 황소처럼 풀을 뜯는 저 모습을. 저 억센 허리를 보아라. 뱃가죽에서 뻗치는 저 힘을 보아라. 송백처럼 뻗은 저 꼬리, 청동관 같은 뼈대, 무쇠 빗장 같은 저 갈비뼈를 보아라……. 강물이 덮쳐 씌워도 꿈쩍하지 아니하고 요르단강이 입으로 쏟아져 들어가도 태연한데 누가 저 베헤모스를 눈으로 홀리며 저 코에 낚시를 걸 수 있느냐?" 물론 답은 분명 아니라는 것이다. 이 말씀은 욥의 질문에 대한 명확한 답은 아니었지만 우리가 모든 것을 우리 입장에서만 판단해선 안 된다는 것, 모든 자연이 인간의 정복 대상만은 아니라는 것을 분명히 밝혀주고 있다.

비록 서구 전체가 교만한 길을 가고 있었지만 일부 사람들은 그 말을 귀담아들었다. 그리스도교 성자들 중 아시시의 성 프란치스코만큼 사랑받는 사람도 드물 것이다. 우리 모두는 마음속에 그의 이미지를 담고 있다. 갈색 수도복을 입은 그의 팔과 어깨에는 새들이 앉아 있다. 물론 그 이전에도 초원에 관한 비전을 가진 사람은 있었다. 교회 역사의 초기 500년 동안 그리스도교의 상징은 십자가에 매달린 예수가 아니라 좋은 목자 예수였다. 그러므로 자연의 중요성에 대한 프란치스코의 이해는 우리와는 다를 수밖에 없다. 그의 전기작가 윌리엄 암스트롱(William Armstrong)은 물이 세례에 쓰이는 까닭에 그가 세면대의 물조차 발로 밟지 않으려고 부단히 노력했다고 말했다.

그의 생각은 본질적으로 기이한 것이 아니었다. 인간 속에 현현하기 위해 예수를 보냈던 것처럼 신은 자신의 모습을 새들과 꽃, 냇물과 바위, 해와 달, 시원한 공기에도 주었다. 따라서 프란치스코는 손에 작은 오리 한 마리를 들고도 종교적 황홀에 젖은 것이다. "그는 아름다운 것들 속에서 최상의 아름다움인 신을 보았다"고 성 보나벤투라(St. Bonaventure)는 기록하고 있다.

자연은 신을 인식하는 방식이고 신이 누구인지를 이야기하는 방식이며, 욥기에서는 심지어 신이 자신을 알리는 방식이었다. 어떻게 그 반대가 될 수 있겠는가? 그 어떤 다른 것이 인간의 손길을 초월해 있겠는가? 다른 어떤 곳에서 신이 자유롭게 역사할 수 있단 말인가? 모든 찬송가가 인간의 손이 닿지 않은 자연의 이미지를 그리는 것은 결코 우연이 아니다. 베토벤의 9번 교향곡 4악장 '환희의 송가'에서 우리는 "기쁨으로 지으신 당신의 모든 일이 당신을 둘러싸고 있습니다. 하늘과 땅이 당신의 빛을 보여주고 있습니다"

는 찬양을 듣는다. 성경에 흔히 나오는 양이나 추수 같은 모티프들은 그저 비유법에 불과한 것이 아니다. 그것들은 오래전 지구의 현실이었다. 사람들이 주변의 보이는 것들 속에서 생명과 삶의 의미를 찾던 때의 현실이다.

"우리는 밭을 갈고 땅에 좋은 씨를 뿌린다. 하지만 씨앗을 먹이고 물을 주는 것은 전능한 신의 손길이다. 신은 겨울엔 눈을 보내고, 여름엔 곡식이 여물 온기를 보내고, 바람과 햇빛을 보낸다. 부드럽고 신선한 비도 보낸다. 우리 주변의 모든 좋은 선물은 다 저 하늘에서 보낸 것이다."

신의 영역에 도전하는 인간

그렇다면 자연의 종말은 신과 인간에 대한 우리의 이해에 어떤 의미를 던질까? 여기서 기억해야 할 중요한 것은 자연의 종말이 지진처럼 인간의 개입 여지가 없는 사건이 아니라는 점이다. 그것은 인간의 의식적·무의식적 선택의 결과로 초래한 일이다. 우리는 자연의 대기를 변화시킴으로써 기후와 숲의 자연적 경계 등을 훼손했다. 그런 과정에서 우리는 신의 영역까지도 도전했다(유전공학으로 생명을 변화시킨 예).

종으로서의 인간은 우리가 상상했던 것보다 훨씬 강하다. 어떤 점에서 우리는 신과 동격이 되었다. 피조물을 파괴할 수 있다는 점에서 우리는 적어도 신의 라이벌 정도는 되었다. 물론 이런 생각은 짧은 시간에 형성되었다. 수필가 웬델 베리는 이런 글을 썼다. "인간은 점점 자신을 피조물의 작은 일부로 보지 않게 되었다. 아마도 우리가 피조물을 통계적으로 이해할 수 있으며, 우리가 무한히 커진 것처럼 느끼게 해주는 기계 피조물의 창조자가 되었기 때문이다. 그런 판국에 인간이 산(山)의 존재에 야단법석을 떨 이유가 뭔가? 마천루 꼭대기에만 가도 산 정상처럼 멀리 내다볼 수 있고, 비행기를 타면 더 멀리 보이고, 우주선을 타면 그보다 더 멀리 많이 볼 수 있을 텐데 말이다." 그리고 인간이 소유한 핵무기는 우리가 진정 신과 같은 힘을 사용할 가능성을 만들었다.

하지만 가능성과 사실은 다르다. 우리는 핵무기가 시사하는 의미를 제대로 인식하기 시작했고 그로부터 후퇴하고 있다. 이것은 전례 없는 자제 행위다. 자연을 대규모로 변화시키던 행위 속에서 인간이 그런 망설임을 보였던 적은 없다. 부모의 권위에 반항하고도 벌을 모면하는 것이 개인의 정체성을 흔들어놓는 것처럼 이런 행위 역시 그러하다.

배리 로페즈(Barry Lopez)는 유픽 에스키모들이 우리 서구인들을 믿을 수 없는 두려운 마음으로 지켜보며 우리를 '자연을 변화시키는 사람들'이라 부르고 있다고 보도했다. 자연의 변화가 댐 축조처럼 기존의 자연에 작은 변화를 꾀하는 것일 때는 철학적으로 별 문제가 없다(물론 강이 매우 아름다울 때는 약간의 문제가 생기지만 그래도 궁극적 문제는 아니다). 하지만 그것이 모든 것의 변화를 의미할 때 우리는 위기를 맞이한다.

이제 우리는 좋든 싫든 책임자의 위치에 있다. 종으로서 우리는 전 지구를 주관하는 신과도 같다. 그리고 신은 인간을 저지하지 않는다. 만약 신이나 영원한 존재가 본래 있다면 가능성은 다음 세 가지다. 첫번째, 신은 인간이 지금까지 한 것을 완전히 승인한다. 그것이 우리의 운명이다. 두번째, 신은 인간이 한 짓을 승인하지 않지만 힘이 없어 어떤 조치를 취하지 않고 있다. 그것은 아마도 신이 약하거나 또는 인간에게 자유의지를 가지도록 창조했기 때문이다. 세번째, 신은 관심이 없다. 신은 거기 없다. 신은 죽었다.

세번째 가능성은 물론 새로운 것이 아니다. 니체는 오래전에 이미 신의 죽음을 선언했고, 나치의 유대인 대학살 후에는 많은 사람들이 그 말에 동의했다. 하지만 유대인 대학살과 내가 말하는 자연의 종말은 서로 비교할 수가 없다. 자연의 종말은 프런티어의 폐쇄처럼 적어도 당분간은 관념이며, 물리적 현실성이 덜하다. 하지만 그에 상당하는 믿음을 깨버리는 효과는 있다. 신과 이스라엘인들의 계약, 신이 그들을 보호한다는 약속을 믿은 사람들에게 유대인 대학살은 믿음을 파괴하거나 크게 변화시켰다.

신학자 마르크 엘리스(Marc Ellis)는 이런 글을 썼다. "일부 유대인 사상가들에게 유대인 대학살은 신과 인간, 신과 마을, 신과 문화 사이의 관계가 끊어짐을 의미한다. 유대인 대학살이 가져온 교훈은 인간이 홀로 존재하며 따라서 인간의 결속 밖에서는 삶의 의미가 없다는 것이다." (물론 당연히 인간의 결속이라는 명제는 유대인 대학살에 의해 의문에 부쳐졌다.) 마찬가지로 자연 속에서 신을 찾는 사람들에게, 샘물을 신이 존재하는 징조로 보고 의미를 부여하는 사람들에게 만약 그 샘물을 파괴한 후 우리가 새 샘물을 만든다면 어떤 의미가 될까? 신은 왜 우리를 저지하지 않고 허락했는가?

아마도 이 모든 것이 최선의 방책이며, 드루이드교(Druidism : 고대 켈트족의 종교로 영혼의 불멸, 윤회, 전생을 믿고 죽음의 신을 세계의 주재자로 받들었다. 드루이드 사제는 후에 그리스도교 전설 속에서 마술사로 표현되었다-옮긴이)적 과거와의 단절일 수도 있다. 하지만 이것은 무한히 슬픈 일이다. 유대인 대학살이 인간 사이의 사랑의 가능성을 높인 반면에 자연의 종말은 스스로 점점 더 파괴를 향해 간다. 우리가 창조주가 되었다면 우리는 겸손해질 수 있겠는가? 소로우는 언젠가 숲속에 서서 이렇게 썼다. "곤충 한 마리가 바닥에 떨어진 솔잎 사이를 기어가면서 내 눈에 띄지 않게 몸을 감추려고 애쓰는 것을 지켜보았다. 그를 보니 인간이라는 곤충을 위에서 지켜보며 커다란 지혜로 은혜를 베푸는 이가 생각났다." (소로우는 특별히 겸손한 사람이 아니었다.) 하지만 이제 우리 인간들을 누가 위에서 지켜보고 있는가?

종교는 끝나지 않을 것이다. 오히려 그 반대다. 우리는 아마도 종말론적이고 광적인 신앙의 열풍 속에 있을 것이다. 하지만 신에 관한 특정의 생각, 말로는 묘사할 수 없는 그 대상을 표현하는 특정의 언어는 사라질 것이다. 뮤어의 아버지가 믿었던 엄격한 신은 끊임없이 분노한 우르릉거리는 소리로 죄와 저주의 말을 쏟아놓았다.

뮤어의 신은 바위틈을 흐르는 샘물과 텐트 주변에 지저귀는 어치의 소리로 말을 했다. 그 둘은 서로 다른 신이다. 종교학자 토마스 베리(Thomas Berry)는 이런 글을 썼다.

"우리가 신을 멋진 존재라고 생각한다면 그것은 신의 외경이 장엄하게 표현된 환경 속에서 살기 때문이다. 우리가 달에 산다면 우리의 마음과 감정, 말, 상상, 신에 대한 생각에 달 표면의 황량함이 반영되어 있을 것이다."

우리가 우리 행동의 물리적 결과를 제어할 수 있는 지구 같은 크기의 멋진 풍경을 가진 공원에 산다 해도, 신에 대한 우리의 관념은 변할 것이다. 그것은 아마 동물원과 야생지역의 차이쯤 될 것이다. 뉴욕시의 브롱크스 동물원은 멋진 아이디어를 실천하여 좁은 우리 대신 넓은 풀밭을 사용하고 있다. 하지만 영양이 자리에서 일어나 달리고, 얼룩말이 무리 지어 어슬렁거릴 수 있는 너른 공간이 있다 해도 당신은 그곳이 브롱크스가 아닌 숲속이라는 생각은 하지 않을 것이다. 우리는 한순간에 인공잔디의 세상에 살게 되었다. 인공잔디 세상에도 신은 있지만 신은 더 이상 풀잎을 통해 말할 수 없다. 침묵 속에서 우리가 그의 말을 듣도록 할 수도 없다.

끝없이 커져가는 인간의 욕망

다윈 이후의 세계에서 과학은 신을 대체하게 되었다. 신과 과학은 사실 서로 난처한 관계를 유지하고 있다. 기적의 미래에 대한 무분

별한 숭배 때문에 일어난 이 상황으로 인해 우리는 현재의 곤경에 다다른 것이다. 나는 며칠 전에 유명한 천문학자 할로 섀플리(Harlow Shapley)가 1950년대에 편집한 《과학의 보물A Treasury of Science》을 읽었다. 각 세대의 지혜로 가득한 그 책에는 히포크라테스의 에세이도 포함되어 있다.

또한 로저 애덤스(Roger Adams)의 '인간의 합성물질적 미래'라는 13쪽 분량의 글도 있는데, 여기서 그는 앞으로 다가올 멋진 시대를 예고하고 있다. 화학자들은 천연물을 대신할 '새롭고 더 우수하고 값싼 화합물'을 만들 것이라고 그는 내다보았다. "양모산업 관계자는 최근 직물로서의 양모 수요는 절대 다른 것으로 대체되지 않으리라고 자신했다. 하지만 이런 말을 하는 사람은 화학 연구의 가능성을 전혀 모르는 사람이다. 가죽도 마찬가지다. 내구성 있는 흡습성 플라스틱으로 구두 갑피의 문제를 해결할 수 있는 것이다."

애덤스는 계속하여 DDT의 경이로움과 '잔디밭에서 잡초를 효과적으로 죽이는' 화학약품에 대한 기대로 수백 가지 기적을 나열했다. "현대는 버튼 하나로 많은 것이 해결될 정도로 기계화되고 전기화되어 보다 풍요롭고 편리해졌다. 미래 시민들은 땅과 바다를 더 효율적으로 개발할 것이다. 바다에서 필요한 무기질을 얻고 석탄과 석유에서 옷을 만들어 입을 것이며…… 다양한 약과 치료법으로 질병을 고칠 것이다. 인류는 더욱 건강하고 행복해질 것이며 100살이 되어도 젊을 것이다. 아마도 미래의 로즈볼(Rose Bowl: 매년 1월 1일 열리는 미국 최고전통의 대학 미식축구 대회-옮긴이)에서는 행성 간의 축구게임을 벌일 것이다."

과학을 사랑하는 사람들이 모두 입심 좋은 합성물질 숭배자는 아니다. 그러나 그 가운데는 제2차 세계대전 무렵의 저명한 자연작가 도널드 피티(Donald C. Peattie) 같은 경우도 있다(그의 작품은 거의 잊혀졌지만, 그중 《현대 연감 An Almanac of Moderns》은 1940년 이전 3년간 저서 가운데 가장 고전이 될 가능성이 높은 책으로 북클럽에서 선정되었다). 피티는 과학에 대한 믿음을 강렬하게 변호했다.

"부패할 수 없는 진리를 추구하겠다는 맹세로 묶여진 힘과 학문과 형제애가 무엇인가? 한 발자국마다 그것이 믿어지지 않는다는 생각이 드는 순간 소중히 간직했던 원리를 버리고 그를 증명하기 위해 영원히 되돌아와야 하는 것이 무엇인가? 현대의 모든 기적을 창조하고 고통 받는 자들을 위해 실용성을 자비로 변화시키고, 인간을 미신에서 해방시키고, 박해와 순교를 이겨내고, 그러면서도 여전히 두려움을 모르는 것이 무엇인가?"

물론 그것은 당연히 과학이다. 하지만 과학은 단지 진리에 이르는 방법일 뿐이다. 중요한 것은 진리 그 자체다. 그리고 피티의 경우, 그리고 다른 많은 경우 모습을 드러낸 진리는 자연이었다.

피티는 생태학적 지혜가 막 싹트던 시절에 살았다. 그는 자연의 반복되는 순환과, 지구와 별들을 구성하는 주기율표의 변함없는 원소들에서 대단한 위안을 받았다. "만약 '최고 지배자의 명령'에 의해 내가 자연의 질서를 인간이 이해할 수 있고 존경할 수 있게 표현한다면, 그것은 그 명령과 그 질서가 언제나 거기 존재했다는 것이다. 그것은 과학을 통해 드러난 자연 그 자체다." 생물학자, 천문학자, 물리학자처럼 '가장 깊은 차원을 이해한 사람들'은 피티가 알고 있던 '가장 고요하고 믿을 수 있는' 사람들이었다. 그들은 '자연의 변할 수 없는 질서가 우리 편임을, 생명의 편임을' 알았기 때문이다.

　인간이 세상에 대처하는 방법의 하나로 택한 과학이 종교를 대체할 수 있으리란 희망은 결국 영감과 이해의 원천으로서 자연이 신을 대신할 수 있으리란 희망이었다. 조화와 영원, 질서와 그 질서 안에 있는 인간의 자리라는 관념은 과학자들이 부지런히 추구한 목표였다. 그들은 '생명의 그물망', 거대한 사멸과 재생의 순환주기에 변함없는 관심을 보였다. 하지만 자연은 부서지기 쉬운 존재였다. 인간은 마음속에 자연이 더 이상 '변할 수 없는 것'도 아니고 '생명의 편에 있는 것'도 아님을 새겨야만 했다.

　원자폭탄은 몇 개의 원소를 새롭고 재미있는 방법으로 합치면 모든 생명을 쓸어버릴 수 있다는 가능성을 증명했다. "죽는 것조차 좋은 일이다. 죽음은 삶의 자연스런 일부이니까"라고 한 피티의 생태학적 지혜조차도 원폭이 쓸어버린 세상에는 적용되지 않았다. 자연의 순환주기가 이미 변해버린 세상에도 그 원리는 적용되지 않는다고 나는 생각한다. 비자연적인 세상에서 '삶의 자연스런 일부'는 무엇인가? 계절의 순환이 더 이상 불가피한 것이 아니라면 우리는 어떻게 불가피성을 받아들일 수 있으며 또 아름다움이나 죽음을 받아들인단 말인가?

과학자들은 여전히 자연의 과정이 지배한다고 말할지도 모른다. 지금 이 순간도 오존층을 잠식하고 지구의 반사열을 흡수하는 화학반응이 바로 자연이 여전히 책임자이고 주인이라는 증거라고 주장할지 모른다. 일부 물리학자들은 원자나 양자이론의 신비 속에 신이 존재한다고 말해왔다. 또 최근에는 로버트 라이트(Robert Wright)가 《3인의 과학자와 그들의 신들 Three Scientists and Their Gods》에서 DNA 가닥과 다른 조각들의 '정보'로 신을 표현했다. 하지만 그가 사용한 수학을 진정 이해한 몇백 명 이외의 사람들에게 이것은 불완전한 위안이며, 신비하지만 미신적인 지식이었다.

우리는 주변에서 직접 보고 느끼고 들은 것에서 교훈을 얻는다. 우리에게 중요한 자연은 전자와 쿼크와 중성미자가 선회하는 모호한 것이 아니다. 또한 과학자들이 망원경으로 발견할 수 있는 광대하고 이상한 세상과 흐름도 아니다. 우리에게 중요한 자연은 바로 기온과 비, 단풍나무 잎을 물들게 하는 것, 쓰레기통 옆을 어슬렁거리는 미국너구리다.

우리는 더 이상 우리가 우리보다 큰 어떤 것의 일부라고 상상할 수 없다. 중요한 것은 바로 이 점이다. 예전에는 그랬다. 인간이 단지 몇 억에 불과했을 때, 또는 10억~20억에 불과했을 때 대기는 인간이 있든 없든 가질 수 있는 조성을 가지고 있었다. 그때는 다윈의 발견조차 우리가 피조물에 속한다는 느낌을 강화시킬 수 있었고, 창조의 장엄함과 풍성함에 대한 경이 역시 컸다. 그리고 우리보다 큰 어떤 것, 프란치스코의 '신'이나 소로우의 '지혜롭게 베푸는 자'나 피티의 '최고 지배자'가 우리를 다스릴 가능성도 있었다. 우리는 곰과도 같았다. 우리는 곰보다 잠을 적게 자고 더 좋은 연장을 만들고 자식을 기르는 데 더 오랜 시간이 걸렸지만, 곰이 잠에서 깨어나 자신을 기다리고 있던 세상에서 살았듯이 우리도 신이 또는 물리학, 화학, 생물학이 우리를 위해 만든 세상에서 살았다. 하지만 이제는 우리가 세상을 만든다. 세상의 모든 활동에 영향을 미친다(몇 가지 예외는 있다. 낮과 밤의 변화, 그리고 가장 기본적인 지질학적·구조적 과정인 지구의 자전과 공전 및 행로처럼).

그 결과 우리 옆에는 아무도 없다. 곰은 이제 분명 이전과 다른 존재가 되어 동물원 안에 살면서 인간이 어떻게든 온난화된 새 지구에서 자신들의 생존 방도를 찾아내주기를 바라고 있다. 지구를 길들임으로써, 비록 잘 하지는 못했지만 인간은 지구의 모든 생명을 길들였다. 이제 곰은 애완견인 골든 리트리버처럼 사육되고 있다. 인간 위에는 더 이상 아무도 없다. 다양한 방식으로 활동을 할 수도 안 할 수도 있는 신은 현재 지구를 통솔하지 않고 있다.

신이 욥기에서처럼 "누가 문을 닫아 바닷물을 가두었느냐? 누가 물을 동이로 쏟아 땅을 뒤덮게 할 수 있느냐?"라고 묻는다면 이제 그 답은 인간이 될 것이다. 우리의 활동이 해수면을 결정하고, 빗방울이 떨어지는 경로와 목적지를 변화시킨다. 이것이 에덴동산에서 쫓겨난 후 우리가 향해가던 승리, 일부 인간이 언제나 꿈꿔왔던 지배일 것이다. 하지만 이것은 마이더스왕의 신화가 좀더 큰 스케일로 씌어진 것일 뿐이다. 그 힘은 우리가 기대했던 그런 힘이 아니다. 그것은 창조적 힘이 아니라 야만적이고 어리석은 힘이다. 우리는 군사독재자나 냄새도 지독한 파파 독(Papa Doc: 아이티의 작고한 프랑수아 뒤발리에 대통령의 별명. 그는 부두교와 비밀경찰을 동시에 운용하며, 1957년부터 15년간 가공할 독재체제로 나라를 공포에 떨게 했다-옮긴이)처럼 세상 위에 걸터앉아 엄청난 폭력을 행사함으로써 좋고 가치 있는 것은 다 파괴해버릴 수도 있다. 그리고 마침내는 그 폭력이 우리를 위협하고 있다. 행성간 로즈볼은 잊어버리는 게 좋겠다. '인간의 합성화학적 미래'에는 아마도 피부암이 두려워 외출을 하지 못할 확률이 더 높기 때문이다.

자연과 분리되는 인간의 슬픔

하지만 암과 해수면 상승과 다른 물리적 효과는 여전히 미래에 있다. 지금은 자연이 더 이상 자연이 아닌 행성에 사는 기분이 어떤 것인지 알아보자. 이것은 무엇에 관한 슬픔인가?

우선 우리가 실패했다는 그런 슬픔이 있다. 물론 그것은 불가피한 분리였을지도 모른다. 이토록 강한 인간이 영원히 자연의 구속 안에서 살아갈 운명은 아니었을 수도 있다. 인간이 자라나서 어머니 자연보다 더 커지는 것은 확실히 불가피한 발전일 수도 있었던 것이다. 하지만 이런 불가피한 통과에도 역시 슬픔은 따른다. 야심과 성장은 이전의 편안함과 안심으로부터 우리를 떼어놓았다. 우리는 우리가 만든 것이 아닌 우리보다 큰 어떤 것이 우리를 둘러싸고 있다는 생각, 인간의 세상과 자연의 세상이 있다는 생각에 익숙해져 있다. 우리가 그런 생각을 고수하는 이유 중 하나는 그래야 인간의 세상을 대하기가 쉬워지기 때문이다.

화이트는 메인주의 데저트산 근처에 위치한 농장에서 이렇게 썼다. "너무나 많은 것들이 우리네 삶을 방해하고 미래를 어둡게 하는 상황에서…… 앞으로 무슨 일이 일어날지 예측하는 것은 어렵다. 하지만 한 가지 이미 일어난 일은 알고 있다. 시냇가의 버드나무는 연둣빛 옷으로 갈아입고 빛바랜 핑크빛 방설책과 함께 광대한 회백색 세상에 컬러를 더해주고 있다. 또한 얼마 지나지 않아 연못이나 도랑, 저지대에는 개구리 한 마리가 깨어나 찬양의 목소리를 높이고 곧 다른 개구리들이 합류할 것임을 안다. 개구리 울음소리를 들을 때 내 기분은 엄청나게 좋아진다."

미래에도 개구리는 있을 것이다. 더 많을 수도 있다. 하지만 그들은 그 영원성과 일상성이 우리에게 위안을 주는 다른 세상에서 온 전령이 아니라 맨해튼이 우리가 만든 세상이듯이 분명 우리가 만든 세상에서 올 것이다. 물론 맨해튼도 많은 장점을 가지고 있지만 맨해튼의 소리를 듣고 세상과 그 안에 있는 자신의 존재가 더 안전하다고 느낀 사람은 본 적이 없다.

어쨌든 나는 이런 분리가 유전적으로 계획된 아이의 성장 같은 불가피한 것이라고 생각하지 않는다. 나는 그것을 실수라고 생각한다. 의식적이든 무의식적이든 우리들 다수는 그것이 실수임을 깨달았고 그 때문에 슬픔이 더해진다. 많은 사람이 이런 날이 오는 것을 막기 위해 싸워왔고, 지역적인 투쟁을 한 것도 사실이다. 어쩌면 무엇이 걸린 싸움인지도 정확히 몰랐을 수 있지만 자연이라는 독립세계가 위중한 위협을 받고 있다는 것만은 이해했다. 1960년대 후반에 '환경 의식'이 부상했고 1970년대와 1980년대에 실제적인 진보가 이루어졌다. 많은 도시에서 대기오염이 줄어들었고 야생보호지역이 지정되었다. 그리고 심각한 폐수의 상징이었던 죽은 호수 이리호가 되살아났다.

무언가를 잃고 있다는 슬픔으로 우리는 자연을 위해 싸워왔다. 그럼에도 우리가 더 많은 일을 할 수도 있었다는 것을 깨닫는 가중된 슬픔과 수치심이 있다. 그 슬픔은 자기혐오로까지 발전한다. 제1세계에 사는 우리는 지난 반세기 동안 믿을 수 없을 정도의 부와 안락을 누렸다. 우리에겐 그것이 과도한 것이며 지구가 그 상태를 유지할 수 없으리라는 직감이 있었다.

하지만 쉬운 몇 가지 경우(미생물에 의해 무해물질로 분해되는 세제, 약간 작은 자동차의 생산 등)를 제외하곤 우린 별로 한 게 없다. 우리는 파괴를 방지할 수 있을 만큼 삶을 변화시키지 않았다. 우리의 슬픔은 거의 미학적 반응에 가깝다. 그것은 합당하다. 왜냐하면 우리는 거대하고 풍요로운 예술작품에 흠집을 냈고, 가장 완벽한 비율의 조각품을 망치로 깨버렸으니까 말이다.

인간이 만들어가는 온실

 이와 다른 감성적 반응도 있다. 그것은 누군가가 죽었을 때 "그가 없는 세상에서 나는 어떻게 살란 말이야?" 하고 외치는 것과 비슷하다.

 지난가을 나는 시골길을 도보로 여행했다. 우리 집 근처를 지나는 강인 밀 크릭을 따라 강물이 웨버타운의 큰 도로를 가로지를 때까지 걸었다. 차도로는 15킬로미터 정도지만 강물은 본래 수없이 꺾어지며 흐르기 때문에 사실 말도 안 되게 시간 낭비적이고 비경제적인 길이었다. 하지만 밀 크릭은 멋진 길을 따라 흘렀으므로 나는 약간의 모험심을 발휘할 수 있었다. 저예산으로 모험하는 밥 마셜이랄까. 사실 엄격히 말하면 그것은 별로 모험이랄 것도 없었다.

 점심시간에 나는 가게에 들러 샌드위치를 하나 샀다. 여행길은 대체로 내리막길이었고 기온은 변함없이 13도에 머물렀다. 사냥철이 아니었기 때문에 걷다가 총을 맞지 않기 위해 노래를 할 필요도 없었다. 나는 마음 내키는대로 강물을 따라가기로 했고, 결과적으로 풀이 무성히 자란 늪지를 빠져나오느라 몇 시간을 헤매야 했다. 3미터 높이의 나무와 덩굴을 때리면서 밀쳐내며 빠져나왔을 때 온몸은 긁힌 상처투성이였고, 마침내 좀더 가파른 산 쪽으로 나왔을 때는 완전히 지쳐버렸다.

 소로우가 커타딘산에 갔을 때 자연은 그에게 말했다. "나는 이 산을 당신의 발을 위해 만들지 않았고, 이 공기를 당신의 호흡을 위해, 이 바위를 당신의 이웃을 위해 만든 적이 없다. 나는 거기 있는 당신을 동정할 수도 안아줄 수도 없다. 하지만 내가 영원히 준엄하고 자비롭게 주재하는 곳으로 당신을 보낼 수는 있다. 왜 부르지도 않았는데 나를 찾아와서는 내가 계모 같다느니 운운하며 불평하는가?"

자연은 밀 크릭에서 내게 말했다. "집에 가서 아내에게 웨버타운으로 도보여행을 했다고 말해주렴." 나는 작은 도끼를 가져오든지 작은 나무들을 도끼로 쳐내줄 사람을 고용했어야 했다. (덤불숲과 가시나무를 뚫고나갈 때 가장 싫은 것은 익명의 존재들이다. 회색빛 줄기, 붉은 가시가 달린 녹색 줄기들은 내 책장에 있는 어떤 안내서나 연감에도 그 이름이 나와 있지 않은 것들이다.) 아침에 나올 때 마른 양말이 네 켤레였는데, 정오가 되기 전에 벌써 다 젖어 버렸다.

약간 습기가 많은 날이라서 썩 유쾌하진 않았지만 하늘은 맑은 청색이었다. 길에는 쉬지 않고 토끼가 튀어나왔고, 꿩은 내 다리 사이로 획획 날아갔다. 모퉁이를 돌 때마다 새로운 선물이 나타났다. 석영 광맥이 보이거나 잎이 무성한 단풍나무가 서 있는 산등성이가 있었고, 지름이 1미터도 넘어 보이는 소나무는 비버가 둥치를 한 바퀴 반이나 갉아먹다가 그대로 둔 것이 꼭 12미터 높이의 조각 작품 같았다. 10월이어서 벌레도 없었다. 그리고 언제나 철썩이는 강물소리가 귓가에 있었다. 요세미티도 아니고 다만 밀 크릭 계곡이었지만 그 작은 아름다움은 마음을 앗아갔다. 산 정상에 선 뮤어처럼 나도 말할 수 있었다. "이곳에선 세상의 모든 값진 것이 다 하찮게 보인다."

그것이 원시의 자연이 아니면 어떤가? 우리 이웃집 사람은 자기 집에 면한 강둑에 45미터 간격으로 의자를 늘어놓고 낚시를 한다. 집 양 옆에 돌로 쌓아 만든 굴뚝이 있는 한 오래된 농가에는 우아한 자작나무가 자라고 있다. 폭포 근처의 녹슨 파이프와 무너진 콘크리트 더미는 그곳이 이전에 방앗간이었음을 증언하고 있다. 이런 것들은 마음을 불편하게 하는 정경이 아니다. 오히려 자연이 오래 살아왔고 수많은 인간의 계획과 방해를 위엄 있게 견뎌왔음을 상기시킴으로써 위안을 주기까지 한다. (강에서 1.6킬로미터 정도 떨어진 곳에 150년 전쯤 어떤 개척가가 채굴을 시도했던 광산이 있다. 그는 페인트 안료를 채굴하여 노새가 끄는 썰매로 실어나르려고 했다. 불이 났지만 그는 다시 복구했다. 그러나 마침내 눈사태가 나자 그는 마음을 바꾸었다. 이제 그 길은 자취를 찾아보기 힘들지만 굴뚝만은 여전히 서 있다. 그것은 자유롭고 진취적인 기상을 보여주는 작은 앙코르 와트 같다.)

이곳의 많은 구역이 이전에는 농토였다. 하지만 작물 성장기가 고작 100여 일밖에 되지 않는다는 문제가 있었다. 최고 권위자인 자연이 설정한 한계는 그를 극복하려는 수많은 개인의 강력한 시도보다 더 막강했다. 그리하여 농장은 결국 다시 숲이 되었다. 그리고 오래된 병무더기와 일부 돌담만이 기념물로 남아 있다. (지난가을 아내와 나는 버려진 초원에서 적어도 100년 전에 심었을 호프

덩굴을 보았다. 덩굴에 달려 있던 꽃으로 우리는 맥주를 빚었다.)
이런 폐허들은 우리를 겸허하게 만든다. 지금의 세상을 만든 자연과 인간의 타협을 상기시키기 때문이다.

폭포 앞에서 발을 담그고 양말을 갈아 신으며 나는 지난봄을 생각했다. 기록적으로 내리던 눈도 사월의 따스한 날이 10여 일 계속되자 다 녹아버렸다. 약간 남쪽으로 내려가면 성난 강물이 쓸어버렸던 다리가 있는데 그로 인해 몇 달간이나 뉴욕 고속도로가 폐쇄되었다. 밀 크릭의 물도 엄청나게 불어나 평소에는 얇은 베일 같던 폭포가 대폭포가 되었다. 나는 그때 폭포 옆에서 발밑에 흔들리는 땅을 느끼며 외경스러운 마음으로 생각에 잠겼다. 이런 것이 바로 자연의 힘인 것이다.

하지만 나는 그 자리에 다시 앉아서 건조했던 지난여름을 생각했다. 떨어지는 폭포는 외경심이나 교훈적인 어떤 것도 주지 않았고 심지어 마음을 진정시켜주는 것도 없었다. 갑자기 그것이 폭포라기보다 저수지의 범람을 막기 위해 열어놓은 배수구처럼 보였다. 그렇다 해서 아름다움이 감소되지는 않았지만 그 의미는 변했다.

우리가 대기 중에 배출한 특정의 화학물질들이 축적되어, 열대 바다 위에서 기온이 충분히 뜨거워지면 구름이 생성되어 비나 눈이 오기 시작할 것이다. 나는 이전에도 그랬듯이 이 과정을 통제할 수 없다. 이것은 좀더 다른 외로움이었다. 독립적이고 신비한 존재였던 비가 이제 인간 활동의 하위구조가 되었다. 스모그나 상업, 또는 클리블랜드 로드 위로 목재를 끌어가는 침목(枕木)의 소음 같은 현상. 내게 아무런 통제권이 없는 모든 것들.

비에게는 낙인이 찍혔다. 외로움은 바로 거기서 나온다. 이 세상에는 오직 인간뿐 다른 아무것도 없는 것이다. 자연이란 것은 이제 없다. 사업도 예술도 아침식사도 아닌 그 다른 세상이 이제는 다른 세상이 아니다. 오직 인간만이 존재할 뿐 다른 아무것도 없다.

그런데 외로움과 동시에 나는 사생활이 없어진 듯한 붐비는 공간을 느낀다. 우리가 숲으로 가는 것은 어느 정도는 도피를 위해서다. 하지만 이제 인간밖에 없는 세계에서 다른 사람들을 피할 도리는 없다. 가을 숲을 걸어가며 나는 병든 나무를 많이 보았다. 침엽수의 경우는 산성비 때문이리라고 추측했다. (적어도 나는 단지 추측만 하는 사치를 누렸다. 하지만 세계 도처에서 그것은 추측이 아니라 사실이다.)

그러면 누가 나와 함께 숲속을 걸었을까? 우선 전기를 생산하기 위해 계속 석탄을 연소해야 한다고 설명해주는(저렴하고, 위탁의 책임이 있으며, 그것이 나무를 죽인다는 '증거'가 없음) 미드웨스트 전력회사 사장들이 있다. 또 그 문제를 해결하기 위해 아무것도 할 수 없는 국회의원들이 있다(개인적으로는 찬성하더라도 정치란 것이 타협의 기술이고 또 마약 퇴치에 매우 바빠서). 그리고 얼마 안가 전인류가 내게 와서는 각자의 소망을 말한다. 그들은 운전을 좋아하고, 요즘은 에어컨이 필수품이며, 쇼핑몰로 함께 가자고 말한다.

이때쯤 해서 숲에는 너무나 많은 사람이 들어찼다. 그래서 도망

가려고 하는데 그만 바위에 발이 미끄러져 다시 숲속으로 뛰어드는 꼴이 되고 말았다. 물론 내가 가장 두려워하며 피한 사람은 나 자신이었다. 왜냐하면 나는 운전을 하고(매년 5600킬로미터씩), 다음 주에는 집 뒤에 있는 부서진 헛간을 태워 없앨 것이며(그것이 가장 값싼 방법이므로), 소로우가 충분한 물자라고 결론내린 것의 400배를 소비하며 살고 있다. 그러니 나는 이 독립적이고 영원한 세계를 과학경진대회 참가 프로젝트로 변화시키는 일에 충분한 기여를 한 것이다(그것도 좋은 참가작품이 아니라 고작해야 개미농장에 독을 주입해 놓고는 '그 효과를 관찰하는 수준'이다.)

밀 크릭이나 다른 어떤 강, 그리고 산이나 숲을 따라 걷는 산책은 영원히 변했다. 처녀지가 지도에 표기되고 누군가에게 소유권이 주어진 후 경작지로 변하는 것만큼이나 심오한 변화가 일어났다. 우리 지방의 쇼핑몰에는 이제 매일 '몰 산책(mall walking)'을 가는 사람들의 클럽이 있다. 그들은 함께 쇼핑센터를 한 바퀴 돈다. 캘더 상가에서 시어스 백화점을 거쳐 JC 페니 백화점으로 돌고 또 돌다가 가끔 쇼핑을 하기 위해 멈추기도 한다.

이 소식을 처음 들었을 때는 매우 우스꽝스러웠지만 지금은 좀 덜하다. 내가 자연 속의 산책을 좋아하는 것은 단지 공기가 더 깨끗해서라기보다는 자연이 우리 자신보다 큰 영역이기 때문이다. 하지만 쇼핑몰 산책은 너무 많은 사람들 속에 휘말리게 되고, 순진한 인간적 구경거리에 이끌려 결국엔 과도한 활동을 하게 된다. 하지만 이제 밖의 야생지역에서 우리 어깨에 내리비치는 태양은 인간이 오존층을 파괴했다는 것, 우리 때문에 대기는 이전처럼 열에너지를 반사하지 않고 흡수해버리고 있다는 것을 상기시켜주는 존재가 되었다.

온실효과는 그 말을 만든 사람들이 상상했던 것보다 훨씬 더 적절한 이름이다. 이산화탄소와 희소가스가 온실의 유리판처럼 작동하니 비유법이 정확한 것이다. 하지만 그것은 그 이상이다. 한때 달콤한 야생의 정원이 꽃피던 곳에 우리는 인간의 창조물인 온실을 지어놓은 것이다.

II. 가까운 미래

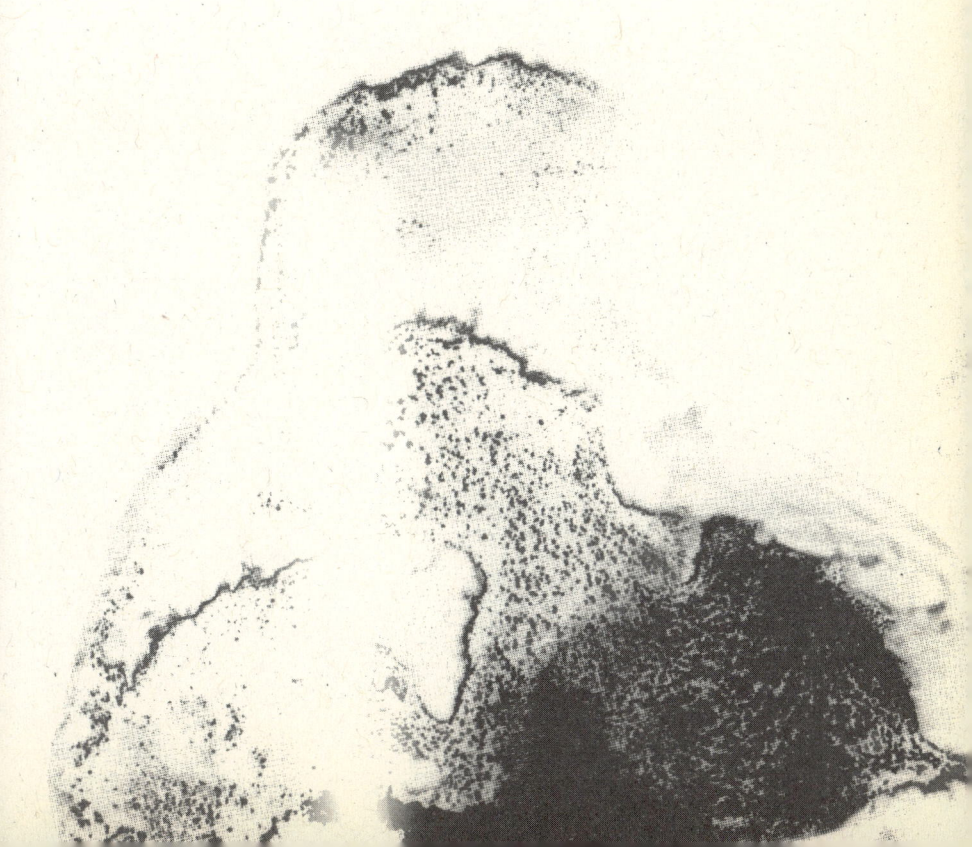

1. 깨어진 약속

40억 년 지속되던 자연의 약속

허리케인의 힘은 바닷물이 증발할 때 대기권으로 전달되는 열에 의해서 보다 막강해진다. 해수면의 온도가 높고, 더운 물이 바다 깊숙한 곳까지 존재할수록 허리케인은 더욱 강력해진다. 즉 바닷물이 해수면 아래 2~3미터 정도에서 차가워지면 허리케인은 곧바로 그 찬물을 휘젓게 되고 그러면 폭풍에 제동이 걸린다. 하지만 온수가 깊이 존재할수록(열대지방에서는 온수의 깊이가 150미터 이상도 될 수 있다) 허리케인은 점점 더 거세지는 것이다.

열대지방의 해수 온도가 27도 정도인 현재 상황에서 1988년 가을 윈드워드섬에서 발생한 허리케인 길버트는 MIT 케리 에마뉴엘(Kerry Emanuel) 교수가 계산한 허리케인의 최상강도까지 육박했다. 그 중심기압은 885밀리바(1기압은 1013밀리바-옮긴이)로 떨어지고, 풍속은 시속 322킬로미터에 달했다. 현재의 기후 조건에서 그보다 더 최악의 허리케인이 발생할 수는 없었다.

이제 우리는 현재에서 미래로 시각을 옮겨 지구 기온이 상승하고 그 결과로 해수 온도도 상승했다고 가정해보자. 열대 해수면 온도가 1~2도 오르면 허리케인 강도의 상한선도 오를 것이다. 이렇듯 더운 폭풍의 중심에서 대기압은 800밀리바까지 떨어질 수 있다. 그 결과 이 슈퍼허리케인의 파괴력은 40~50퍼센트 증가하여 허리케인 길버트의 1.5배 위력이 된다.

우리는 인간이 도래하기 이전부터 전적으로 독립하여 존재했고, 이후로도 인간사회를 부양했던 자연을 파괴해버렸다. 물론 밖에는 여전히 무언가가 있다. 이전에 존재했던 자연의 자리에 이제 우리가 만든 새로운 자연이 자라나고 있다. 그것은 우리가 자연적 과정(비, 바람, 더위)이라고 생각하는 것을 통해 나타난다는 점에서는 이전의 자연과 같지만, 인간사회를 벗어난 은거(隱居)나 지속감, 더욱이 영원의 느낌 같은 위안을 주지는 못한다. 대신 1입방미터의 공기마다, 1평방미터의 흙마다 거칠고 지워지지 않는 인간의 흔적이 새겨져 있다.

온실효과에 대한 글 중 다수가 이 재조정된 자연의 폭력, 즉 자연을 시들게 하는 혹서, 가뭄, 해수면 상승에 의한 육지의 범람을 강조해왔다. 이 자연과의 결별을 잔뜩 술이 취해 들어와서 총을 휘둘러대는 남편과의 사연 많은 이혼에 비유한다면 좀 극적이긴 하지만 분명히 이해가 될 것이다. 그로 인해 작물이 자라는 기간은 연장되고 추위가 심한 겨울은 짧아질 수도 있다. 어느 쪽이 될지 우리는 알지 못하고 알 수도 없다.

자연이 인간의 흔적을 담고 있다 해서 우리가 그를 제어할 수 있다는 뜻은 아니다. 이 새로운 자연은 예측할 수 없을 만큼 난폭할 수도 있다. 사실 어떤 것도 예측이 가능하지는 않다. 그러므로 인간이 자연과의 관계를 잘 이루어나가려면 오랜 시간이 걸릴 것이다. 이전 자연의 두드러진 특징이 절대적 믿음이었다면, 새로운 자연의 두드러진 특징은 예측 불가능성이다.

우리는 비나 햇빛 같은 자연현상을 알 수 없고, 예측도 어렵다고 생각해왔기에 이 말은 이상하게 들릴 수도 있다. 물론 단기간이나 특정 지역에서는 그 말이 맞을 때도 있다. 어떤 경우에는 가장 유쾌하고 떠들썩한 일기예보자도 스포츠중계 아나운서보다 자신의 예보를 신뢰하지 못한다. 하지만 큰 규모로 보면 자연은 매우 일정했고, 지구적 규모로 보면 확실성의 모델이었다. '봄이 가면 여름이 오듯이' 자연현상은 분명히 전형적인 확실성의 모델이었다.

내가 사는 곳에서는 6월 10일 이후에 토마토를 심는 것이 안전하다. 5월 20일 전에 심는 것은 어리석은 짓인데 그 3주 동안에 마지막 서리가 내릴 것이 거의 확실하기 때문이다. 가을에는 최초의 서리가 거의 언제나 9월 초에 내리고, 그달 말에는 동장군이 온다. 그 결과 이 근처에는 농장이 없다. 예전에 한번은 있었다. 최초의 정착민 한 세대 정도가 이곳 땅에 작물을 기르려고 시도했지만 농장은 실패했다. 그들은 포기했고 이제는 숲속에 8킬로미터 정도의 돌담이 남아 있을 뿐이다. 다른 지역에서도 마찬가지다. 사실상 모든 정착촌의 형성은 자연의 확실성을 증명한다. 매년 여름이 끝날 무렵이면 나일강은 강둑으로 범람했다(적어도 아스완댐이 건설될 때까지는 그랬다). 조종사는 자신의 항로에서 대기가 어떤 움직임을 보일지 알고 있다. 미국 남동부 상공에서는 여름에 열대성 기단(氣團)이 폭풍우를 생성하리라는 것을 안다(세부로 들어가면 지리학만큼이나 복잡다단하지만 그래도 대부분은 다 설명서에 실려 있다고 한 기상학자는 말했다).

심지어 극단적인 날씨의 비상사태도 비교적 예측 가능했다. 메리 오스틴(Mary Austin)은 미국의 사막에 대한 에세이에서 이렇게 썼다. "폭풍은 알려지고 지정된 경로와 계절, 징후를 소유하는 습성이 있다. 그 위력에 대해서는 추호의 의심도 불가능하게 만든다. 가파른 경사면의 물기 있는 곳이나 돌더미 위에 집을 짓는 사람은 화를 자초하는 것이다."

공학기사들은 모든 하수관과 벽이 '100년의 폭풍'을 견딜 수 있도록 설계한다. 해변을 따라 휴양지를 짓는 건축업자들과 선박이나 항공 보험에 종사하는 보험업자들은 자연의 신뢰성에 대한 의식적인 믿음을 가지고 있다. 그보다 훨씬 큰 믿음을 가진 것은 무의식적으로 자연의 과거 행적에 의존하는 우리다. 사실 농부는 언제나 비를 기다리지만 때로 그의 농작물은 시들기도 한다. 하지만 슈퍼마켓에서 추수를 하는 우리들은 충분한 농장에 충분한 비가 내리리라는 것을 의심해본 적이 없으며, 사실도 그러했다.

대부분의 서구인으로 하여금 자연을 잊어버리게 만들거나, 자연에 인간세상의 근심을 잊고 쉬는 곳이라는 새로운 역할을 부여하게 만든 것은 바로 이 예측 가능성이다. 세상의 일부 지역에서 자연은 좀더 변덕스럽다. 한두 해 동안 비가 내리지 않다가 어느 해에는 철철 넘치게 내린다. 이런 곳에 사는 사람들은 날씨와 자연에 대해 더 많이 생각한다. 하지만 방글라데시에서조차도 사람들은 자연이 대체로 자신들을 부양하리라는 것을 알고 있었다. 풍요하게는 아닐지라도 어쨌든 부양은 하리라는 것을.

이런 무의식적인 가정하에 우리는 동물과 식물을 모방한다. 로렌 아이즐리(Loren Eiseley)는 말했다. "무기물의 세계는 일종의 혼란 속에서 존재할 수 있고 또 존재한다. 하지만 생명이 어떤 형태로든, 꽃 한 포기나 또는 대벌레, 혹은 딱정벌레 등으로 발생할 수 있으려면 그전에 비록 비공식적이라 하더라도 자연의 안정성에 대한 확신이 있어야만 한다. 암석에 새겨진 물결 자국이나, 오래전에 사라진 해변에 새겨진 빗방울 자국이나, 수억 년 전에 살았던 삼엽충의 눈에서 그런 안정성을 확인하듯이 말이다."

이런 화석들이 발견되었을 때 19세기 생물학자들은 놀랐지만, 말벌과 철새들은 놀라지 않았다. 그들은 이미 오래전에 자연이 어느 정도는 꾸준하고 연속적이라는 약정 내지는 약속을 보유하고 있었기 때문이다. 따라서 인간의 기준으로는 황량한 곳에서도 생명이 살아갈 수 있었다. 왜냐하면 그 황량함조차 꾸준하고 믿을 수 있는 것이었기 때문이다.

오스틴은 사막의 물길, 유서 깊고 믿을 수 있는 샘으로 가는 길에 대해 글을 썼다. "세리소에 모여 사는 관머리 메추라기들이 이 물길을 즐겨 찾는다. 서로 지저귀며 밀치며 어깨로 떠밀며 이들은 메추라기 특유의 유연한 움직임으로 떼지어 내려앉는다. 이들은 얕은 시냇물에서 물장구를 치고, 우아하게 물을 마시고, 완벽한 깃털에 튀긴 물을 몸을 흔들어 털어내고, 부리로 깃털을 다듬고, 부드럽고 만족한 소리로 장난치며 주변의 덤불숲으로 흩어진다."

아이즐리는 자연은 변화하고 있으며, 이것은 '무기 생물의 느린 속도'로 이루어지는 변화라고 말했다. 계절은 절대로 '지나치게 폭력적으로' 가고 오는 법이 없다. "이것이 바로 자연의 약속이다. 40억 년 동안 한번도 어긴 적이 없는 약속이라서 우주는 그에 대해 기묘한 합리성과 기대치를 지니고 있다."

하지만 이 약속은 이미 오래전에 깨졌다. 나그네 비둘기에게도, 조상이 살던 상류로 돌아가다 댐에 막혀버린 연어에게도, 그리고 DDT 때문에 알껍질이 하도 약해져 더 이상 번식을 할 수 없게 된 송골매에게도 말이다. 이제 그 약속은 인간에게도 깨졌다. 자연의 평생보증기간이 시효가 지난 것이다.

변화의 단위가 이제 1000년에서 10년이 되었다. 국립기상연구센터의 슈나이더는 인간이 기후를 자연변화속도의 10~60배로 변화시키고 있다고 말했다. "일부 연구원들의 특정 도시에 대한 장기적 예측은 별로 의미가 없으며 온난화의 실제 결과는 훨씬 다를 것이다. 더 나을 수도 더 못할 수도 있지만, 확실히 학문적 추측과는

'다를' 것이다. 불행히도 지구의 역사에는 이산화탄소량이 현재의 두 배가 되었던 때가 없었고, 또한 당시 지구 기후가 어땠는지 알려 줄 만한 측정기구도 없다. ……대신 우리는 대규모 기후변화와 기후 모델이라는 자연적 유사 상황을 근거로 추정치를 계산해야 한다."

그런 유사 상황 중 하나가 북극지방이다. 생물학자들은 기후학적인 이유에서 오래전부터 북극지방을 '스트레스 지역' 또는 '사고다발지역'이라 부르는데 이는 온대나 열대지방에 비해 북극지방이 재난 수용능력이 떨어지기 때문이다. 로페즈는 《북극의 꿈Arctic Dreams》에서 그러한 예를 들고 있다.

"1973년 가을 10월의 폭풍우가 지면에 얼음층을 만들었고, 사향소들은 이 얼음을 뚫지 못해 먹이를 구할 수가 없었다. 그해 겨울 캐나다 군도에서 75퍼센트에 달하는 사향소가 죽었다."

우리 지역의 기후가 북극권 이북처럼 그렇게 가혹해지지는 않겠지만, '자연의' 날씨는 우리가 익숙해진 것처럼 그렇게 관대하지도 않을 것이다.

예측 불가능한 새로운 자연

자연에 대한 신속한 적응에 있어서 인간의 유전자가 사향소보다 특별히 나을 것도 없다고 밝혀질지도 모른다. 인구전문가 파울 에를리히(Paul Ehrlich)는 이렇게 썼다. "거대한 동물이 공격하고 암석이 떨어지고 아이들이 울어대고 불이 나는 것이 우리 조상들이 해결해야 했던 단기간의 변화였다. 하지만 BC 27만 6824년은 BC 27만 6904년과 별로 다를 게 없었다." 인간의 적응력이 매우 강하다고 판명되어도(캄보디아에서 캐나다로 이주한 보트피플은 과학자들이 예측한 그 어떤 것보다 더 혹독한 기후변화를 겪었다) 스트레스는 연속적이고 변함이 없을 것이다. 이 모든 것이 결국 어떻게 될 것인지를 아는 사람이 아무도 없기 때문이다.

천연자원 보호위원회의 데이비드 도니거(David Doniger)는 몇 년 전에 말했다. "객관적으로 볼 때 현재의 대기와 기후에서 유일하게 좋은 점은 우리가 익숙한 것이라는 점이다. 모든 생명과 문명은 이런 환경에 이미 적응했다. 따라서 변화는 당연히 파괴적일 것이다."

물론 이미 위기에 사는 사람들, 방글라데시의 홍수지역처럼 자연의 변덕을 자주 겪는 사람들에게는 최악일 것이다. 이것은 우리 각자의 마음에도 최소한 영향을 미칠 것이다. 우리가 반드시 대변동을 겪도록 운명 지어진 것은 아니다. 하지만 그런 운명이 오지 않으리라 믿을 수도 없는 노릇이다. 에마뉴엘 교수는 지구온난화가 열대지방의 해수온도를 높여서 더 난폭한 허리케인을 만든다는 보장은 없지만, 그러지 않으리란 보장도 없다고 지적했다.

불확실성 자체가 최초의 대변동이고 아마도 가장 심각한 대변동일 것이다. 눈이 충분히 내리지 않아 수돗물을 공급하는 저수지가 채워지지 않는다거나, 열기로 그 물이 너무 많이 증발할까봐 걱정해야 한다면, 하루아침에 일기예보는 9시 뉴스의 헤드라인 뉴스가 될 것이다. 이미 일부 지역에서는 이런 긴장감이 현실로 나타나고 있다.

1988년 여름 뉴욕시는 혹서로 신음하고 있었지만 시민들은 더위를 식히기 위해 인근 해변으로 갈 수도 없었다. 의료폐기물이 파도에 떠다니고 있었기 때문이다. 바다의 수온이나 주차 문제 등이 다루어져야 할 7월 중순의 신문에서는 다음과 같은 기사들이 자주 게재되었다.

"남부 해변과 미들랜드 해변을 비롯해 스태튼 섬의 남동부 해변은 지난 수요일부터 폐쇄되었고 어제도 폐장 상태였다. 당국은 주사기가 파도에 실려오지 않을 때까지 해수욕장을 폐쇄할 것이라 밝혔다. 어제는 혈액이 담긴 유리병은 떠내려오지 않았다. ……뉴저지의 몬머스 카운티 보건당국은 애즈베리 파크 해변의 수영금지 조치를 5일 만에 해제했다. 하지만 오션 그로브 지역은 여전히 금지 조치가 풀리지 않았다. 수질검사 결과 배설물에서 나온 대장균 수치는 내려갔지만 오염된 물이 오션 그로브를 향해 남하하고 있기 때문이다."

이 보도는 스태튼 섬에서 수영할 마음이 없었던 사람들에게까지 일종의 갇혀버린 기분을 느끼게 했다. 에어컨이 있는 아파트에서 에어컨이 나오는 차를 타고 에어컨이 나오는 사무실로 출근을 하는 사람들도 더위 생각을 멈출 수가 없었다.

여름이 끝나갈 무렵에는 선동적인 삼류잡지가 아닌 《타임》도 이런 보도를 했다. "나날이 이어지는 짜증나는 무덥고 습한 날씨에 더하여 미국인들은 집단적 불안증세의 습격을 받고 있다." 수그러들 줄 모르는 무더위가 생태계 붕괴의 징후는 아닌가 의심하는 이 초조한 분위기를 《타임》의 편집자들은 '생태공포증(ecophobia)' 이라 불렀다. 이들은 사람들이 서로 "대파괴가 이미 시작된 건가?"라고 묻고 있다고 전했다.

무엇이 인간을 보호할 수 있을까

초조함은 커갈 수밖에 없다. 빠르고 역동적인 인간사회에 대한 해독제로서 우리에게 안정이라는 이미지를 준 것은 주로 자연세계였기 때문이다. 기술은 더 이상 영원하지 않다. 초파리의 삶처럼 기술은 하나의 충격에서 또 다른 충격으로 빠른 속도로 움직인다.

우리가 매일 사용하는 도구들은 낯익은 것이 아니다(내가 이 책을 쓰고 있는 컴퓨터는 이제 구식이 되어버린 '제3세대' 컴퓨터이다). 음식 역시 빠른 속도로 변한다(계란프라이 두 개가 '건강한 아침식사' 였던 것은 옛날 일이 되었다). 인간의 몸은 움직이고(나는 캘리포니아에서 태어나 대륙의 다른 끝인 대서양 연안에서 성장했다), 마음도 움직인다(나는 산업시대에 태어나 이제 정보시대에 살고 있다). 다른 사람과의 인간관계도 변한다. 나는 성의 혁명이 일어나기 전에 태어나 그것이 끝난 후에 성년이 되었다. 이러한 믿을 수 없을 정도의 자유와 창의성은 사람들에게 스트레스를 준다.

케이프코드의 수필가 로버트 핀치(Robert Finch)가 말했듯이 인간이 자유를 원하는 것은 어린아이들이 원하고 필요로 하는 자유처럼 안전한 울타리 안에서이다. 인간이 터보엔진과 제트엔진 규모의 오만으로 자신이 지구의 기본 리듬으로부터 독립된 존재라고 생각한 후에도 자연은 언제나 '깊고 변함없는 리듬'을 인간에게 주었다. 우리는 여전히 지구의 '기본적인 성실성과 평등심'이 주는 '안전하고 안정적인 맥락'에 의존하고 있고, 특히나 계절에 의존한다.

"1년 사계절의 변화는 우리의 편의나 기쁨을 위해 주목할 재미있는 현상이 아니라 우주가 여전히 원래 모습대로 존재하며, 우리가 인간의 짧은 열정보다 더 크고 믿을 만한 무언가에 살고 있다는 신호이다. 곤충이 겨울잠을 자고, 거북과 휘파람새가 철따라 이동했다 회귀하고, 파도가 후퇴하고, 얼음이 녹고, 지구가 태양 쪽으로 기울고, 풀이 다시 돋아나는 것들을 우리 인간이 알아야 하는 것은 바로 이런 이유에서이다."

유전공학적 방법, 현미경적 방법, 화학적 방법 등 세상을 바라보는 많은 새로운 관점에도 불구하고 우리는 여전히 매년 태양이 들어올 수 있도록 스톤헨지를 만든 사람들, 일식을 보며 두려움에 떨던 사람들과 동일한 인간들이다. 이 글을 쓰고 있는 지금은 12월 초다. 어제 마침내 이번 겨울의 진정한 첫눈이 왔고 나는 조금 긴장을 풀 수 있었다. 오늘 오후 나는 산에 갔었다. 어제만 해도 온통 갈색이던 숲이 이제야 계절에 맞는 분위기를 보여주었다. 눈이 사각사각 밟히는 소리는 콧구멍으로 들어오는 차갑고 톡 쏘는 공기와 잘 어울렸다.

황야의 가장자리에 있는 우리의 작은 마을 주변 곳곳에서는 늘 그렇듯이 사람들이 언제나 날씨 이야기를 한다. 이것은 사람들이 다른 화제를 생각할 수 없어서만이 아니라, 물리적으로나 심리적으로 날씨가 그만큼 중요하기 때문이다. 폭풍처럼 큰 소식이 없는 한 대화는 그날의 날씨보다는 미래의 징조에 치중한다("어젯밤 거기 서리 내렸어요? 그럼 장작을 팰 시간이 됐군요"). 그것은 깊은 차원에서 이 세상 모든 것이 괜찮다고 말하는 옛 방식이다. 물론 거만한 위안이었을지는 몰라도(제퍼스는 물었다. "말하는 입술을 가진 직립하여 걷는 짐승. 털은 적고 언제나 먹어야 하고 보금자리가 있어야 하고 원상태를 유지해야 하고 자신이 스스로를 통제한다고 생각하는 우리는 무엇인가?"). 그것이 우리 인간이 지구를 보는 방식이었다.

20세기 미국 자연주의자 에드윈 틸리(Edwin W. Teale)는 미국 전역의 사계절을 20년 동안 관찰하여 네 권의 책에 담았다(마지막 《겨울의 방랑 Wandering Through Winter》은 멕시코와의 경계선에 있는 샌디에이고 남부, 고래가 겨울철 이동 때 지나가는 그곳에서 시작하여 '지붕까지 달빛에 잠겨 있는 한 농가를 본' 메인주의 캐나다 국경선까지의 여행을 담고 있다). 그는 "사계절을 겪으면서 우리가 배운 것은 우리가 사계절 모두를 원한다는 것이다. '우리는 완성된 1년을 원한다'"고 썼다. 다양성이라는 이유보다 훨씬 더한 것, 세상의 수레바퀴가 여전히 돌아가고 있다는 안심, 영원한 자연이 존재한다는 앎 속에서 안심하고 인간사에 몰두할 수 있기 위해 우리는 사계절을 원하는 것이다.

우리를 즐겁게 하고 안심시키는 것은 다만 새로운 봄이 오는 순환주기만이 아니라 좀더 길고 극적인 순환주기이다. 소로우는 이렇게 썼다. "나는 자연에 생명체들이 꽉 차서 수많은 생물들이 서로 잡아먹으며 희생되어도 여전히 건재하는 자연을 바라보는 것이 좋다. 연약한 생명체가 소리도 없이 과육처럼 짓밟혀 사라진다. 왜가리는 올챙이를 삼키고, 거북과 두꺼비는 길을 가다 차에 치인다. ……그렇게 사고가 흔한데도 그런 사고가 종국에는 별로 중요하지 않음을 알아야 한다. ……독은 결국 독이 아니고, 어떤 상처도 치명적이지 않다."

우리 문화권에서 인간을 위안하는 가장 거대한 이미지는 종교에 있다. 구약성서의 '전도서'에서 설교자는 모든 것에 때가 있다고 말한다. 그 말에서 우리는 분명 인간의 삶의 의미없음과 덧없음을 발견한다. 우리가 아무리 발버둥을 쳐도 이 우주에서 실제로 변하는 것은 아무것도 없기 때문이다. "남쪽으로 불어갔다 북쪽으로 돌아오는 바람은 돌고 돌아 제자리로 돌아온다." 이런 믿음직한 순환주기는 지루한 한편 위안을 주기도 한다. "지금 있는 것은 언젠가 있었던 것이요, 지금 생긴 일은 언젠가 있었던 일이라. 하늘 아래 새 것이 있을 리 없다." 이 진리를 좀더 긍정적으로 풀어낸 것이 산상수훈이다.

예수는 말했다. "그러니 잘 들어라. 너희는 무엇을 먹고 살아갈

까, 또 몸에다 무엇을 걸칠까 하고 걱정하지 마라. 목숨이 음식보다 더 귀하고 몸이 옷보다 더 귀하지 않느냐? 저 까마귀들을 생각해보아라. 그것들은 씨도 뿌리지 않고 거두어들이지도 않는다. 그리고 곳간도 창고도 없다. 그러나 하느님께서는 그들을 먹여주신다. 너희는 저 날짐승들보다 훨씬 귀하지 않느냐? ……그러니 무엇을 먹을까 무엇을 마실까 하고 염려하며 애쓰지 마라."

자연의 확실성, 신의 창조물이나 다윈 또는 누군가의 창조물이 우리가 필요한 것을 풍족히 줄 것이라는 생각은 우리를 단순한 식량 채집자로부터 자유로운 인간으로 온전히 존재하게 한다.

하지만 이번 여름이나 내년 여름 아니면 몇 년 내로 그런 확실성에 이상이 생긴다면 무슨 일이 일어날 것인가? 매년 겨울 남아메리카로 돌아가는 새들은 보금자리가 될 숲이 점점 줄어드는 것을 발견할 것이다. 그 결과(그리고 인간이 행한 다른 변화들로 인해) 매년 우리 주위의 새들은 줄어든다. 이제 새들의 노랫소리는 경탄의 대상이 되었고, 매년 봄은 점점 더 조용해져간다. 그리고 우리는 좀더 불안해져갈 것이다.

그 확실성에 이상이 생기면 무슨 일이 일어날까? 마셜은 북극 탐험에서 돌아온 후 말했다. "모험은 멋진 것이지만 그 즐거움 중 하나가 모험의 끝이라는 데는 의심의 여지가 없다. ……침대에 누워 불어나는 강물이나 길을 잘못 든 말에 대한 염려, 또는 내일의 여정을 근심할 필요도 없이 우리는 그저 평화로움과 기쁨을 만끽했다." 하지만 앞으로의 모험은 더 이상 기쁨이 아니고 두려움의 원천이 될 것이다. 모험의 끝이 더 이상 확실하지 않기 때문이다.

그 확실성에 이상이 생기면 무슨 일이 일어날까? 아마도 일요일 교회에서 '오늘 우리에게 일용할 양식을 주시고'라며 바치는 좀 퇴화된 전근대적인 주기도문, 이 나라의 건국 초기를 상기시키거나 상징적인 말이 된 주기도문을 외는 사람들에게, 그것은 새롭고 당황스런 의미가 될 것이다. (그 당황스러움이 지금 좀더 강렬한 것은 사람들이 자연에 보다 가까이 살 때는 변화와 싸워 이길 수 있다는 마음이 있었기 때문이다. 20세기 초에는 미국인들의 3분의 2가 인구 5000명 이하의 마을에 살았고 대체로 땅을 소유했기 때문에 일용할 양식을 어떻게 재배하는지 알고 있었다. 하지만 정보화 시대에 그런 정보는 거의 전달되지 못했다.)

하지만 그 확실성에 이상이 생길 때 가장 먼저 일어날 일은 이 세상에 대한 하나의 관념이 다른 것으로 대체된다는 것이다. 예를 들면 새들은 더 이상 고요하고 독립적이고 근심 없고 훨훨 나는 존재가 아닐 수도 있다. 오스틴이 캘리포니아 사막에 대한 찬사로 1903년 출판한 《비가 오지 않는 땅 The Land of Little Rain》의 훌륭한 사진들처럼 새들의 그림자를 보관하는 도서관을 만들어야 할지도 모르는 것이다. 겨울이 지나고 긴 여름의 혹서가 시작되기 전인 4월과 5월, 6월 초가 꽃이 피고 새들이 지저귀는 때라고 그녀는 말했다. 하지만 어쩌다 한번씩은 혹서가 너무 일찍 시작하기도 했다.

"봄의 끝자락에서 일조량이 갑자기 늘어나면 새의 보금자리에도 영향을 미쳐 평소의 부화 양태가 거꾸로 되어버린다. ……리틀

앤틸롭의 어느 찌는 듯한 봄날 나는 잎이 별로 없는 풀밭에 튼 들종다리 한 쌍의 둥지를 지나치게 되었다. 이전에 그들은 저녁 무렵이 되어야 알을 품었다. 하지만 그날은 정오에 알 위에 서 있었다. 서 있었다기보다는 축 늘어져 있었다. 불쌍하게 부리를 벌리고 반쯤은 기절하여 그들의 보물인 알과 태양 사이에 서 있었다."

때로는 아빠와 엄마가 함께 날개를 벌리고 알에 그늘을 만들어주기 위해 서 있었다. 그것은 우리가 향해가는 시대에 들어맞는 이미지다. 지난가을 어느 날 《뉴욕 타임스》가 1면에 실었던 옐로스톤 국립공원의 불, 가정에 닥친 라돈가스의 위협, 허리케인 길버트의 파괴와 같은 시대. 어쨌든 오스틴은 그날 캔버스 천 한 조각을 구해서 새의 둥지 위에 펼쳐 그늘을 만들어주었다. 하지만 우리 인간들은 누가 또는 무엇이 도와줄지 알 수가 없다.

빙하기가 도래할지도 모른다

이런 불확실성의 규모는 너무 광범위해서 온실효과가 빙하시대를 초래할 것이라고 예측하는 사람들까지 있다. 은퇴한 미드웨스트의 공학기사 존 해마커(John Hamaker)가 제기하여 그의 캘리포니아 제자들에 의해 진전된 이 이론은 대부분의 대기학 전문가들이 무시하는 것이긴 하지만 현재 상황의 취약함을 상기시켜준다.

기본적으로 해마커와 그의 추종자들은 최근의 지질시대에 지구가 겪은 빙하기의 주기가 이산화탄소의 농도 변화에 의해 야기되었고, 이산화탄소의 농도 변화는 토양의 '광화(鑛化)작용(mineralization)' 과 '탈광화작용(demineralization)'에 의해 야기되었다고 주장한다. 수천 년 동안 토양은 광물질을 빼앗겼다. 식물들이 자라면서 광물질을 흡수하고 용해했다.

이러한 '탈광화작용'이 임계점에 이르면 식물은 죽기 시작한다. 그 결과 대기 중에 이산화탄소가 대량 증가하고 온실효과가 적도를 달굼에 따라 열대지방의 수분이 대규모로 증발한다. 지구의 자연적 대기흐름은 다량의 수분을 포함한 구름을 북쪽으로 밀어내고 그곳에서 냉각된 구름은 습기를 눈으로 잃어버린다. 결국 이 눈의 일부는 여름까지도 남게 되고, 다음 빙하기를 가져올 거대한 빙하가 형성된다. 고위도 지역을 이동하는 빙하는 산을 먼지로 침식시키면서 토양에 다시 광물질을 제공한다. 이때 식물은 다시 무성하게 자라며 다시 한번 순환주기가 시작된다.

빙하기가 끝나고 다음 빙하기가 도래하기 전의 온난한 기간, 즉 간빙기는 오랫동안 비교적 규칙적으로 1만 년 정도를 유지해왔다. 현재의 온난기가 약 1만 년 전에 시작되었으므로 빙하기가 가깝다는 설에도 일리가 있다. 심각하게 생각하는 사람들이 많지 않았지만 기후에 관한 한 미래는 언제나 불확실했다. 하지만 해마커와 그 팀은 산업혁명으로 인한 이산화탄소 배출량의 폭발적 증가가 그런 변화를 가속화시켰다고 주장한다. 그는 새로운 빙하화가 가져올 최악의 결과는 현재(1989년)와 1995년 사이에 분명해질 거라고 말했다.

"겨울이 심해지는 것은 어느 정도 견딜 수 있다. 우리가 참을 수 없는 것은 겨울이 여름까지 이어져 서리와 얼음이 작물과 나무를 파괴하는 것이다. 수억 명이 기근으로 죽어가는 것을 방지하기에는 이제 너무 늦었다. 하지만 또 다른 9만 년의 빙하기 동안 문명의 절멸을 방지할 시간은 아직 남아 있다."

그가 제시하는 방법은 화석연료 사용의 즉시 중단과 열대우림 연소의 전면적 중단, 그리고 집중적인 토양의 '재광화(再鑛化)'였다. 즉 모든 비행기를 동원해서 수십억 파운드의 암석가루를 숲에 뿌림으로써 식물의 성장을 촉진하라는 것이다.

빙하기가 놀라운 속도로 시작되리라는 생각에 과학적 근거가 있음에도(1970년대에 국립과학아카데미는 빙하기가 100년 이내에 시작될 수 있다고 발표했다) 최근 과학계의 관심은 모두 온난화에 집중되고 있다. 해마커는 이런 초점이 잘못된 것이며 은폐의 시도라고 일축한다. 정부가 20세기 말에 도래할 급한 문제보다 50년 후의 문제를 다루기를 원한다는 것이다.

하지만 나도 이런 관점에는 의심을 표명하지 않을 수 없다. 그동안 내가 만나본 과학자들은 더할 나위 없이 진실했기 때문이다. 어쨌든 기상학자들은 소위 밀란코비치 주기(Milankovitch cycles)가 빙하기의 원인이라고 한다. 밀란코비치 주기는 지구의 흔들림이나 경사도 그리고 공전궤도의 형태에 따라 지구가 받는 태양열이 변화한다는 것이다. 빙하기 이론가인 슈나이더는 해마커의 주장에 대해 "그들이 옳을 확률이 전무하다는 것은 아니다. 하지만 그것은 1

퍼센트 미만의 확률일 뿐이다"라고 말한다.

하지만 그런 가능성이 있다는 사실 자체가 이미 우리가 정상상태를 망쳐버린 자연의 시스템을 잘 이해하지 못한다는 증거이며 자연의 막강한 힘을 보여주는 것이다. 그런 불확실성에 위안을 받는 사람도 분명 있을 것이다. 그것은 담배회사로부터 돈을 받고 담배와 폐암 사이에는 아무런 연관성의 '증거' 가 없다고 주장하는 과학자들의 말을 믿는 것과 같다. 그러나 그것은 표면상의 위안일 뿐이며 열기 속에서 애써 침착한 체하는 시도일 뿐이다. 종종 불확실성은 암울한 확실성보다 더 좋은 것으로 간주되기도 한다. 인간은 불확실성 속에서도 일말의 가능성을 믿는 경향이 있기 때문이다. 아마도 우리는 아무것도 할 필요가 없을지 모른다.

10년이 넘도록 우리는 산성비에 대해 아무런 조치도 취하지 않았다. 왜냐하면 일부 과학자들이 산성비에 대한 우리의 이해가 아직 완전하지 않으며, 산성비에 관련된 모든 화학적 상호작용을 다 아는 것이 아니므로 분명한 오염원 제거에 돈을 들이기 전에 연구를 더 하는 게 낫다고 주장했기 때문이다. 이산화탄소의 증가도 이와 같은 반응을 일으켰고 앞으로도 그럴 것이다. 비록 불확실성이 크고 두려워도, 그것은 공포에 대한 불확실성이다. 허리케인은 얼마나 더 심해질 것인가? 화재는? 빙하는? 이것들은 우리를 안심시키는 불확실성이 아니다. 미녀가 이길 것인가, 호랑이가 이길 것인가의 문제가 아닌 것이다. 이것은 오히려 사자인가, 호랑이인가의 문제다.

'적자 예산이 실제로 문제인가?' 같은 정치적 불확실성이나 '이 직업을 택해야 하나?' 같은 개인적 불확실성처럼 우리에게 익숙한 불확실성은 전반적인 정치적·개인적 안정 속에 일어나기 때문에 크게 우리를 놀라게 하지 않는다. 우리는 서구세계의 풍요 속에 살고 있다. 대부분은 개인연금과 퇴직금이 있고 예금과 미래를 위한 계획이 마련되어 있다. 이 모든 것은 세상이 이전처럼 돌아간다는 가정하에서 마련된 것들이다.

우리의 불확실성이 발생하는 것은 바로 그런 맥락에서다. 우리를 둘러싼 세상은 우리를 안심시킨다. 이 직업을 택하지 않거나 이 여성과 결혼하지 않으면 다른 기회가 올 것이다. 하지만 맥락 그 자체가 불안의 원인이라면 어떻게 될까? 우리를 둘러싼 세상이 미쳐 간다면? 그것은 전쟁 속에서 사는 것과 조금은 비슷할 것이다. 죽으면 천당에 간다는 믿음처럼 가장 근원적인 안도만이 중요한 그런 순간이다.

인류의 재앙이 될 해수면 상승

대부분의 과학자들이 예측하는 지구온난화의 효과는 가까운 장래에 지구 기온이 평균 1.5~4도 오르리라는 것이다. 이러한 기온 상승이 우리의 생활을 변화시키리라는 것은 상상력을 동원하지 않아도 알 수 있지만 어떻게 변할지에 대해 알기 위해서는 고성능 컴퓨터가 필요하다. 그런데 고성능 컴퓨터들조차 예측이 일치하지 않는다. 즉 지구온난화에 관한 3대 미국 컴퓨터 모델(핸슨의 NASA 모델, 오리건주립대학의 모델, 국립해양기상청 모델)이 미국 대륙에 대해 예측한 결과는 매우 다르게 나타났다. 이를테면 오대호 지역의 여름 강수량에 대해 NASA 모델은 증가를 말한 반면, 국립해양기상청 모델은 감소를, 그리고 오리건주립대학 모델은 변동이 없을 것이라고 예측했다. 그밖에도 다양한 종류의 시나리오가 존재한다.

온도 상승의 결과로 가장 많이 예측되는 것은 극지방의 얼음이 녹아 해수면이 상승한다는 것이다. 환경보호국의 제임스 타이터스(James Titus)는 지난 몇천 년 동안 해수면은 "하도 천천히 상승하여 일정한 것이나 진배없었다"고 말했다. 그 결과 사람들은 해안선 지역을 폭넓게 개발해왔다. 리오의 해변이나 베니스의 운하만이 아니라 세계 주요 도시들 주변에는 대형 항구 같은 기간시설도 발전했다. 또한 해양 식물과 동물들은 해수면의 안정성을 기반으로 체서피크만에 있는 것과 같은 거대한 군락을 형성했다.

하지만 해수면의 수위가 일반적으로 일정하다는 보고에도 불구하고 해수면은 상수(常數)가 아니다. 10만 년 전 마지막 간빙기에는 현재 해수면보다 6미터가 높았다. 마지막 빙하기가 최고조에 달하여 세상의 모든 물이 극지방에서 얼어붙었을 때는 91미터나 하강했다. 과학자들은 세상에 남아 있는 빙하가 모두 녹아 물이 된다면 해수면은 75미터 높아질 것이라고 추정한다.

이런 잠재적인 홍수의 가능성은 대부분 그린란드 빙원(다 녹으면 해수면 6미터 상승), 남극대륙 서쪽 빙원(역시 6미터), 남극대륙 동쪽 빙원(거의 60미터)에 있다. 또한 알프스 빙하의 해빙은 약 0.5미터의 해수면 상승을 가져올 것이다. (현재 북극해의 빙하처럼 물위에 떠 있는 얼음은 해수면을 상승시키지 않을 것이다. 아마도 진토닉에 떠 있는 얼음이 녹아 흘러넘치는 정도일 것이다.)

현재 남극대륙 동쪽 빙원은 안전한 것으로 간주되며 남극대륙 서쪽 빙원이 해수면 상승 가능성의 주범으로 지목되고 있다. 1968년 연구에 따르면 남극대륙 서쪽 빙원을 떠받치고 있는 로스(Ross)와 필히너-론(Filchner-Ronne) 빙붕이 40년 내로 허물어질 가능성이 있으며 그로 인해 해수면이 6미터 상승할 수 있다고 한다. 하지만 이어진 연구결과는 그런 붕괴의 진행은 적게 어림잡아도 200년이 걸리며 아마도 500년은 걸리리라고 한다(이렇게 해빙작용이 계속되면 다음 세기에는 돌이킬 수 없는 상황이 전개될 것이라고 많은 연구자들이 추정하고 있다).

그러나 남극대륙 서쪽 빙원이 붕괴되지 않는다는 것이 방글라데시나 뉴욕주 이스트 햄프턴의 구원을 의미하지는 않는다. 해수면을 상승시킬 만한 다른 요인들도 수없이 많다. 예를 들어 고산지대의 빙하는 극지방에 비해 작기는 하지만 결코 작은 양이 아니다. 알래스카만에 접해 있는 빙하들은 이미 수십 년 동안 녹아내려 미시시피강 전역의 강물과 맞먹는 양의 담수원이 되고 있다. 만에 하나 빙하가 녹지 않는다 해도 온난화 자체만으로도 해수면을 상당히 상승시킬 수 있다. 온수는 냉수보다 더 많은 공간을 차지한다. 핸슨은 지구 기온이 1.5~4.5도 오를 때의 열팽창으로 인해 해수면이 0.3미터 올라간다고 말했다.

1989년 두 명의 캐나다 연구원은 400개 이상의 지역을 측정한 결과 해수면이 이미 10년에 2.5센티미터씩 오르고 있다고 발표했다. 차후 몇십 년 동안 해수면이 상당히 상승하리라는 인식은 이제 두루 수용된 상태다. 환경보호국은 2100년까지 해수면이 144~217센티미터 상승할 것이라 추정했고, 최악의 경우 3.3미터 이상의 상승도 가정하고 있다. 국립과학원은 신중한 태도를 취하고 있지만 다른 연구원들은 더 끔찍한 수치들도 내놓고 있다. 온난화 문제를 연구하는 개인과 토론팀이 내놓은 추정치는 1미터 이내의 상승이라고 말할 수 있다.

별로 놀라운 수치로 보이지 않지만 그것은 문명의 역사에서 해수면이 전례 없이 높아졌음을 의미한다. 이 팽창된 바다의 즉각적인 결과는 몰디브 섬 같은 곳에 나타날 것이다. 스리랑카 남서쪽으로 644킬로미터 떨어진 곳에 1190개의 작은 섬이 군도를 이룬 몰디브는 천국과도 같은 곳이다. 그곳의 18만 7000명의 주민들은 1988년 외국 용병들이 잠시 반란을 일으켰을 때를 제외하고는 총소리조차 들어본 적이 없다. 그들은 야자껍질 섬유산업이 하락했을 때도 잘 견뎠다. 빵나무, 시트론, 무화과가 풍성한 몰디브에서는 최악의 범죄자들을 외곽의 무인도로 추방한다.

하지만 이 행복한 나라의 국토 대부분은 인도양에서 단 2미터 높이에 있다. 해수면이 1미터 오른다면 몰아치는 폭풍이 거대한 위협이 될 것이다. 많은 연구결과가 예고한 대로 해수면이 2미터 상승한다면 이 나라는 사라지는 것이다. 1987년 10월 몰디브의 마우문 아브둘 가윰(Maumoon Abdul Gayoom) 대통령은 UN총회에서 자신의 나라를 '절멸 위기에 처한 나라'로 묘사했다. "몰디브 사람들은 곧 닥칠 재앙의 원인을 제공하지 않았다. ……그리고 우리 혼자서는 자구책을 마련할 수 없다"고 그는 지적했다. 1세기 후 지도에서는 몰디브가 사라지고 그곳은 항해할 때의 암초 위험지역으로 표기될지도 모른다.

다른 나라들도 비록 절멸은 아니겠지만 심한 타격을 받을 것이다. 해수면의 2미터 상승은 부라마푸트라강 어귀의 범람원을 중심으로 건설된 방글라데시의 토지 20퍼센트에 홍수를 가져올 것이다. 이집트는 단 1퍼센트의 국토가 물에 잠기겠지만, 그 1퍼센트 안에 나일강 삼각주의 대부분이 포함되어 있다. 아시아 전역에서 농부들은 강 하류의 삼각주와 범람원에서 쌀을 재배한다. 이 농부들이 제방을 쌓을 재력이 부족하고, 방글라데시 같은 지역에서는 더욱 불가능하기 때문에 쌀 수확은 분명 떨어질 것이다.

하지만 문제는 제3세계에 한정된 것이 아니다. 몇 년 전 환경보호국은 지방정부들이 염수에 대한 자신들의 상황을 파악할 수 있도록 참고자료를 제공했다(뉴저지의 샌디훅은 해수면 상승 예상치에 국지적인 지질 함몰을 참작한 33센티미터를 더하여 해수면 상승 125센티미터가 나왔다). 토지의 직접적인 범람은 다양한 문제를 야기한다. 매사추세츠주에서는 해안에 면한 30억~100억 달러 가치의 1200만~4046만 평방미터 땅이 2025년에 사라질 수 있다. 이 숫자에는 상승하는 해수면이 지하수면을 올려 연못과 소택지가 늘어나는 것은 포함되지 않았다.

하지만 가장 큰 피해는 폭풍이 몰고 오는 파도에서 온다. 텍사스 갤버스턴에서는 최악의 폭풍이 불 때 98퍼센트의 평지가 범람한다. 그런 파도에 대비하여 네덜란드는 보호제방을 쌓았다. 가장 큰 제방이 건설된 것은 1953년 겨울 폭풍으로 인한 파도가 중앙삼각주를 따라 나있던 기존의 제방 89곳을 파괴하고 2000명의 인명과 수만 두의 소를 앗아갔을 때였다. 이후 네덜란드인들은 새로운 제방을 쌓는 데 30억 달러 이상을 들였다.

네덜란드인들의 노력이 보여주듯이 해수면 상승에 대비하여 할 수 있는 일은 많다. 해안선 유역을 지키기 위해 필요한 예산을 계산한 자료도 많다. 예를 들면 연구원들은 뉴저지 해안선 인근에 13킬로미터의 모래톱을 이루고 있는 롱비치 섬을 구할 세 가지 방법을 제시했다. 첫번째, 제방으로 둘러싼다. 두번째, 모래를 서서히 부어 높인다. 세번째, 내륙을 향한 해안선이 침식됨에 따라 새로운 모래를 부어 섬을 '육지 쪽으로' 이동시킨다.

제방을 축조하는 것은 8억 달러가 소요되므로 가장 값싼 해결방법이긴 하나 돈을 한꺼번에 투입해야 하는 단점이 있다(더욱이 제방으로 인해 해안선 경관이 사라지게 될 것이라고 한 연구원은 말했다). 반면 섬을 내륙 쪽으로 이동하게 하는 방법은 77억 달러라는 엄청난 예산이 소요된다. 모든 도로와 전기, 수도 시설을 뜯어

내어 이동시켜야 하기 때문이다. 따라서 이자율 등을 고려할 때 가장 저렴한 방법은 모래를 첨가하여 서서히 섬 높이를 높이는 것이다. 17억 600만 달러면 많이 드는 것도 아니다.

그런 숫자의 정확성이 주는 느낌은 위안이 되긴 하지만 분명 잘못된 위안이다. 개개의 연구가 '모래가 점점 희귀해짐에 따른 모래 가격의 민감성' 같은 주제에 각주를 달고 있다. 하지만 대규모 사업의 예상 가격은, 심지어 매우 통제된 조건에서 이루어지는 미사일 구축 예산 등의 경우도 항상 정확하지 않다. 어떤 숫자든 추측에 불과하며, 다만 '큰 문제다, 매우 큰 문제다' 정도를 알리는 방법으로서의 유용성밖에 없다. 미국의 해안선을 보호하는 데만도 800억 달러가 들어간다. 거기에 모래섬을 추가하면 1.8미터 해수면 상승에 대한 방어비는 3000억 달러를 상회한다. 네덜란드에서는 국민총생산의 6퍼센트가 이미 바닷물을 막는 데 쓰이고 있다.

그래도 여전히 그것은 단지 돈일 뿐이다. 그리고 해변을 구하는 것은 그럴 만한 가치가 있다. 온실효과로 온난화된 기후로 인해 사람들은 더욱 해변으로 갈 것이다. (물론 이를 증명하는 연구도 있다. 메릴랜드 오션시티의 경우 해변을 찾은 관광객 1인당 25센트를 사용하면 해수면 상승을 방지할 수 있다. 더워진 기후는 해변 관광객을 25퍼센트 늘릴 것이므로 이는 시정부가 충분히 감당할 수 있는 예산이다.) 문제는 해안선을 보호하기 위해 사용하는 돈이 이해는 쉽지만 계산은 쉽지 않은 생태학적 비용을 낳을 것이라는 점이다.

해안선의 늪과 습지는 미국의 대서양 연안과 멕시코만을 따라 거의 끊이지 않고 이어져 있다. 반은 육지이고 반은 바다인 이곳은 육지나 바다보다 생물학적으로 더 생산적인 곳이다. 조수가 쉼없이 들어왔다 나가면서 먹이는 뿌려놓고 폐기물은 씻어낸다. 이로 인해 이곳은 성장도 빠르고 소멸도 빠르다. 모래섬, 모래언덕, 반도 등에 의해 파도로부터 보호되는 이 평화로운 지역은 엄청나게 다양한 새, 물고기, 조개, 식물들의 서식처이다.

생물학자 제임스 모리스(James Morris)는 이렇게 썼다. "모든 유기 생물이 아름답고 다양하게 환경에 적응했다. 하지만 해안선의 늪지보다 더 풍요한 질서를 갖춘 서식지는 없으리라 생각된다." 이런 사실이 항상 인정되었던 것은 아니다. 바트램 같은 경우를 제외한 초기 정착민들은 해안선의 습지가 유독하다며 물을 말려버리거나 흙으로 메워버렸다.

하지만 최근 연방정부와 주정부는 이들 지역을 보호하기 시작했다. 1988년 가을 뉴저지 주지사 토마스 킨(Thomas Kean)을 의장으로 하는 '주지사, 기업가, 환경운동가' 위원회는 개발로 인해 계속되는 습지의 유실을 '텍사스주 전기톱 대학살 사건'에 비유하며, 남아 있는 습지에 대해서 정부가 보호유지정책을 펼 것을 제안했다. 그러나 크누트 대왕(Canute : 크누트 왕은 밀어닥치는 파도를 향해 "파도야 나의 존귀한 발을 적시지 말아라"고 외쳤다 한다-옮긴이)이 증명했듯이 정부의 노력이나 최상의 학자들로 구성된 위원회도 아랑곳하지 않고, 해수면 상승에 따라 바다의 습지는 점점 줄어들 것이다. 물론 이것은 어디서나 통하는 규칙은 아니다. 습지에게 충분한 시간과 공간이 있다면 범람한 습지를 대신할 새로운 습지가 나타날 것이다. 하지만 1988년 7월 정부보고서가 지적했듯이 "대부분의 지역에서 습지 바로 위 땅의 경사도는 습지 자체보다 가파르다." 따라서 습지는 더 이상 올라갈 수 없는 절벽에 부딪칠 확률이 높다.

메인주 해안선의 일부 지역은 절벽이 자연스럽다. 하지만 다른 많은 곳의 절벽은 롱비치섬에 제안된 제방처럼 인위적이다. 만약 나에게 케이프코드의 집이 있고 그 집 앞으로 제방을 쌓을 것인지, 습지가 집안까지 침입해 지하실을 잠기도록 할 것인지를 선택해야 한다면 나는 아마 제방을 쌓을 것이다. (최근 출간한 습지에 관한 책에서 조셉 시리(Joseph Siry)는 이런 경우에 처한 집이 많다고 보고했다. 대공황 이후 미국 인구는 선벨트(sunbelt: 미국 남부 15주에 걸쳐 있는 지역-옮긴이)에 속한 주들, 그중에서도 해안선 유역에 집중되었다.)

실제로 해수면이 상승한다면 제방축조의 의미는 엄청날 것이다. 해수면이 1미터 상승할 경우 적어도 미국의 해안선 습지의 반이 유실된다. 하지만 환경보호국은 말했다. "그래도 현재 해안선 습지의 대부분은 여전히 습지로 남아 있을 것이다. 다만 더 좁아질 뿐이다. 이와 대조적으로 내륙지방 전체를 보호하는 것은 자연의 해안선을 격벽과 제방으로 대체함으로써 가능하다." 철저하게 현실적인 발언은 이어진다. "이런 차이는 중요하다. 많은 물고기에게 습지 해안선의 길이는 습지 전체의 면적보다 더 중요하기 때문이다."

또한 당신이 바다와 육지가 부드럽고 우아하게 만나는 풍경에 익숙하고, 끝없는 시멘트 제방을 마주하는 데 익숙하지 않기 때문에 그것은 역시 중요하다.

해수의 역류

해수면 상승을 두려워하는 데는 다른 이유도 있다. 몇 년 전 나는 델라웨어강의 강수관리자인 윌리엄 하크니스(William Harkness)와 행복한 하루를 보냈다. 펜실베이니아주에 있는 그의 사무실은 가장 좋은 청어 어장에서 몇 마일 떨어진 물위의 탑이었다. 그가 하는 일은 델라웨어강의 수량을 매일 측정하는 것이었다. 수량이 기준치 이하로 떨어지면 그는 강 상류에서 다수의 수원지를 관리하는 뉴욕시에 연락하여 물을 시내 쪽인 동쪽으로 송수하지 말고 하류로 방류해달라고 요청했다.

하크니스의 직업은 뉴욕시와 델라웨어강 입구에 위치한 필라델피아시 사이에 있었던 수십 년간의 소송 결과 생긴 것이다. 이들의 협약에 따르면 뉴욕시는 바닷물이 강물로 역류하는 것을 막을 수 있을 만큼 충분한 물을 방류해야만 한다. 정상적인 경우는 강에서 흘러나오는 물의 흐름이 바닷물을 밀어내지만, 가뭄이 들면 감소된 수량이 일종의 진공상태를 만들어 해수가 역류한다.

1960년대의 가뭄 때 해수는 필라델피아 수원지 근처까지 역류했다. 하크니스는 "실제로 수원지까지 진입하지는 않았지만 매우 걱정되는 일이었죠. 필라델피아 시민이 수도꼭지를 틀었는데 모두 짠물이 나오는 걸 상상해보세요"라고 말했다.

현재 상황에서 유일한 문제는 가물 때에도 뉴욕시는 해수의 역류를 방지하기 위해 대량의 물을 하류로 내보내야 하고, 뉴욕시민들은 여전히 샤워를 하고 손을 씻어야 한다는 것이다. 북동부에 심한 가뭄이 들었던 1985년 여름, 뉴욕시 당국은 델라웨어강으로 흘러가는 물의 감소를 상쇄하기 위해 허드슨강에서 물을 퍼올려야만 했다. 이 방법은 괜찮았다. 허드슨강은 사람들이 두려워했던 것보다 깨끗했다. 하지만 허드슨강의 수량이 감소함에 따라 그곳에서 해수가 역류하기 시작했고, 포킵시의 관리들은 그들의 수도에 짠물이 들어올까봐 매우 우려했다.

온실효과로 인한 증발량은 뉴욕의 수원지에서 10~24퍼센트의 물을 빼앗을 수 있다고 환경보호국은 결론지었다. 또한 해수면이 1미터 상승하면 해수가 허드슨강의 상수원 취수구 위까지 역류할 수도 있다. 결론적으로 정부는 "이산화탄소의 배가는 허드슨강 유역에서 예정된 급수량의 28~42퍼센트를 부족하게 할 것이다"라고 말했다. 내가 걱정하는 것은 뉴욕시의 수도관리기사들이 320킬로미터 이상이나 떨어진 애디론댁을 적절한 수원지로 탐내왔다는 사실이다.

20세기 초에 캐츠킬 수원지가 건설되었을 때 그로 인해 다수의 작은 마을과 수 킬로미터의 황야가 물에 잠겼다. 애디론댁에 몇 개의 수원지를 건설한다면 또 같은 일이 일어날 것이다. 내가 말해왔듯이 하나가 곤란해지면 또 다른 문제가 생긴다. 머지않아 나의 채소밭도 12미터 높이의 수원지에 잠기게 생겼다.

해수면 상승으로 예상되는 결과

해수면 상승으로 인해 예상되는 결과는 지구온난화의 다양한 효과를 전형적으로 보여준다. 그 영향의 규모가 하도 커서 우리는 글자 그대로 그를 이해할 수 없다. 극지방의 얼음이 현저히 녹으면 지구의 무게중심이 변할 것이다. 지구가 기울면 칠레 남부의 케이프 혼과 아이슬란드 해안의 해수면이 실제로 하강할 수도 있다고 최근의 환경보호국 보고서는 말하고 있다.

나는 지구가 그렇게 기운다는 것에 놀랐지만 그게 무슨 의미인지는 이해할 수가 없었다. 반면에 그런 변화는 궁극적으로 매우 개인적인 차원을 띠게 된다. 우리는 '내 집 앞에 담을 쌓아야 할까?' '이 음식이 짠맛이 나니?' 등의 말을 하게 될 것이다. 그리고 무엇보다도 이 문제에 대한 인간의 반응, 이 탈자연적 세상에서 이전의 자연적 생활방식을 유지하려고 하는 인간의 시도는 전혀 새로운 결과를 가져온다. 해수면이 상승하면 나는 담을 쌓는다. 습지가 사라지면 그와 함께 물고기도 죽는다.

더욱이 온난화로 인해 생기는 다양한 문제는 상호간에 더 복잡한 문제를 낳는다. 날씨가 더워지면 사람들은 샤워를 더 많이 하게 되고 더 많은 물이 강에서 취수되어야 한다. 그러면 해수는 더욱 위로 역류할 수도 있다. 이런 악순환은 끝없이 계속된다(에어컨을 더 가동하면 전력이 더 소모되고, 발전기를 냉각시키기 위해 강물을 더 많이 끌어와야 하고, 그 결과 하류로 가는 수량이 감소하고, 이런 악순환은 끝이 없다). 이것은 1988년 여름, 더운 날씨로 인해 사람들이 동부해안의 해변으로 갔을 때 바닷물에 주사기가 떠다니던 것 같은 문제와는 차원이 다르다. 이렇게 모든 개별 시스템이 동시에 소동이 나면 자연의 든든한 보정장치도 더 이상 믿을 수가 없게 되는 것이다.

예를 들면 해수면이 상승하는 동시에 온난한 공기는 수증기를 더 많이 모은다. 그로 인해 전체 강우량이 증가하고 기온 역시 상승하는 것이다. 컴퓨터 모델 관계자에 의하면 그 결과 증발량이 증가하고 세계 곳곳에서는 습한 해변과 그에 상응하는 건조한 내륙이 생긴다.

이것은 단순히 열기의 문제만이 아니다. 기온이 오르면 땅에 눈이 덮여 있는 날이 줄어들게 된다. 눈이 녹으면 태양에너지는 우주로 반사되는 대신 대지에 더 많이 흡수되고, 그 결과 토양은 건조해질 것이다. 그러나 온실 세상에서는 이런 계절의 변화가 더 빨리 온다. 눈이 더 일찍 녹기 때문이다. 그리고 물론 날씨도 변한다. 세계 일부 지역에서는 이런 날씨 변화가 증발을 상쇄할 수도 있다.

스크립스 해양연구소 기후학자 레벨은 한때 아프리카의 니제르강, 세네갈강, 볼타강, 청나일강, 그리고 동남아시아의 메콩강 및 브라마푸트라강의 흐름이 증가할 것이라고 예측했다. 특히 메콩강과 브라마푸트라강의 경우 재난적인 결과를 가져올 것이다. 반면에 중국의 황하강과 러시아의 주요 농업지역을 흐르는 아무다리야강과 시르다리야강, 중동의 티그리스-유프라테스강과 아프리카의 잠베지강의 흐름은 감소하리라고 추정했다. 그중 미국이 가장 세밀한 연구대상이 되었다.

미국은 풍부한 물의 축복을 받은 곳이었다. 본토의 48개주에 하루 평균 15조 9000억 리터의 비가 내린다. 그중 대부분은 증발하고 5조 4300억 리터가 남는데, 1985년의 경우 그 가운데 하루 1조 2900리터만이 인간에 의해 사용되었다. 그 수치만 보면 충분한 것처럼 보인다. 그러나 비행기로 여행하며 아래를 내려다본 사람이라면 알 수 있듯이 물은 고루 분포되어 있지 않다.

서부의 광대한 지역은 현재 인구가 없는 것은 아니지만 불모의 건조지역이다. 서부의 53개 수원지 유역 중 24개 지역에서 전체 물 사용량은 평균 하천흐름을 초과한다. 부족한 양은 점점 줄어드는 지하수와 외부의 물을 끌어다 씀으로써 충당한다. 예를 들면 콜로라도강의 물은 대부분 댐을 건설하여 상류 쪽으로 관개수로를 통해 이동된 후 그 물이 없다면 너무나 건조할 지역에서 파란 잔디를 고집하며 사는 수백만 인구에 의해 사용된다.

그리고 사태는 더 악화될 수 있다. 기온과 하천수량 기록을 검토한 후 과학자들은 '신중한' 측정치인 2도 기온 상승이 이루어지면 콜로라도강의 자연수량은 3분의 1까지 감소할 수 있다고 말했다. 만약 일부 컴퓨터 모델이 제시하듯이 새로운 기후 양상의 결과 남서부 강수량이 10퍼센트 감소한다면 콜로라도강 상류의 급수량은 40퍼센트나 감소할 것이다.

이러한 상황은 서부 전역에서 비슷하게 나타난다. 미주리, 아칸소, 캘리포니아주와 텍사스만의 관개수로 지역에서 흐르는 빗물은 40퍼센트 이상 감소할 수 있다. 만약 예상되는 기후변화가 실제로 발생하면 미주리강, 리오그란데강, 콜로라도강 유역에서는 심지어 현재의 물수요마저도 충족시키지 못할 것이다. 텍사스 농업국장 짐 하이타워(Jim Hightower)는 "우리가 검토 중인 한 모델을 보면 평원에 물을 공급하는 거대한 지하 호수인 오갈랄라 대수층(Ogallala aquifer)으로부터의 관개용수 수요가 25퍼센트 증가할 것이며, 오갈랄라 대수층은 현재 이미 심한 고갈을 겪고 있다"고 말했다.

이미 우리가 황폐한 곳이라고 생각하던 지역까지 새롭고 흥미로운 방식으로 황폐화될 것이다. 이리호와 오대호는 1970년대 환경오염의 상징이 되었다. 현재 이곳은 다소 회복된 상태지만 기후변화가 오면 예측할 수 없는 압력을 다시 겪게 될 것이다. 그렇게 되면 뉴욕의 사우스 브롱크스 지방이 전례 없는 쇠락을 겪을 것이다. 환경보호국이 만든 이산화탄소 배가(倍加) 상황 예측모델에서 슈피리어호의 평균수위는 0.5미터 내려간다. 숫자상으로 보면 이것은 별로 문제가 없어 보일 수도 있다.

그러나 오대호를 지나는 배들은 수로 바닥에서 겨우 0.3미터 위로 통과하도록 설계되었다. 결국 이후로 배들은 화물 적재량을 줄이고 대신 더 자주 왕래해야 한다. 그리고 연료는 더 많이 사용될 것이다. 물론 수송기간이 길어짐으로써 선박업자들은 덕을 볼 수도 있다. 현재 이리호의 중앙 수역은 83일 동안 얼지만 기온이 오르면 해안선 근처에 한해 3주 미만만 얼 것이다. 그 경우 겨울이 대폭풍의 계절이 되어 이전에는 결빙으로 보호되었던 해안선의 침식이 증가한다. 그리고 만약 배가 계속 항해를 한다면 1975년 에드먼드 피츠제럴드호를 침몰시켜 29명을 사망시킨 겨울 폭풍과 비슷한 슬픈 민요 가사도 늘어날 것이다.

줄어드는 수위는 갖가지 소소한 문제를 일으킨다. 1960년대에 가뭄으로 미시건호 수위가 낮아졌을 때 시카고 연안의 부두를 따라 식물이 건조 부패되는 건식병(乾蝕病)이 발생하였다. 나이아가라 강물이 줄게 되면 수력발전량이 떨어지고, 호수의 오염물질이 덜 희석된다. 따스한 호숫물은 틀림없이 조류의 발생을 증가시켜 이전에 이리호를 한번 죽였던 산소 결핍이 다시 발생할 수 있다. 환경보호국은 말했다. "호수의 부영양화(eutrophication: 물속의 미생물이 유기물을 분해하여 갑자기 영양물질이 많아지는 현상. 이는 적조현상으로 이어지고 결국 산소결핍에 의해 호수와 강을 죽인다-옮긴이) 증가는 이리호의 중앙수역을 여름에도 물고기와 조개류가 살 수 없는 곳으로 만들 것이다."

미국 전역과 전세계에 걸쳐 폭증하는 위험의 징후는 끝이 없다. 환경보호국 보고서에 의하면 "기후변화에 대응하여 농약 사용이 증가될 때 수질은 저하되기 쉽다"고 한다. 1988년 옐로스톤 국립공원의 불처럼 산불의 위험성도 증가한다(그해와 다른 해들의 가장 큰 차이점은 비가 오지 않은 것이라고 공원 생태학자 도널드 디스페인이 언급했다). 물론 정확히 어떤 일이 벌어질지는 아무도 모른다. 국립해양기상청의 시우쿠로아 마나베(Syukuroa Manabe)가 사용한 컴퓨터 모델에 의하면 북아메리카, 서부 유럽, 시베리아의 토양 습도가 줄어들 확률이 90퍼센트 이상이라고 한다.

변화는 우리의 밥상에도

여기서 제기되는 분명한 문제는 이 모든 것이 농업에 어떤 의미를 갖는가 하는 것이다('농업'이라는 단어가 '군대'와 마찬가지로 일상생활에서 유리된 추상어가 되었으므로 오히려 저녁식탁에 의미하는 바가 무엇이냐는 질문이 더 나을 수도 있다). 그 답은 다양한 차원에서 살펴볼 수 있다.

우선 개개의 식물의 경우를 보면, 열기와 가뭄을 제외한다 해도 대기 중 이산화탄소의 증가는 식물에 영향을 미친다. 식물의 건조 중량 중 90퍼센트가 광합성에 의해 이산화탄소를 녹말로 전환하는 작업에서 생긴다. 식물의 성장을 저해하는 다른 조건이 없고 충분한 햇빛과 물, 영양분이 있다면 증가된 이산화탄소는 소출을 늘려야 한다. 그리고 이상적인 실험실 환경에서는 이런 일이 일어난다. 그 결과 일부 기자들은 거대한 '슈퍼 오이'를 찬양하고 온실가스 속에서 다양한 장점을 발견한다.

하지만 단점도 있다. 일부 농작물이 더 빨리 자라면 농부들은 질소 비료를 더 많이 구입해야 한다. 식물의 잎에 공급되는 탄소는 풍부하지만 질소가 부족할 경우, 그 식품의 질은 저하된다. 질소를 좋아하는 곤충들은 필요한 질소량을 흡수하기 위해 더 많은 잎을 먹어치울 것이다. 현실적으로는 증가된 이산화탄소가 수확량에 끼치는 직접적 영향은 작을 것이다. 이산화탄소가 400ppm에 달하고 다른 모든 조건이 똑같다면 잘 가꾼 옥수수의 연 수확량은 5퍼센트 올라갈 것이다.

하지만 다른 모든 조건이 당연히 똑같을 리 없다. 수분, 기온, 작물의 성장 계절 같은 다른 조건들은 달라질 것이다. 물고기와 몇 가지 온실 채소를 제외하면 우리가 먹는 모든 것은 노출된 대기에서 성장 계절을 보낸다. 생물학자 폴 웨고너(Paul Waggoner)의 표현에 따르면 이들은 '날씨라는 1년짜리 복권에 노출된 채로' 살아간다. 오늘 식탁에 오른 저칼로리 냉동식품은 캔자스주의 어떤 밭에서 뿌리를 내리고 살아오는 동안 병충해의 공격을 견디며 물과 햇빛과 양분의 공급량이 허락하는 한 최대의 속도로 자라난 것이다. 미국의 농경지와 방목지 중 20만 평방킬로미터가 관개수를 사용하지만, 그들 역시 장기적으로는 날씨 변화에 의존한다. 밀 생산을 모조리 온실 속으로 몰아넣을 수는 없는 노릇이다.

날씨의 변화가 작물에 미치는 영향을 예측하는 것은 변수가 많아 어려운 일이다. 예를 들어 성장기(서리가 없는 기간)가 길면 분명 작물에 도움이 된다. 습기가 부족하면 분명히 해가 되고, 기온이 계속 따스하면 식물은 잘 자란다. 하지만 기온이 지나치게 뜨거워지면 식물은 시든다. 실제로 35도 이상이 오래 지속되면 옥수수는 수분이 되지 않는다. 더욱이 기후예측모델은 너무 불안정해서 특정 지역에 일어날 일을 정확히 예측할 수도 없다. 그렇다고 해서 과학자들이 연구를 중단한 일은 없었지만.

지금 내 곁에는 UN환경프로그램에서 기후변화와 농업에 관해 발행한 두 권의 두꺼운 책이 놓여 있다. 이 책의 보고서들은 17개국 76명의 과학자들이 기고한 것이다. 1936년 같은 가뭄이 캐나다 서부의 서스캐처원에 일어난다면 이 지역 농부들은 트랙터 윤활유 비용으로 2만 8000달러를 덜 쓰게 될 것이다. 아이슬란드의 아르네수레푸르 지역에서는 연중 평균기온이 1도 떨어지면 도살된 양의 몸무게가 802그램씩 줄어든다. 기온이 올라가면 일본은 '극심한 쌀의 잉여'를 겪을 것이다. 더욱이 다른 나라들이 일본의 자포니카 쌀보다는 인디카 쌀을 선호하기 때문에 수출량도 제한되어 쌀은 더 남을 수밖에 없다. 브라질의 강수량이 10퍼센트 늘고 그에 따라 증발이 10퍼센트 줄면 오우리쿠리 마을은 북동부의 다섯 개 마을보다 더 많은 광저기(cowpea : 쌍떡잎식물 장미목 콩과의 한해살이 덩굴식물로 소의 사료로 이용─옮긴이)를 생산하게 될 것이다. 겨울이 끝날 무렵의 최저기온이 0.8도 올라가서 서리의 위험이 줄어들면 에콰도르 고산지대의 경작한계선은 200미터 올라가서 고도 4000미터까지도 경작이 가능하게 된다.

비슷한 연구가 미국에서도 행해졌다. 콩에 심한 병충해를 끼치는 감자 멸구는 현재 멕시코만 연안의 좁은 지역에서 겨울을 보낸다. 그러나 기후가 온난해질 경우 "이들이 겨울을 나는 지역은 두 세 배로 늘어날 것이고, 따라서 동북부 주의 침입자 역시 늘어날 것"이라고 환경보호국은 말했다. "춥지 않은 겨울은 가축의 호흡기 질환을 줄이겠지만 보다 더워진 여름은 분명 가금류 우리의 에어컨 비용을 늘릴 것이다." 이미 쇠파리는 육우와 젖소 산업에 매년 7억 3030만 달러의 손실을 야기했다. 더운 기후가 8~10주까지 연장된다면 우유 생산은 눈에 띄게 줄어들 것이다.

다시 말해서 미래의 불확실성은 목초지와 밭, 즉 우리의 식량공급에까지 미친다. 미지수와 변수가 너무나 많아 광범위한 예측조차 불가능하다. 더스트볼(Dust Bowl: 1931년부터 미국 남부 5개주에 8년간 가뭄이 계속되어 풀이 없는 농지에 바람이 불면 전지역이 먼지구름에 휩싸였던 것을 의미하며, '황진지대'라고도 한다-옮긴이)의 심한 가뭄을 되돌아보는 것도 별 도움이 안 된다. 농업분야의 기술혁명은 더스트볼 이후 소출을 세 배로 늘렸다. 하지만 "당시의 다기업 농장이 누렸던 경제적 호황은 이미 옛일이고 현대 농업제도의 기후변화에 대한 취약성은 어떤 면으로는 과거보다 더 크다고 할 수 있다"고 환경보호국은 밝혔다.

결국 대부분의 전문가들은 두 손을 들어버렸다. 현재의 추측은 소련과 캐나다의 북부지역은 식량생산이 늘고 미국의 대평원에서는 감소하리라는 것이다. 미국의 식량생산이 자급을 못할 정도로 줄지는 않겠지만 현재의 수확보다는 많이 줄 것이다. 그 결과 풍년에는 350~400억 달러를 벌어들였던 식량수출도 70퍼센트까지 줄어들 수 있다. 국립기상연구소의 슈나이더는 지난여름 의회에서 말했다. "토양 습도 변화로 인해 앞으로 미국은 세계 농산물시장에서 우위를 상실하게 될 것이다." 경제학자들이 8월 더위에도 한기를 느끼게 만들 만한 말이다.

많은 것을 동시에 바꿔버리는 기후변화

늘 그렇듯이 사람들은 한 조각 위안이라도 잡고 싶어한다. 컴퓨터 모델이 모든 사람에게 돌아갈 만큼 식량이 충분하다고 하면 우리는 '휴!' 하고 안도의 한숨을 쉴 것이다. 하지만 세계 농업처럼 복잡한 대상을 모델링할 때 컴퓨터 오류의 가능성은 실로 엄청나다. 1988년의 혹서와 가뭄은 대부분의 컴퓨터 프로그램을 단 몇 주 만에 거짓말쟁이로 만들었다. 프로그램은 이산화탄소가 두 배가 되면 (그런 일은 수십 년 동안은 일어나지 않겠지만) 날씨가 덥고 건조해져 미국의 옥수수와 콩 소출이 27퍼센트까지 감소할 것이라고 내다보았다. 하지만 1988년 여름 비가 오지 않았을 때 미국의 옥수수 수확은 35퍼센트 이상 감소하여, 52억 말밖에 거두지 못했다. 남극의 오존층 구멍처럼 1988년 여름의 이상기온은 컴퓨터 모델에도 나타나지 않았다.

우리는 이제 혹서가 온실효과와 별 관련이 없다 해도 일단 혹서가 밀어닥치면 어떠할지를 어느 정도 알고 있다. 1989년 초 전세계의 식량보유고는 단지 2억 5000만 톤밖에 되지 않았다. 세계인구가 54일 정도 먹을 수 있는 이 저장량은 1973년 이래 최저였다. 1989년 세계 식량소비량은 생산량보다 1억 5200만 톤이나 많았다. 적자예산으로도 사람은 한동안 살 수 있지만, 식량이 떨어지면 화폐의 경우처럼 돈을 더 조폐할 중앙은행 같은 것이 없다는 사실이 문제다. 다시 한번 가뭄이 해를 넘겨 이어진다면 '재앙'이 될 것이라고 농림부 차관은 말했다. 미국밀협회 부회장 넬슨 덴링어(Nelson Denlinger)는 "날씨가 정상 상태로 돌아간다면 괜찮을 것이다"라고 말했다.

하지만 문제는 날씨가 돌아갈 정상 상태가 없다는 사실이다. 미래의 날씨는 더 이상 과거의 날씨나 그 결과로부터 예측될 수가 없다. 국립과학아카데미의 웨고너는 1983년 출판된 보고서에서 "우리가 내릴 수 있는 가장 안전한 예측은 농부들이 기후변화에 적응하여 그 상황을 십분 이용함으로써 우리의 예측이 지나치게 비관적이었음을 증명해주리라는 것이다"라는 결론을 내렸다. 하지만 농부들은 과거에 의존한다. 과거는 그들의 기술의 원천이다. 그런데 하루아침에 그들은 이탈리아 탱크의 공격에 창을 던지며 대항하는 에티오피아인 격이 되어버렸다. 예기치 못한 일이 일어날 확률은 날씨 변화의 속도만큼이나 증대한다.

1989년 가을 미국 농부들이 그나마 옥수수 수확을 하여 곡물 엘리베이터에 실었을 때 농림부는 새로운 문제를 발견했다. 미국 옥수수의 절반을 생산하는 아이오와, 일리노이, 인디애나를 포함한

7개주의 옥수수 샘플이 토양에서 흔히 발견되는 곰팡이며 발암성독소인 아플라톡신(aflatoxin)에 오염된 것이다. 가뭄과 더위로 과열된 옥수수 알갱이에 균열이 일어나면서 곰팡이가 침입했다. 아플라톡신은 간암을 일으키는 것으로 알려진 강력한 발암성물질로 허용치는 식용 옥수수의 경우 20ppb(ppb는 parts per billion으로 10억 분의 1-옮긴이), 어린 돼지 사료의 경우 100ppb, 다 자란 소 사료의 경우도 300ppb 미만이다. 연방검사관이 추수한 옥수수를 자외선으로 조사한 결과 곰팡이 감염률은 경악할 정도였다.

《뉴욕 타임스》는 텍사스 북동부의 최대 70퍼센트의 밭이 아플라톡신 허용치를 넘어섰고, 40개 목장에서 오염된 사료를 먹은 젖소가 생산한 우유를 폐기했다고 보도했다. 어떤 경우는 오염된 옥수수를 오염되지 않은 다른 사료와 혼합하여 아플라톡신 수치를 낮추어 소먹이로 사용했다. 하지만 식약청 관계자는 여기에도 '심각한 문제'가 있다고 언급했다. 옥수수 농부들을 제외하고는 나나 다른 누구도 그런 일이 일어나리라고는 상상도 하지 못했다.

기억해야 할 것은 이전에 언급했듯이 이런 많은 변화가 동시에 일어날 수 있다는 것이다. 즉 동시에 날씨는 더 더워지고 건조해지며, 해수면은 식품가격만큼이나 빠른 속도로 상승하고 쇠파리는 만연하며, 허리케인은 더 드세질 수 있다는 것이다. 온난화된 기후의 그 어떤 것도 이미 일상적 생활의 단면이 아니다. 미국인 모두의 화제가 온통 더위가 언제 끝날 것인지였던 1988년 여름은 예년보다 다만 0.5~1도 높은 기온일 뿐이었다. 하지만 컴퓨터 모델은 머지않아 여름 기온이 예년의 '정상기온'보다 2.5~3도 높아지리라고 예고하고 있다.

그러나 과학도 아직 측정 방법을 찾아내지 못한 요소들이 있다. 이를테면 그렇게 더운 8월의 어느 오후에 자신이 인간이 아니라고 느끼는 사람은 얼마가 될지, 하루 세 번씩 샤워하느라 유실되는 노동시간은 얼마가 될지, 그리고 셔츠가 땀에 젖지 않도록 신경을 쓰느라 사람들이 웃음과 인간성을 얼마나 잃게 될지 등등이다. 이런 것은 중요한 일이며 미래에 그런 여름만 존재한다는 것은 암울한 일이다.

이제 여름은 이전과 다른 의미가 되었다. 즐거운 계절이 아니라 이를 악물고 살아남아야 하는 계절이 된 것이다. 네브래스카 오마하에서 35도 이상인 날이 현재의 13일에서 50일이 되면, 그리고 테네시 멤피스에서 24도 이하로 내려가지 않는 밤이 현재의 20일에서 90일이 되면 여름은 역시 새로운 의미가 된다. 물론 에어컨을 가동할 수 있겠지만(에어컨은 대기 중에 탄소를 배출하고 또한 프레온가스를 사용해야 한다) 아마도 그것이 새로운 자연이 초래하는 가장 큰 영향일 것이다. 여름은 아무도 외출할 수 없는 계절이 될 수도 있다. 1988년 여름을 겪은 사람들은 그런 여름에 쉽게 익숙해질 수 없음을 알았을 것이다.

그런 더위에 익숙해질 수 없던 몇몇 사람은 결국 사망했다. 공중보건 연구원들은 기온과 사망률의 상관관계를 계산했는데 날씨가 더워지면 조산율과 사산율이 모두 높아졌다. 또한 혹서에는 심장병으로 인한 사망이 늘어나고 기종(氣腫)도 악화되었다. 환경보호국은 일부지역에서 "기후변화로 인해 숲이 초원으로 변하게 되면 꽃가루 또한 증가한다"고 보고했다. 그렇게 되면 건초열과 천식이 악화된다. 기온이 16~35도인 날이 증가하면 모기도 늘어날 것이다. 환경보호국은 이러한 상황이 미국 대륙에 말라리아와 뇌염, 그리고 관절에 심한 통증을 유발하는 치명적인 뎅기열이 발생할 것이며, 적어도 약간의 황열과 리프트밸리열의 위험성이 존재하는 것을 의미한다고 예측했다.

나는 말라리아 발병은 상상이 안 되지만, 정원에서 잡초를 뽑을 때 모기떼가 괴롭히거나 밤에 녀석들이 귓가에서 윙윙거리는 것은 쉽게 떠올릴 수 있다. 모기가 자연의 힘의 일부일 때도 충분히 힘들었다. 하지만 그들의 존재 때문에 인간을 탓해야 한다면 모기는 수많은 인간의 어리석음에 대한 견딜 수 없는 상징이 될 것이다. 이전에 DDT를 뿌려가며 땅을 중독시켰던 것은 모기를 아예 없애버리기 위해서였다. 그런데 이제 우리의 부주의함 때문에 그 숫자가 오히려 늘어나고 만 것이다.

환경보호국에 의하면 미국의 많은 질병이 날씨 변화에 대한 민감성에서 발생한다고 한다. 높은 습도는 백선(白癬)이나 무좀 같은 진균성 피부병과 칸디다증 같은 이스트 감염을 발생시키고 악화시킨다. 전쟁 중에 베트남에 주둔한 병사들을 연구한 결과 외래환자 중 가장 많은 건수를 차지한 피부병의 경우 습도 증가와 직접적인 상관관계가 있었다. 환경보호국이 의회에 제출한 보고서의 이 마지막 문장에서 보다 흥미로운 것은 그 사실 자체보다 그 정보의 출처이다. 그것은 새로운 미국 날씨에 대한 정보를 찾을 수 있는 유용한 곳이 베트남이라는 것을 보여주고 있다. 이는 베트남 기후가 잘못되었다는 것이 아니다. 다양한 미국 기후나 영국의 날씨, 캐나다의 추위보다 더 낫거나 못하다는 것도 아니다.

사람들은 이 모든 기후 지역을 상황에 적응하면서 이리저리 옮겨다녔고, 실은 그것이 우리 모두의 희망사항이기도 하다. 아마도 기후변화가 여행을 하게 만드는 가장 큰 이유일 것이다. 하지만 이제는 기후가 여행을 하고 있다. UN 연구에 의하면 "핀란드의 기후는 독일 북부 기후와 비슷해지고, 캐나다의 서스캐처원 남부는 미국의 네브래스카 북부와, 레닌그라드는 우크라이나 서부와, 우랄 지역 중앙은 노르웨이 중앙과, 홋카이도는 혼슈 북부와, 아이슬란드는 스코틀랜드 북부와 기후가 비슷해진다"고 한다. 그동안 익숙해진 기후를 유지하고 싶다면 이제 옮겨가야 하는 것은 우리다. 더위보다 앞서 북쪽으로 말이다.

자외선에 의한 피해

태양 아래서 많은 시간을 보내고 싶은 유혹은 심해지는 더위로 이전보다 줄었지만 오존층의 잠식으로 더욱 줄어들 것이다. 그것이 건강에 미치는 영향은 기후변화로 인한 것보다 더 크기 때문이다. 자외선이 모두 다 위험한 것은 아니다. 320나노미터 파장 이상의 자외선 A는 비타민 D 생성에 필요한 존재다. 하지만 자외선 B 광자에 있는 에너지는 자외선 A보다 훨씬 높아 세포에 해를 끼칠 수 있다.

우리에게 익숙한 햇빛 중 성층권의 오존과 산소가 걸러내고 남은 파장은 주로 290~320나노미터이다. 현재 수준에서도 지표면에 도달하는 자외선 B는 피부를 노화시키고 피부암을 유발한다. 자외선은 거의가 세포의 표피 두세 개 층에서 흡수되기 때문에 인간의 신체크기를 가진 생물은 주로 피부나 눈처럼 외부에 노출된 기관에서 그 영향을 받을 것이다.

대부분의 자외선은 피부의 상피층에 있는 멜라닌 색소에서 흡수된다. 하지만 자외선은 멜라닌 색소의 양에 따라 하피층까지 파고들어 기저세포나 편평상피세포의 돌연변이를 일으킴으로써 피부암을 유발할 수 있다. 이것은 백인이 흑인보다 악성 흑색종에 걸릴 확률이 7~10배 높다는 것을 의미한다.

그런데 환경정책연구소의 연구결과에 따르면 이 질병은 흥미롭게도 농부들보다는 사무 근무자에게 더 흔히 발병한다고 한다. 자외선은 상반신처럼 평소 태양에 노출되지 않는 부위에 영향을 끼치는데 휴가 중의 과도한 일광욕이 발병의 원인으로 보인다. 과학자들은 현재 오존이 3퍼센트 감소했다고 관측했다. 이러한 조건에서 피부암 환자는 주로 북아메리카, 유럽, 소련, 오스트레일리아, 뉴질랜드, 일본 등지에서 20만 명 정도 더 늘어날 것이다.

자외선은 사람의 눈에 쉽게 피해를 입힌다. 에스키모는 항상 슬

릿안경을 착용해왔다(에스키모는 유리를 사용하는 대신 나무, 동물의 뼈, 가죽 등을 세로로 길게 찢어 햇빛을 차단하는 선글라스로 사용했다-옮긴이). 식물은 아주 소량을 반사하지만 눈은 자외선 B의 80~90퍼센트를 반사하기 때문이다. 그런 자외선 반사로 인해 사람의 눈은 부어오르고 닫혀버린다. (모래는 40퍼센트를 반사한다. 그러므로 아스펜의 스키장이 아니라 아루바 해변에서 휴가를 즐긴다 해도 별 차이가 나지 않는다.)

보통 설맹(雪盲, snow blindness)이라 부르는 이 증세의 과학명은 광각화증이다. 이것은 눈에 반사되는 태양광선 때문에 일어나는 염증으로 대개는 영구적 손상 없이 낫는다. 하지만 장기간 자외선에 노출되면 백내장에 걸렸다가 후에 실명할 수도 있다. 이미 미국에서 백내장은 심각한 문제가 되었지만 적어도 미국에서는 수술의를 찾을 수 있다. 오존이 3퍼센트 감소하면 1년에 40만 명의 백내장환자가 늘어난다고 환경정책연구소는 발표했다. 그중 다수가 실명할 수 있는데 많은 사람들이 야외에서 일을 하고 외과의를 구하기도 어려운 제3세계에서는 더더욱 그럴 것이다.

이 밖에도 이와 관련된 소소한 상호작용이 있다. 앞에서 이미 언급했듯이 더운 날씨는 조산율을 증가시킨다. 조숙아의 실명을 야기하는 망막 손상이 자외선과 관계가 있다고 많은 사람이 믿고 있다. 그러나 이러한 위험 때문에 가능한 햇빛을 쬐지 않도록 조심한다면 날씨 변화와 싸우는 농부들의 힘은 제한될 수밖에 없을 것이다. 현재의 예측보다 오존층 손상이 더 심해질 경우(지금까지 모든 컴퓨터 모델은 지나치게 신중한 예보를 했다) 소들은 눈의 손상을 막기 위해 황혼에나 풀을 뜯을 수 있고, 농부들은 핵발전소 근무자들처럼 소때의 자외선 노출 정도를 분 단위로 측정해야 할 것이라고 일부 분석가들은 말한다.

증가된 자외선은 식물에도 직접적 영향을 미쳐 온난화로 야기되는 문제를 악화시킨다. 자외선 수치를 높인 상황에서 200종의 식물을 검사한 결과 약 3분의 2가 어느 정도 민감한 반응을 보였다. 증가된 자외선은 잎의 크기를 제한하여 식물이 태양으로부터 합성할 수 있는 에너지의 양을 감소시켰다. 완두콩, 콩, 호박, 멜론, 양배추가 특히 심한 영향을 받았다. 세계작물 생산량 중 5위를 차지하는 콩을 연구한 결과 오존층이 심하게 잠식되면 수확이 4분의 1에서 2분의 1까지 줄어들 수 있었다.

오존 감소는 동물성 플랑크톤 같은 작은 해양동물이나 식물성 플랑크톤 같은 작은 해양식물에게 훨씬 더 큰 위협이 된다. 이들은 너무나 작기 때문에 자외선에 민감하다. 인간의 경우에는 증가된 자외선의 대부분 또는 전부를 피부가 흡수할 수 있지만, 이처럼 작은 생물들은 자외선이 생명체 중심부를 관통해버린다. 많은 플랑크톤 종이 이미 자외선 최고 허용치에 도달했다는 증거가 있다.

독일 마르부르크대학의 도나트 하버(Donat Haber) 교수는 1988년 3월 《뉴욕 타임스》 인터뷰에서 말했다. "이들은 현재 극심한 자외선 스트레스를 겪고 있다. 이들 대부분은 믿을 수 없을 만큼 민감하다. 이런 생명체 집단을 증가된 자외선에 노출시키면 몇 시간 내로 죽어버릴 것이다." 동물성 플랑크톤의 경우 죽지 않은 개체들은 자외선을 피해 수면 밑으로 가라앉을 것이며, 그로 인해 그들이 받는 태양에너지도 줄어들 것이다. 새우를 포함한 많은 동물성 플랑크톤이 자외선이 최고치에 달하는 여름에 해수면에 있지 않도록 그들의 번식기를 조정하고 있다. 오존층이 7.5퍼센트 감소하면 새우의 번식기는 반으로 감소할 것이다.

러브록 같은 일부 과학자들은 생명의 출현에 오존은 필요하지 않았다며, 일부 조류는 자외선을 듬뿍 받고도 살아남을 수 있다고 주장한다. 하지만 불행히도 다른 연구들은 과도한 자외선이 쪼일 때 살아남는 플랑크톤이 더 많지 않다고 보고했다. 이러한 모든 것이 중요한 까닭은 작은 동물성 플랑크톤이 자라서 게, 멸치 등이 되고 작은 식물성 플랑크톤은 큰 물고기(그리고 일부 고래)의 먹이가 되기 때문이다. 전세계 단백질의 약 절반이 해양생물로부터 나오고, 제3세계에서는 그 비율이 더욱 높다. 또한 식물성 플랑크톤은 광대한 양의 이산화탄소를 흡수하여 탄소 순환주기에서 중요한 역할을 한다. 따라서 세계 조류(藻類) 중 많은 양이 죽게 된다면 온실효과는 그만큼 가속화될 것이다.

대기는 모든 것을 변화시킨다

대기의 변화로 인한 갖가지 영향들은 글자 그대로 무한하다. 세상이 이런 규모로 변하면 중국의 차 가격이나 수돗물처럼 지극히 보편적인 것까지 변할 것이다. 연구원들은 오존층이 잠식될 경우 페인트는 퇴색하고, 투명유리 유약은 황색화하며, 자동차 지붕의 고분자 화합물은 훨씬 빨리 균열이 진행될 것이라고 말했다. 자외선은 PVC(염화비닐)에도 유해하기 때문에 PVC 제조에 광(光) 안정제인 산화티타늄을 더 많이 첨가해야 한다. 이로 인해 2075년까지 사이딩 건축재를 비롯한 기타 PVC 제품 제조에 47억 달러가 추가로 들어갈 것이다.

1988년 여름 혹서는 뉴욕시 지하 난방관의 누수현상을 증가시켜 아스팔트가 물렁해지면서 도로 위에 수천 개의 '작은 언덕'과 웅덩이를 만들었다. "32도 이상의 기온이 장기간 계속되면 소규모 재난 사태가 될 것이다"라고 뉴욕시 도로운영국의 루키우스 리코(Lucius Ricco)는 말했다. 혹서가 몰아쳤을 때 워싱턴의 66번 고속도로의 강철 팽창 접합부는 부글부글 끓었고, 몬태나에서는 혹서에 철로가 휘어서 열차가 탈선되는 사고로 160명이 부상을 입었다.

비단 이런 물리적인 피해만이 아니라 동시에 정치적·경제적 문제들도 무수히 발생할 것이다. 한 연구원은 일부 컴퓨터 모델이 북쪽의 고위도 지방이 겨울에 4도 이상 온난해지면 '전설적인 북서항로(북대서양에서 캐나다의 북극해 제도로 빠져 태평양으로 나오는 항로-옮긴이)가 열릴 것'이라고 예측했다고 했다. "그렇게 되면 도쿄에서 유럽으로 가는 항해 기간이 반으로 단축된다." 정치 역시 변할 수 있다. 국립기상연구소의 프랜시스 브레터톤(Francis Bretherton)은 만약 대평원이 황진으로 덮이고 사람들이 좋은 기후를 찾아 북쪽으로 이동한다면 캐나다와 소련이 세상에서 가장 강한 나라가 될 것이라고 《타임》에 말했다.

이런 예측게임은 불합리하게 상세한 것에서부터 지나치게 추측적인 것까지 한없이 이어질 수 있다. 무언가가 일어날 수 있다거나 일어날 리가 없다고 말하는 것만큼 쉬운 방법은 없다. 그러한 예측은 과거에 근거해야 하는데, 이제 참고할 만한 과거가 없는 것이다. 따라서 지금 미래를 과거에 근거하여 추측하는 것은 사람이 달에서도 지구에서와 마찬가지로 뛰어오를 수 있다고 예고하는 것과 같다. 이런 불확실성은 매우 구체적인 영향을 끼친다. 예를 들어 공학기사들이 해수면이 어디에서 상승할 것인지, 강물의 유수량이 얼마가 될지도 모른다면 그들은 공사에 어느 정도의 콘크리트를 사용해야 할지도 모르게 되는 것이다. 1985년 오스트리아에 모인 과학자 집단은 이런 결론을 내렸다.

"오늘날 대규모 관개시설, 수력발전소, 기타 물 관련 프로젝트, 가뭄과 농경지 사용, 구조 설계와 해안 공학 프로젝트, 에너지 계획에 대한 중요한 경제적·사회적 결정이 모두 수십 년 후의 기후에 대한 가정에 근거하여 내려지고 있다. 그런 결정 대부분은 과거의 기후 데이터가 아무런 수정을 가하지 않아도 미래를 알 수 있는 길잡이라고 가정하고 있다. 이것은 더 이상 믿을 만한 가정이 아니다."

국립공학아카데미 운영위원장인 제시 오수벨(Jesse Ausubel)은 말했다. "댐이나 공항을 지을 장소, 대중교통 체계, 또는 무엇이든

30~40년을 지속할 장소를 찾기가 어려워질 것이다. 과거가 더 이상 미래에 대한 길잡이가 되지 못할 때 어떻게 해야 할 것인가?"

문제는 좋은 대안이 없다는 것이다. 일반적 기후모델을 만든 사람들조차 자신들의 예측은 전지구적으로 볼 때 미숙한 것이고 국지적으로 볼 때도 극히 불확실하다고 인정하고 있다. 우리에게 남은 것은 광대한 '가능성들' 뿐이다. 오직 하나 확실한 것이 있다면 우리가 이 세상을 변화시켰고 그 결과 일부 '가능성들'은 불가피하다는 것이다.

예측할 수 없는 변화

물론 변화는 언제나 존재했고 미래는 언제나 가능성들로 가득했다. 하지만 우리는 변화를 매우 가속화시켰기 때문에 이제 그것은 양의 문제가 아니라 질적인 면에서 아주 다른 종류의 차이가 되었다. 다음 세기의 온난화에 대한 전형적 예측인 평균기온 2~6도의 상승은, 세상의 기후가 자연속도의 10~60배로 변화한다는 것과도 같다고 국립기상연구소의 슈나이더는 말했다. '10배가 아마도 가장 가능한 경우'라고 그는 최근의 인터뷰에서 말했다.

하지만 10배는 사실 거의 상상할 수 없는 가속화다. 그것은 마치 우리가 시속 100킬로미터로 고속도로를 달렸는데 갑자기 엑셀과 브레이크가 말을 안 들어 시속 1000킬로미터로 질주하게 되는 것과도 같다. 60배 가속인 시속 6000킬로미터 주행은 별 문제가 되지 않을 것이며 아주 불가능하지도 않을 것이다. 하지만 그 전에 무언가 달라질 것이다.

나는 시속 160킬로미터로 달려보았다. 그보다 더 속도를 낸 적도 있다. 아우토반에서 어떤 차들은 190킬로미터로 달리며, 재키 스튜어트(Jackie Stewart : 스코틀랜드 자동차경주 선수로 세계자동차경주 선수권대회에서 세 차례나 우승−옮긴이)는 시속 320킬로미터도 달릴 수 있다. 하지만 그 이상의 속도에서는 더 빠른 것이 아니라 다만 달라질 뿐이다. 그때는 옆으로 쌩 지나가는 것을 실제로 볼 수도 없고, 회전을 하거나 브레이크를 밟을 수도 없다. 시속 100킬로미터에서 차를 다루는 능력은 시속 1000킬로미터에서 차를 다루는 능력에 대해 아무것도 증명하지 않는다. 자동차가 시속 1000킬로미터로 달릴 수 있는 유일한 지역은 보너빌솔트플래츠(Bonneville Salt Flats : 유타주의 260평방킬로미터에 달하는 평원으로 고속자동차경주로 유명하다. 1970년 게리 가볼릭이 시속 1002킬로미터 기록을 세웠다−옮긴이)밖에 없을 것이다. 마찬가지로 더스트볼 시대에서 살아남을 수 있었던 우리의 능력, 1988년 혹서를 견디며 살아남았던 우리의 능력도 앞으로 다가올 기후에 살아남을 수 있다는 증거가 되지 못한다.

빙하가 녹는 것처럼 미래의 변화에 대한 가능한 시나리오는 우리에게 약간의 위안을 주기는 한다. 그를 통해 그런 세상에서 사는 게 어떤 건지 적어도 상상은 할 수 있기 때문이다. 우리는 어디로 이사할 것인지, 우리의 재산 가치에 어떤 변화가 올 것인지, 우리의 직업이 그때에도 존재할 것인지 생각해볼 수 있다. 하지만 그런 위안은 착각이다. "아주 간단히 말해서 기후가 더 빨리 변할수록 예기치 못한 이변이 일어날 가능성은 훨씬 더 높다"고 슈나이더는 의회에 보고했다.

점점 다른 별이 되고 있는 지구

미국이 1988년 여름 무더위에 지쳤을 때 환경보호국의 과학자들은 기후변화가 가져올 영향에 대한 종합적인 예측평가를 완성하고 있었다. 2년 전에 의회가 연구를 요청한 이후 환경보호국은 부지런히 움직이며 네 개 지역을 세세히 연구하고 이 주제에 관한 기존 자료를 거의 다 수합했다. 보고서의 저자들은 결론을 주저하진 않았지만 몇 가지 단서를 삽입했다.

"다음 세기에 일어날 급속한 온난화에 대해 우리는 아무런 경험이 없다. 우리는 북아메리카 전역에서 일어날 일을 실험실에서 시뮬레이션할 수가 없었다."

그리고 불길한 예감을 주는 다음과 같은 말도 추가했다.

"연구 결과는 본질적으로 우리의 상상력의 제한을 받고 있다. 1988년의 가뭄처럼 극단적인 사건이 일어나기 전까지 우리는 사회와 환경과 기후 사이에 존재하는 밀접한 연관성을 인식하지 못했다. 예를 들면 이 보고서에서 우리는 강물의 수위 저하로 인한 거룻배 수송의 감소, 건조 기후로 인한 산불의 증가나 초원에서 사라지는 웅덩이가 오리에 미치는 영향 등은 분석도 예측도 하지 않았다."

여기서는 마지막에 언급한 작은 문제인 '오리(가창오리, 비오리, 청둥오리 등의 철새들)에 대한 영향'을 살펴보자. 이 문제가 새로운 인위적 자연이 주는 많은 교훈을 압축해 보여주기 때문이다. 주지하다시피 인간이 초래한 변화는 이미 많은 생물의 종에 피해를 입혔다. 이것은 우리가 최초의 댐을 건설하고 최초의 밭을 갈아엎었을 때부터 사실이었다. 그리고 변화가 가속화되면서 피해 역시 커졌다.

1988년 봄 대륙을 가로지르는 철새이동경로에는 단지 2900만 마리의 새만이 날아갔다. 33년 전 임수산청이 처음 통계를 내기 시작한 이래 최고기록이었던 4500만 마리에 비해 그만큼 감소한 것이다. 최근 몇 년간 적어도 일부 오리(그리고 곰, 엘크 사슴, 독수리)를 수용하기 위하여 자연을 구하려는 대노력이 있었다. 하지만 1988년 여름 북쪽으로 날아가던 오리들은 물을 구할 수가 없었다. 노스다코타주 일부지역은 90퍼센트나 건조했다.

《스포츠 일러스트레이티드 Sports Illustrated》의 페니 워드 모저(Penny Ward Mosser)는 캐나다 초원의 항공조사 결과 330개의 웅덩이 가운데 물이 고여 있는 곳은 단 일곱 개뿐이었다고 보도했다. 웅덩이는 자연의 느린 속도가 만들어낸 것이다. 1만 년 전 빙하가 후퇴하면서 초원 곳곳에 패인 웅덩이를 만들었다. 그 가운데 다수의 웅덩이가 지난 수백 년간 인류의 물 사용으로 바닥을 드러냈다. 그리고 지난여름 가뭄으로 나머지 웅덩이들도 거의 다 말라버렸다.

"제일 먼저 도착한 강한 오리들은 급속히 줄어드는 물속에 자리잡고 짝짓기를 하여 새끼를 키우려 했다. 그동안 주변에는 포식자들이 모여들어 여름 내내 이어질 잔치를 고대하고 있었다"고 모저는 보도했다.

일부 오리들은 웅덩이를 한번 보고는 아예 짝짓기를 포기했다. 그들은 여름 내내 별 소득도 없이 커다란 호수를 미끄러지며 다녔다. 다른 오리들은 더 북쪽으로 날아가 마침내 알맞은 거주지에 도착했지만 그때는 이미 몸의 단백질이 너무나 결핍되어 알을 낳을 수가 없었다. 한편 보금자리를 틀 웅덩이를 발견하고 그때까지 근처의 포식자에게 잡아먹히지 않은 오리들은 보툴리누스 독소에 중독되고 말았다. 따스하고 얕은 물에서 이것은 곧 전염병이 되었다.

또 다른 많은 오리들이 죽었는데, 그것은 농림부가 가뭄에 지친 농부들을 돕기 위해 그동안 정부가 농부들에게 보상금을 지불해왔던 20만 평방킬로미터의 자연보호구역을 해제했을 때였다. 포효하며 달리는 트랙터는 오리와 오리둥지 및 건초를 갈아엎어버렸다. 강과 호수의 수온이 높아지고, 얕아지는 물에 농약이 농축되면서 수백만 마리의 물고기가 죽었다. 모저는 어린 시절을 보낸 일리노이주 북부의 농장에서 이렇게 썼다.

"올 여름엔 냇물에서 큰 청왜가리를 볼 수가 없다. 냇물이랄 만한 것조차 별로 없다. 사향쥐들이 물밑에 뚫어놓은 통로굴은 드러난 강둑에 노출되어 있다. ……길을 따라 난 배수로를 내려다보면 얕은 진흙탕에서 송사리가 꿈틀거리며 더 깊은 물을 찾는 것이 보인다. 그러다 송사리는 방향을 되돌려 자신들이 나온 진흙을 떠밀어본다. 이것이 더 깊은 물인 것이다."

이것은 다만 한 나라의 비극이 아니다. 또 어느 한 해의 이야기만도 아니다. 전세계 곳곳의 은신처에 살고 있는 동식물이 조만간 그 은신처나 보호지가 참을 수 없는 덫으로 느껴질지도 모른다. 날씨의 온난화에 따라 숲이 죽어버리면 수많은 동물들도 그와 함께 죽는다. 환경보호국 보고서가 지적하듯이 무화과나무가 없으면 장수말벌은 살아갈 수가 없다. 그 반대의 경우도 마찬가지다. 산호초를 형성하고 있는 수백만 마리의 작은 동물들이 온난화된 해수로 인해 그들의 주식인 갈조류의 멸종에 따라 이미 죽어가고 있는 것이다.

하지만 나무들이 어찌해서 이동을 할 수 있다 해도(만약 생태계가 파국을 면한다면) 야생동물은 여전히 곤란을 겪게 될 것이다. 동물들은 자신이 은신처에 있다는 것을 모르고, 사람들만큼 적응을 잘 하지도 못한다. 기온이 올라감에 따라 엘크 사슴은 옐로스톤 국립공원을 떠나 북쪽으로 갈 것이다. 이곳을 보금자리삼아 살던 들소, 회색곰, 그리고 수십 종의 다른 동식물도 이동할 것이다. 공원 경계선을 넘는 순간 들소는 그런 이동에 대비해 경계선에 포진하고 있을 사냥꾼의 쉬운 표적이 된다. 사냥법이 바뀐다 해도 동물들에게는 여전히 위험요소가 많다.

북쪽으로 가는 길에는 차도와 울타리, 자동차들이 있고, 땅은 작은 덩어리로 나뉘어져 있다. 몬태나는 그리 혼잡한 곳이 아니지만 옐로스톤 호수 북쪽으로 320킬로미터 정도에 있는(그것은 기온상 2도에 해당) 그레이트폴스는 들소떼가 살만한 곳이 아니다. 보츠와나의 칼라하리 사막에 가뭄이 들었을 때 25만 마리의 야생동물이 물을 찾아 북쪽으로 가다가, 소를 보호하기 위해 둘러친 160킬로미터의 울타리에서 수도 없이 죽었다. 우리는 자연을 마치 작은 상자처럼 둘러싸고 가두었다.

그래서 세계야생기금의 로버트 피터스(Robert L. Peters)는 다음과 같이 말했다. "변화하는 기후로 인해 서늘하고 안전한 곳으로 도피하려는 수천 종의 동물들은 농장 울타리와 밭과 4차선 고속도로, 택지개발단지 및 기타 인위적인 장벽에 가로막힐 것이다. 이것이 자연세계에 미치는 영향은 마지막 빙하기의 그것을 방불할 것이라 믿을 만한 근거가 있다."

나는 자주 메리 오스틴의 사막에 있던 새들을 생각한다. 또는 지난여름 혹서로 '죽음에 이르도록 익어버린' 모저의 일리노이 농장 근처의 보라큰털발제비 새끼를 생각한다. 이것은 실제 사건이기도 하고 비유법이기도 하다. 혹서는 새알을 익혀버릴 것이고, 허리케인과 상승하는 해수면과 글자 그대로 눈을 멀게 하는 태양은 우리에게서 안전감을 앗아가버릴 것이다. 안전할 근거가 없기 때문에 안전하다고 느낄 이유도 전혀 없을 것이다. 이전의 지구는 다른 별이었다. 우리 집에서 가장 가까운 도시인 글렌스폴스의 공항 기온이 38도에 이른 적이 없다는 사실은 앞으로도 절대 그리 되지 않으리라는 장담의 근거로 정당했다. 그런데 지난여름 그 기온이

38도가 되었다. 이제 기온이 43도가 되지 않으리라고 말할 만한 정당한 근거가 없다. 우리는 다른 세상에 살고 있다. 당연히 삶도 다르게 느껴진다.

2. 도전적 반사작용

온난화를 막는 뾰족한 방법은 없다

지난여름 나는 주정부 생물학자와 함께 애디론댁 호수 북쪽으로 노를 저어 독수리 둥지를 보러 갔다. 30년 전 이곳 지역사회는 각다귀를 억제하기 위해 냇물에 커다란 DDT 덩어리를 풀었다. 그러나 각다귀는 살아남았고(그날도 그들은 우리가 휴대한 곤충퇴치 스프레이를 조롱이라도 하듯 오전 내내 우리 주변에서 놀았다), 그 대신 독수리가 피해를 입었다. 화학약품으로 인해 독수리알의 껍질이 얇아져 어미 독수리가 알을 품자 껍질이 부서졌던 것이다.

 그러다가 마침내 작년에 세 쌍의 독수리가 애디론댁으로 돌아와 둥지를 틀었다. 물속의 DDT 농도가 독수리를 수용할 만큼 충분히 낮아졌기 때문이다. 우리는 카누에 앉아 커다란 독수리가 우리 머리 위를 선회하는 것을 지켜보았다. 그는 바로 1달러짜리 지폐에 그려진 그 대머리독수리였는데 눈동자는 번뜩이며 조용한 분노를 보였고 머리에는 깃털이 곤두서 있었다. 그의 짝이 둥지에 있었는데 우리가 너무 가까이 접근하자, 그는 급강하하여 우리 근처까지 다가왔고 우리는 물러서야 했다. 그는 한두 번의 날갯짓을 하고는 날아올라 둥지로 돌아갔다. 둥지 위에서 그는 폭이 2미터나 되는 날개를 쭉 펴더니 잠시 멈추었다가 천천히 내려갔다.

이런 위대한 광경을 볼 수 있었던 것은 모두 카슨 덕분이었다. 카슨이 DDT의 위험성에 대한 글을 쓰지 않았다면 많은 것이 너무나 늦어버렸을 것이다. 카슨은 DDT의 문제를 지적했고 그 해결책을 제시했다. 그리고 세상은 방향을 바꾸었다.

이 책 역시 그런 결말을 맞아야만 한다. 이 글을 쓰는 동안 온실효과는 중요한 정치적 쟁점으로 부상하고 있었다. 부시 대통령은 이 주제에 대해 1989년 가을 전지구적인 과학 워크숍을 기획했다. 프레온가스 산출을 단계적으로 줄여가는 협약을 모델로 해서 기후변화에 대한 협약을 체결할 국제회의에 대한 이야기도 많이 오갔다. 이 모두가 장래성 있고 합리적인 것으로 보인다. 해결책은 분명 있어야만 한다. 우리는 지역 국회의원들에게 편지를 써서 그에 관한 법을 제정하고 실행하도록 해야 한다. 먼저 그렇게 한 다음에야 우리는 각자의 인생을 살 수 있다. 우리는 온실효과를 해결하기 위한 바람직하고 실용적인 대응책, 계획, 일련의 조치 등을 생각해내야 한다. 그것이 바로 지금 우리가 보여야 할 대응 자세다.

하지만 이 경우에 그런 접근법이 그리 쉬울 수만은 없는 경제적 · 인구통계학적 이유, 화학적 · 물리학적 이유가 있다. 그러한 까닭에 '해결책'이 어렵고 사실상 거의 불가능해 보이기도 한다.

예를 들면 1988년 의회 공청회에서 과학자들이 지구의 온도가 상승하고 있다는 설명을 끝냈을 때 상원의원들은 곧바로 원자력 발전에 대해 외치기 시작했다. 그것이 그들의 첫번째 반응이었다. 켄터키 상원의원 웬델 포드(Wendell Ford)는 과학자들에게 이렇게 말했다. "여기 계신 분들 중 반은 몇 년 전에 플루토늄을 반대했다고 나는 장담합니다. ……그런데 지금은 180도 달라지셨겠지요." 알래스카 상원의원 프랭크 머코우스키(Frank Murkowski)는 질문했다. "우리가 해결책으로 원자력발전을 좀더 적극적으로 고려해야 한다는 것이 실로 현실입니까? 대중은 에어컨을 끄고 평소 즐기던 모든 것을 그만두라는 전기 절감을 요구하지 않고 있습니다." 이것은 현실적인 사람의 목소리다. 알래스카 출신의 상원의원도 에어컨 없는 삶은 상상할 수 없다. 그러므로 우리는 한시바삐 해결책을 찾아야 한다.

하지만 원자력이 과연 해결책인가? 그것의 안전성이나 핵폐기물을 처리하는 문제는 여기서 접어두자(우리가 그런 문제를 기꺼이 접어둔다는 것조차 중독의 깊이를 나타내는 것이다). 핵에너지는 현재와 가까운 장래에 발전수단으로는 유용하지만 자동차 동력공급원으로는 쓸모가 없다. 발전으로 야기되는 30퍼센트의 이산화탄소 문제를 해결하기 위해(그리고 이산화탄소는 전체 온실가스 문제의 단 50퍼센트만을 차지함을 기억하라) 우리는 더 많은 수의 원자력발전소를 건설해야 한다. 적어도 몇십 년은 걸릴 일이다. 또한 가능한 발전원인 핵융합이 실용화되려면 한 화학자의 표현을 빌려 '20년 아니면 영원히' 기다려야만 한다. 해결책을 20년, 30년, 또는 40년 미루는 것은 다시 30, 40 또는 60ppm의 이산화탄소 증가를 의미한다.

그렇다면 효율성을 높이는 것은 어떠한가? 에너지 절감은 어떤가? 보수주의자들이 즉시 더 많은 원자로 건설을 생각할 때 자유주의자들은 에너지 절감으로 대응한다. 의회는 현재 자동차와 경화물차의 연비를 높이는 등의 많은 조치를 포함한 법안, 즉 '지구온난화 방지' 법안을 고려하고 있다.

에너지 위기를 겪은 지 15년이 지난 현재에도 분명히 에너지는 낭비되고 있다. 한 작은 예로 산업에서 소비되는 대부분의 전력은 모터를 가동시키는 데 쓰인다. 기업은 확장을 예견하고 필요보다 큰 모터를 구입한다. 하지만 대형 모터가 최적속도 이하로 가동될 때는 효율성이 떨어진다. 미국 산업계의 모든 모터가 현재 사용 가능한 속도조절 기술을 장착한다면 미국의 전체 전력소비는 7퍼센트 절감될 것이라고 《세계자원연감 *World Resources*》 최신판은 밝히고 있다. 또한 전형적인 미국의 온수기가 연 4500~6000킬로와트를 사용하는 데 반해 첨단기술 모델은 단지 800~1200킬로와트만을 사용한다고 천연자원보호위원회는 주장한다.

우리는 이런 낭비를 중단해야만 한다. 이는 빠를수록 더 좋다. 하지만 그런 조치가 문제를 해결할까? 잠시 세계자원연구소의 어빙 민처(Irving Mintzer)가 제공한 몇 개의 숫자를 검토해보자. 좀 극단적인 면은 있지만 그 숫자들은 우리가 처한 문제들을 잘 묘사해준다. 민처가 요약한 '기본적인 경우'의 시나리오는 "기술적 변화, 경제적 성장, 지구 에너지 체계의 변화에 대한 가설에 인습적 지혜를 반영하였다." 이 시나리오에 의하면 각국은 이산화탄소 배출 규제 정책, 에너지 효율성 증가 및 태양열 에너지 개발을 위하여 최소한의 지원밖에 하지 않는다. 그 결과 2000년에는 지구의 기온이 0.9~2.6도, 그리고 2030년에는 1.6~4.7도 상승할 것이다. 민처는 "이것은 절대 최악의 가능성이 아니다"라고 말한다. 석탄과 화석연료 사용이 늘어나고 열대우림의 손실이 증가한다면 지구는 2030년까지 2.3~6.9도의 기온이 상승할 것이다. 그 숫자가 가져올 영향과 결과는 실로 엄청난 것이다(이 시나리오에서 지구의 온도는 2075년에 거의 16도나 상승하게 된다. 그것은 더욱 더 상상할 수 없는 일이다).

그래도 민처의 '저속 기온 상승 시나리오'에서는 희망을 읽을 수 있다. 온실가스 배출을 감소시키려는 전지구적인 강한 노력 덕분에 "대기 구성은 종국에는 안정된다." 석탄, 가스, 석유 가격은 치솟고 선진국의 1인당 에너지 사용은 줄었으며, 정부는 태양에너지개발에 대한 지원을 극적으로 늘렸다. 열대지역 국가들은 열대우림 벌채를 중단하고 '대대적인' 조림(造林) 운동을 시작했다. 이러한 영웅적인 노력들이 1980년에 시작되었다면 2075년의 기온 상승은 다만 1.4~4.1도에 그쳤을 것이다. 그렇다 해도 '인류 역사상 그 어느 때보다 큰 온난화' 인 것은 마찬가지다. 다시 말해 모든 나라에서 모든 자유주의자들과 보수주의자들이 10년 전에 합심을 하여 생각할 수 있는 한 가장 극적인 일을 했다 하더라도 끔찍한 변화를 방지하기에는 이미 역부족이었다는 것이다.

이유는 무엇인가? 이 문제는 왜 DDT처럼 풀 수가 없는가? 그것은 무엇보다도 이 문제가 양적으로나 질적으로 DDT의 경우와는 다른 문제라는 데 있다. 이산화탄소와 기타 온실가스는 지구의 모든 곳에서 배출된다. 따라서 모든 곳에서 배출을 막아야만 이 문제가 해결된다. 몇몇 대체방안을 통한 신속한 해결은 어려운 것이다. 의회의 많은 의원들은 이산화질소 같은 오염물을 덜 배출하는 메탄올을 연료로 한 자동차 개발을 지지한다. 하지만 메탄올의 원료는 석탄이다. 그 생산 과정에서 이산화탄소는 또 한번 극적으로 증가를 하는 것이다.

인류가 만든 산업체계의 규모와 복잡성이 가장 분명하고 직접적인 변화조차도 물리적으로 어렵게 만들고 있다. 예를 들면 이산화탄소 위기에 대해 사람들이 가장 많이 제안하는 것은 나무를 많이 심으라는 것이다. 물론 그래야 한다. 하지만 한 연구결과가 보여주듯이 지난 50년간 화석연료 연소로 전세계에 배출된 이산화탄소를 흡수할 만큼 플라타너스를 심으려면 유럽대륙 크기의 땅이 있어야 한다.

하지만 농경지, 사막, 빙하로 덮이지 않고 존재하는 그만한 크기의 땅은 없다. 또한 환경보호국 연구원들에 의하면 나무에 줄 비료로 사용할 인산, 질소, 칼륨이 충분하지 않을 수도 있다. 게다가 산성비가 기존의 나무들조차 죽이고 있으며, 이미 배출된 이산화탄소 때문에 차후 몇십 년간 일어날 기온 상승이 숲을 대거 고사시킬 수도 있다. 그리고 미개간지에 엄청난 숫자의 나무를 심는다면 지구의 광반사율을 변화시킬 수 있다. 이것은 논란의 여지가 많기는 하지만, 일부 과학자들에 의하면 초원보다는 암녹색 나뭇잎이 태양광선을 덜 반사한다고 한다(심지어 한 연구결과는 대대적인 식목이 지구의 반사율을 20퍼센트 감소시켜 7년간의 이산화탄소 배출에 맞먹을 만큼 지구 기온을 상승시킬 수 있다고 주장한다).

또 다른 흔한 제안은 현재 연소시키는 석탄과 석유를 천연가스로 대체하는 것이다. 그렇게 하면 이산화탄소 배출이 반으로 줄기 때문이다. 하지만 천연가스의 주성분인 메탄은 연소하기 전에 대기 중으로 새어나가서 태양열을 이산화탄소의 20배나 잡아가둔다. 그리고 천연가스는 저장고, 수송관, 가스기기에서 새어나간다. 미네소타대학의 분석가 딘 에이브러햄슨(Dean Abrahamson)은 데이터 분석결과 미국 천연가스의 2~3퍼센트가 연소하기 전에 새어나간다고 했다. 결과적으로 천연가스로의 전환은 온실효과에 아무런 효과가 없다. 심지어 더 악화시킬 수도 있다.

산업구조는 거대할 뿐만 아니라 성장 추세 역시 놀랍도록 강하다. 가장 단순한 예로 인구는 증가율이 다소 감소하고 있지만 계속해서 조금씩 증가한다. 일부 개발도상국은 인구의 37퍼센트가 15세 미만이다. 아프리카에서 그 숫자는 47퍼센트다. 인구통계학자들의 계산에 의하면 다음 세기 중반에는 세계인구가 증가를 멈출 것이라 한다. 그것은 좋은 소식 같지만 그런 일이 일어나기 전에, 이미 부양에 부담을 주는 인구가 두 배 혹은 세 배가 될 수도 있다. 인구가 안정되지 않고는 벌목을 규제하고 화석연료를 절감하는 등의 즉각적이고 분명한 목표조차도 부자연스러워 보인다. 에너지 효율을 두 배로 한다 해도 에너지 사용자 또한 두 배가 된다면, 그런 계산은 하기가 싫어진다.

지난 세기 동안 인간의 삶은 석유를 태우는 기계가 되었다. 과도한 양의 이산화탄소를 발생시키는 시스템은 적어도 서구에서는 거대하며 성장세일 뿐만 아니라 심리적으로도 모든 것을 포괄하고 있다. 자동차와 발전소 등이 마치 우리의 삶과 분리된 존재인 것처럼 말하는 것은 사리에 맞지 않다. 그것들은 이미 우리의 삶이다. 이런 중독증이 아직은 초기단계였던 제2차 세계대전 전에 오웰은 이렇게 말했다. "석탄 광부는 더럽지 않은 모든 것을 그 어깨에 떠받치고 있는 일종의 때묻은 여인상 모양의 기둥이다. ……서구세계의 물질 대사에서 석탄 광부는 밭을 가는 농부 다음으로 중요한 사람이다." 이제 농업조차 화석연료에 전적으로 의존하고 있기 때문에 그 중요성의 순서는 역전되었다.

이러한 시대적 흐름에 직면하여 전통적으로 제기되었던 해결책은 미국 인디언들이 출전할 때 몸에 칠했던 마법의 그림물감 같은 것이다. 주술사들은 그 물감이 총알도 피해가게 만드는 것이란 확신을 주었다. 이러한 것은 최악의 경우에도 사람들에게 그릇된 안

도감을 준다.

예를 들어 '자유 시장'이 어떤 필요한 목적을 달성하리란 통념을 살펴보자. 현재 유가는 낮고 한동안은 그 상태에 머물 것으로 보인다. 유가가 1배럴당 25달러 이하에 머물 경우 새로운 에너지원을 개발하려는 동기는 사라진다고 경제학자들은 말한다. 에너지 위기가 지속되는 동안 가장 부담이 없고(그러므로 가장 값싼) 비능률적인 것들이 시스템에서 제거되었다. 정부는 이미 석유사용을 줄이려는 "영웅적 노력을 했다"고 국립과학아카데미 보고서는 밝혔다. 우리가 당면한 기묘한 문제는 자원이 풍부한데도 확실한 경제적 이유도 없이 그 자원을 사용하지 않아야 한다는 것이다.

하지만 분명한 대책인 국제적 차원의 협조 역시 그에 못지않게 어렵다. 어떤 프로그램이든 성공하기 위해서는 개인 및 국가적 차원만이 아니라 국제 공동체 차원에서도 행동이 있어야 한다. 월드워치연구소는 다음과 같이 경고했다. "모두가 함께 행동하지 않는다면 개별행동은 의미가 없다."

한 가지 문제는 일부 국가가 자국을 기후변화에서 잠재적 '승리자'로 여길 수 있다는 것이다. 예를 들면 러시아인들은 작물의 성장계절이 길어져 수확이 늘어나면 지구온난화의 위험을 감수할 만하다고 생각할 수 있다. 그리고 러시아, 중국, 미국은 세계석탄 보유고의 90퍼센트를 가지고 있기 때문에 이들도 단체 행동에서 빠져나갈 수 있다.

그 밖의 균열(예를 들면 부국과 빈국의 격차) 가능성도 많다.

모든 나라는 보호해야 할 나름대로의 권익이 있다. 예를 들면 미국으로 인한 산성비의 피해자라고 늘 불평을 해대던 캐나다인들이 브리티시컬럼비아의 처녀림을 브라질인들의 반쯤 되는 속도로 벌목해내는 가해자 입장이 되었다. 수십 년 후의 문제에 대해 지금 결정을 내려야만 한다는 사실은 환경, 보건, 천연자원부의 차관 리처드 베네딕(Richard Benedick)의 말에 의하면 "어떤 방식으로든 정치지도자들과 정부 예산 담당자들이 새로운 사고방식에 익숙해져야만 한다는 것"을 의미한다. 여기서 논한 모든 돈키호테식 개념 중에서 이것만큼 비현실적인 것도 없을 것이다.

지금 당장 행동해야만 하는 우리

그렇다고 우리가 행동을 하지 않아야 한다는 것은 아니다. 우리는 행동해야만 한다. 그것도 모든 가능한 방식을 다 동원하여 지금 즉시 해야 한다. 우리는 나무를 보존하고 심고 대체해야 하며, 아마도 안전에 관한 약간의 기우마저 억누르고 핵발전소를 지어야 할 것이다. 우리는 한 시대의 끝에 서 있다. 우리에게 안락을 준 동시에 지금 이 순간의 곤란도 안겨준 지난 100년간의 석유, 가스, 석탄의 잔치가 이제 끝나야 한다.

우즈홀 해양연구소의 해양생물학자 우드웰은 세계의 삼림을 대상으로 숲이 얼마나 빨리 죽어가고 있는지 연구한 결과 지구의 기온이 몇 도 상승하는 것은 피할 수 없었다고 말했다. 이산화탄소 및 기타 온실가스를 대량 감축할 수 없다면 대기는 절대 안정상태에 도달할 수 없다. 결국 "자연생태계가 지속되도록 우리가 취할 수 있는 행동도 없는 것"이다. 작물의 성장기가 연장되므로 기온이 0.5~1도 올라가도 좋다는 입장인 나라들도 한없이 계속되는 혹서를 견딜 수는 없다. "우리가 화석연료시대의 끝에 도달했음은 의심의 여지가 없다"고 우드웰은 말했다. 지금 우리가 아무것도 하지 않는 것, 즉 석유와 석탄 사용을 계속 증가하는 것은 선택이 아니다. 그것은 곧바로 지옥행은 아니라 해도 그와 유사한 뜨거운 곳에 우리를 도달하게 할 것이다.

그런 운명을 피하기에는 너무나 늦어버렸을 확률도 조금은 있다. 상황이 빠르게 변해 과학자들이 오존층 감소를 과소평가하듯이 지구온난화를 과소평가하는 사이에 갑자기 온실빙하시대나 1988년 같은 여름이 6년 정도 계속된다면 문명은 파괴될 것이다. 미래학자 레스터 브라운은 환경파괴가 식품가격 상승으로 이어지고, 그것이 또 정치적 불안으로 이어지는 '도미노 효과'를 언급했다. 그런 상황은 순식간에 광신주의와 이성을 잃은 종교의 완벽한 온상이 될 것이다.

언젠가 뉴욕의 5번가를 걸을 때 기후변화가 다가오는 '환희로운 세상'을 의미한다는 팸플릿을 주는 사람이 있었다. 또 어떤 사람은 카발라(Kabbalah: 히브리 문명에서 구두적으로 전해 내려오는 신비주의-옮긴이)의 신비 속에서 온실효과를 이해할 수 있다고 약속하는 팸플릿을 주기도 했다. 자연은 언제나 이런 종말론에 대해 강력한 예방주사 역할을 해왔다. "물리적 세상에 드러난 영원한 신의 손길을 통해 신을 알게 되면, 인간의 정신은 온전하고 맑아진다. 그리하여 인간적 믿음이나 폐쇄된 인위적 생활이 가져오기 쉬운 이상행동과 설익은 진리로부터 자신을 지킬 수 있다"고 버로스는 말했다. "온 동네를 자주 사로잡았던 '세상의 종말론'에 사람들이 전전긍긍하는 것을 생각해보라. 영원한 시간이 걸려 만들어진 세상이 하루아침에, 시계가 땡 치는 순간에 끝날 수 있다는 듯이 말이다." 지구가 영원의 모델이 아니라 갑작스럽고 예기치 못한 파괴적인 변화의 모델이 되자 기묘한 경전이나 죽은 사람과의 대화, 또는 소련의 음모론 등에서 해답을 찾는 사람이 분명 늘어나고 있다. 이런 대혼란이 2000년과 우연히 맞아떨어지자 온갖 예언자들이 기하학적 증가추세를 보이고 있다.

보스턴 거리에서 사람들이 빵 한 덩어리를 두고 서로 총을 쏘아대는 세상을 상상하는 것은 전혀 불가능한 일이 아니다. 공상과학소설 작가, 생존주의자, 금 투기꾼들은 늘 그런 상상을 할 수 있다. 때로는 나 자신도 1년치 식량을 저장할 수 있는 곳이 어디일 것이라거나 나도 총을 사야 하지 않을까 하는 생각을 한다. 하지만 세상이 지금처럼 빠르게 파괴된다면 아마도 우리가 할 수 있는 일은 별로 없을 것이다.

그럼에도 우리에게는 무언가를 할 시간과 마음이 남아 있을 것이다. 문제는 무엇을 할 것인가이다. 그에 대한 답 중 몇 가지는 분명하다. 예를 들면 오존층 파괴는 파괴 원인인 화학물질의 생성을 중단하면 된다. 프레온가스와 할론가스는 산업기반의 근간이 아니다. 레이건 행정부의 환경보호국은 이들의 완전금지를 요구했고 유럽국가도 20세기 말에는 사용을 중단하겠다고 서약했다. 물론 이런 조치들이 문제를 하루아침에 없애지는 않겠지만(우리가 이미 배출한 화학물질은 100년 이상 대기 중에 머물 것이다) 종국에는 해결이 될 것이다. 그리고 물론 국제적 협약이 복잡하긴 하겠지만 그런 조치들은 비교적 쉬운 것이므로 분명 실행될 것이다. 차세대 냉장고 가격은 지금보다 100달러 정도 높을 것이다. 하려고만 들면 그 정도는 큰 문제가 아니다. 산성비도 마찬가지다. 굴뚝에 정화장치를 다는 것이다. 물론 돈이 들어간다. 그렇지만 돈이 들지 않는 것이 어디 있는가? 그것은 본질적으로 DDT 규제나 콜레스테롤 수치를 낮추기 위해 계란을 덜 먹는 것과 같다.

하지만 오존층 파괴보다 더 심각한 온난화 문제는 그런 해결책만으로 되지 않는다. 프레온가스를 중단하는 것과 같은 방식으로 가솔린 사용을 중단할 수는 없다. DDT 살포를 포기한 것처럼 기름보일러 난방이나 가스레인지를 사용한 요리를 쉽게 포기할 수는 없다. 1989년 봄 환경보호국은 온실효과에 대처하기 위해 일련의 '대담한 조치'를 제안했다. 그것은 자동차 연비를 최대한 높이고 가정의 에너지 사용을 대폭 줄이며, 화석연료에 세금을 부과하는 것이었다. 하지만 그런 조치는 온실가스의 축적을 지연시킬 뿐 중단시키지는 못한다고 환경보호국은 언급했다.

민처의 통계수치가 지적하듯이 적극적인 조치를 취하면 그래도 끔찍한 수준에서 상황을 '안정화' 시킬 수는 있다. 하지만 해결할 수는 없다. 즉 기온 상승이 8도나 16도가 아니라 1.5~2도로 유지되는 것뿐이다. 이런 계산을 한 사람이 민처만은 아니다. 사실 다른 사람들의 예측은 더욱 비관적이다.

예를 들면 이에 관한 최초의 연구는 1983년 환경보호국의 스티븐 사이델(Stephen Seidel)과 데일 키즈(Dale Keyes)의 것으로 그들은 지구온난화가 정책 변화에 의해 오랜 시간 지연될 수는 없다고 결론지었다. 물론 전세계적으로 화석연료 비용에 300퍼센트의 세금을 부과한다면 2도의 기온 상승을 5년 정도, 즉 2040년에서 2045년까지 지연시킬 수 있다고 그들은 말했다. 2000년까지 석탄을 완전 금지한다면 2055년까지도 지연시킬 수 있다. "이런 연구 결과는 이미 온난화 경향에 상당한 가속도가 붙었음을 증명한다. 그러므로 우리는 온난화된 기후에 적응하는 우리의 능력을 개선하는 연구에 박차를 가해야 한다."

그들의 연구보고는 극히 비관적인 것으로서, 최근의 연구결과보다도 좀더 암울한 것이었다. 예를 들면 프레온가스 금지안은 온난화뿐 아니라 오존층 감소에도 큰 도움이 될 것이다. 하지만 가스 배출 규제를 소리 높여 외치는 과학자들마저 그들이 하는 일은 다만 온난화 속도를 늦추어 사람들이 적응할 시간을 버는 것이라고 말했다. "변화가 충분히 느리다면 우리는 그 문제를 연구하여 각 지역에 미치는 영향을 알아내고 그로부터 적응방법도 배울 수 있다"고 슈나이더는 말했다.

낙관적인 사람들의 희망

 그런 적응과 조절만이 우리가 토론할 수 있는 것이다. 화석연료시대가 종말에 가까웠다는 것에는 의심의 여지가 없다. 우리는 100년 동안 파티를 계속했고 이제 의사는 우리가 술을 끊어야 한다고 선언한다. 우리의 간이 더 이상 그를 견딜 수 없기 때문이다.
 그것이 그저 술 같은 문제라면 우리는 중단할 수 있다. 알코올 중독이 비록 중증이긴 하지만 세상에는 치료된 사람 또한 많다. 하지만 우리가 여기서 말하고 있는 대상은 사치품 하나가 아니라 우리의 생활양식 전체이다. 우리가 누리는 모든 안락, 특히 힘든 노동으로부터의 자유가 바로 이 화석연료라는 마약에 의존하고 있는 것이다. 석유는 지구가 인간을 지배하는 대신 인간이 마침내 지구를 지배할 수 있게 해준 주인공이다. 그래서 우리는 우리의 간을 더 이상 해치지 않으면서도 이런 기분 좋은 상태를 가능하게 해주는 대체 마약, 즉 이산화탄소를 발생시키지 않는 대체연료를 찾으려 한다. 하지만 원자력과 태양열 발전을 한다 해도 증가일로의 온난화를 막을 수는 없다. 그것이 우리가 앞에서 살펴본 수치의 의미다. 우리는 이미 지구에게 너무나 많은 피해를 입혔다. 인구도 너무 많다. 심지어 이산화탄소 생성을 중단한다 해도 메탄가스는 여전히 배출될 것이다.
 우리는 다른 방식으로 '적응'해야 한다. 문제는 어떻게 적응할 것인가이다. 우리의 생활양식과 인구를 극적으로 축소시킬 방법을 찾아내야 한다. 하지만 우리가 바라는 것은 우리 자신을 적응시키는 것이 아니라 지구를 적응시키는 것이다. 즉 자연에 대한 인간의 지배를 계속하고, 익숙한 생활양식과 미래 자손을 위한 희망을 유지할 수 있는 새로운 방식을 찾아내는 것이다. 이런 저항이 우리의 응답이다. 우리가 바라는 것은 종말론을 거부하고 용감하게 나아가 새로운 세상으로 걸어들어가는 것이다.

결국 현재의 방식이 분명 더 이상 유용하지 않지만, 그렇다고 다른 방식을 찾을 수 없다는 것은 아니다. 좀 함축적인 비유를 하자면, 남북전쟁이 끝난 후 노예제도는 더 이상 백인이 흑인에게 지배권을 행사할 수 있는 방법으로 받아들여지지 않았다. 하지만 백인들은 보편적 우정과 평등이라는 신개념을 수용하는 대신 인종차별 제도를 고안하고 짐 크로(Jim Crow) 법률을 제정하여 이전의 제도에 단지 새로운 가면을 씌워 지속시켰다. 마찬가지로 세상을 지배하던 기존 방법이 사용 불가능해진 지금, 이제 그런 지배를 더 크게 파괴적인 방식으로 계속하게 해줄 새로운 도구들이 나타나고 있음을 깨닫는 것이 진정 중요하다. 다시 말해 케이크가 목에 걸리지 않는 방법을 찾아냈더니, 얼마 후에 케이크 장식과자 때문에 질식하는 것과도 같다.

이런 새로운 도구들 중 가장 중요한 것은 유전공학 혹은 생명공학인데 이 눈부신 발전에 대해서는 나중에 좀더 자세히 살펴보겠다. 하지만 먼저 그런 새로운 도구들이 모두 이데올로기나 철학에 봉사하기 위해 배치되었음을 이해해야 한다. 이전의 도구들인 유전(油田)과 전기톱 역시 그랬다. 이 이데올로기는 인간이 피조물의 중심에 있으며, 따라서 인간이 무엇이든 원하는 것을 하는 것은 당연하다고 주장한다. 우리는 세상 깊숙이 각인되어 있는 이러한 사상에 따라 매일 행동한다. 그런 주장을 분명하게 드러내는 경우는 드물지만, 어느 날 나는 스탠포드대학의 윌리엄 백스터(William F. Baxter) 교수가 쓴 얇은 책에서 이런 주장을 명백하게 전개한 예를 보았다. 그는 카슨과 다른 환경운동가들의 질문에 답하는 글에서 이렇게 말했다.

"최근 과학자들은 식량 생산과정에서의 DDT 사용이 펭귄의 감소를 가져왔다고 말한다. 현재의 논지를 위해서 우선 그 주장이 반박할 수 없는 과학적 사실이라고 인정하자. 이 과학적 사실은 우리가 농업에서 DDT 사용을 중단해야 한다는 결론이 단지 펭귄의 피해에 대한 사실 언급으로부터 바르게 도출되는 것처럼 주장된다. 하지만 나의 범주가 적용된다면 그런 결론은 나오지 않는다."

그의 범주에 포함된 가정은 이렇다.

"모든 사람은 그의 행동이 다른 사람의 이해관계에 간섭하지 않는 한 그가 원하는 것을 자유롭게 할 수 있어야 한다. 또한 우리의 자원, 노동, 기술은 하나도 낭비되어서는 안 된다. 즉 인간의 만족을 위해 최대한 산출이 나오도록 이용되어야 하는 것이다. 그런 범주는 펭귄이 아닌 인간중심적이다. 펭귄이나 소나무나 지질학적 경이로움에 대한 피해는 전혀 관련이 없다. 내 기준에 의하면 사람들은 한 단계 더 나아가 이렇게 말해야 한다. 펭귄이 중요한 것은 사람들이 바위를 걸어다니는 펭귄을 바라보는 것을 좋아하기 때문이다. 더욱이 사람들의 건강도 펭귄의 포기보다는 DDT 사용의 중단 쪽이 더 해가 적을 것이다. ……나는 펭귄을 위한 펭귄 보존에는 관심이 없다."

물론 "한 개인이 한 단위의 중요성을 보유하고 그 밖의 어떤 것도 전혀 중요하지 않은 것처럼 행동하는 것은 부정할 여지없이 이기적"임을 그는 인정한다. 그럼에도 그는 그것이 '유일하게 조리 있는 주장'이라고 말한다. 그는 다양한 이유를 제시했는데, 예를 들면 다른 시스템들이 효과가 없는 것은 아무도 펭귄을 대변하지 않기 때문이다(펭귄은 지금 투표를 할 수도 없고 프랜차이즈의 주체도 될 수 없다. 소나무는 더더욱 그러하다). 이런 주장이 내게는 어리석게 보이지만, 펭귄이 DDT에 대해 어떤 표를 던질 것인가를 추측하는 데는 남아프리카 흑인들이 인종차별정책에 어떤 표를 던질 것인가를 추측하는 것보다 더 뛰어난 상상력을 요하지 않는다.

인간을 모든 척도의 기준으로 삼은 그의 중심논리는 절대적으로 부정할 수가 없다. "사람들이 실제로 생각하고 행동하는 방식에서 이보다 더 현실에 부합하는 입장은 없다." 이 말이 바로 문제의 핵심이다. 이것은 극단적인 관점이다. 하지만 우리들 대부분은 심오하거나 소소하거나 간에 모든 차원에서 비록 아무리 많은 환경탄원서에 서명을 했다 하더라도 본질적으로 그의 생각과 맥락을 같이한다. 우리는 펭귄을 구하기로 결정할 수도 있다. 하지만 사태가 인간이냐 펭귄이냐, 또는 인간들의 안락 20분의 1을 희생할 것이냐 아니면 펭귄을 구할 것이냐의 양자택일로 귀결된다면 남극은 텅 빈 얼음벌판으로 변하고 말 것이다.

사실 이 거대한 믿음의 구조에 생긴 몇 개의 갈라진 틈은 도덕적 양심보다는 현실적 두려움에서 생긴 것이다. 예를 들어 석유 위기가 닥치면 사람들은 갑자기 현재의 생활양식이 지속될 수 있을 것인지를 불안해한다. 이윽고 환경운동가들은 알루미늄에서 아연에 이르는 모든 자원에 대한 긴박한 예고를 시작하고, 절약하며 사는 법을 배워야 한다고 역설한다. 아주 잠시 동안 그것은 거의 인습적 지혜가 된다.

하지만 곧 그보다 훨씬 더 많은 사람들이 근육질의 산업주의와 그 밖의 기존 질서를 옹호하며 반박하고 나선다. 미래학자 줄리안 사이몬(Julian Simon)은 《근본 자원 The Ultimate Resource》에서 우리에게 중요한 무엇이 바닥나기 전에 과학자들은 새로운 방식을 창안할 것이란 예언을 하여 환경운동가들을 경악시켰다. 구리가 고갈되기 시작하면 '다른 금속으로부터' 구리를 만드는 법을 창안할 것이라고 그는 말했다. "지식과 상상력, 그리고 비즈니스 마인드를 동원하여 우리는 우리가 원하고 필요로 하는 모든 광물을, 기존 물가나 우리의 수입에 비할 때 점점 더 작은 가격비율로 구할 수 있을 것이다. 한마디로 우리의 풍요의 뿔(cornucopia : 어린 제우스에게 젖을 먹였다는 양의 뿔―옮긴이)은 바로 인간의 지성과 감성이다."

이것은 물론 과학적 주장이 아니다. 그는 금속에서 구리를 만들어내는 법을 창안하지 못했다. 비록 '장기적 경제지표'에 의존하고 있지만 이것은 종교적 주장이고 신앙의 글인 동시에 인간의 저항적 욕구를 보여주는 완벽한 예다. "우리의 발전에 있어 가속페달은 축적된 지식이고, 브레이크는 부족한 상상력이다. 아이들을 많이 기르는 것은 재앙을 피할 수 있는 방법을 발견할 수 있는 사람을 더 많이 확보하는 일이다"라고 사이먼은 쓰고 있다.

이 관점의 본질적 종교성은(이것이 인간을 숭배하므로 실은 우상숭배이긴 하지만) 《희망찬 미래 The Hopeful Future》 같은 책에서 쉽사리 발견된다. 미국 최고의 과학작가인 저자 해리 스타인(G. Harry Stine)은 현재의 성장률과 진보율을 사용하여 미래를 예측하는 것은 부조리하다고 주장했다. 인간의 진보 속도가 현재의 엄청난 속도를 초월하여 증가할 것이라고 가정한 곡선조차도 실은 너무나 완만하다는 것이다. 한없이 가파르게 증가하고 한계가 보이지 않는 3차 곡선만이 의미가 있다. "그것은 향후 50년간 지난 50년의 여덟 배에 해당하는 진보를 기대할 수 있음을 의미한다." 이것이 '환상적이고 불가능하고 믿을 수 없는 것은 사실'이라고 스타인은 말한다. "사태가 그렇게 돌아갈 리는 없을 것 같다. 하지만 과거에 그런 일이 일어났고, 모든 정황이 미래에도 계속 그럴 것임을 말해준다." 엄밀히 말해 이것은 맹목적 믿음이 아니다. 이 낙관주의자들은 자신들의 논리를 설명할 수 있기 때문이다.

하지만 그것은 믿음이긴 하다. 무언가 '환상적이고 불가능하고 믿을 수 없는 것'을 믿는 것은 이성의 행위인 만큼 희망의 행위이기도 하다. 그리고 거기에는 예를 들면 사고를 달리하는 사람들의 비관적 관점 같은 다른 종교적 함정이 따라온다. ("비관적 예측을 하는 일부 미래학자들은 인간을 혐오하는 사람들이다. 그것은 그들이 자신들 역시 혐오함을 의미한다"고 스타인은 20세기 최악의 비평 중 하나가 될 언급에서 비난했다.) 그리고 그리 머지않은 유토피아에 대한 비전이 있다. 거대한 인공위성이 지구를 돌며 "모든 사람들이 모든 일을 다 할 수 있도록 충분한 에너지를 쏘아 보내줄" 21세기에 아마도 인류의 가장 큰 문제는 지루함이 될 것이라고 스타인은 말했다.

러브록의 가이아 가설

거의 모든 사람은 직관적으로 세상의 무한한 발전을 믿고 있다. 그것은 태어나서 처음으로 소독된 고무젖꼭지를 빨 때부터 우유와 함께 흡입된 생각이다. 그리고 우리가 옳을 가능성도 높다. 우리는 새로운 도구들을 발명할 것이다. 예를 들면 내가 곧 자세히 다룰 유전공학은 깊이를 헤아릴 수 없을 만큼 강력한 기술로서, 그 중요성은 최소한 불의 발견에 견줄 만하다. 그것과 다른 새 기술들로 인간은 아슬아슬한 곡예를 계속하고 지구 위에서 살아남을 수 있을 것이다. 인류의 지배능력은 완벽하게 연장되어, 심지어 우리가 지난 세기의 진보 속에서 자신도 모르게 만들어낸 말썽꾸러기 자연까지도 우리의 지배를 피하지는 못할 것이다. 아마도 이미 너무나 늦어버려 우리가 숲이나 메탄저장층 등에 촉발하는 다양한 피드백이 인류를 말살시킬 수도 있다.

하지만 사이몬과 스타인의 저항적 낙관주의는 우리가 '거시적으로 관리' 되는 세계에서 살고 있다는 주장에서 보면 맞을 수도 있다. 그곳은 사람과 사물이 매우 크고 복잡하고 장기적인 계획에 의해 관리되는 곳이다. 그런 세상은 다가오는 온난화 세상에서도 우리의 생활양식을 지속시켜 줄 수 있다. 물론 그것은 면책의 수단일 수도 있다. 지구에 대한 인간의 야만적인 지배를 더 교묘하고 광범위한 것으로 변화시킬 수 있는 것이다.

우리는 분명 그런 미래를 창조하려고 시도할 것이다. 지구에 대한 인간의 지배를 계속 바라는 사람이 사치나 방탕을 일삼는 무리에만 국한되어 있지는 않기 때문이다(진짜 쾌락주의자는 따스한 소용돌이 물살 스파에 몸을 담그는 것 이상의 미래는 생각지 않는다). 대체로 그들은 진실하고 인간에 대해 '진보적인' 희망을 품은 사람들이다. 벅민스터 풀러(Buckminster Fuller)가 아마도 그 좋은 예일 것이다. 풀러는 시대의 우상이었고 충실한 제자들을 거느린 스승이었다. 언젠가 한번 그의 강연을 듣고 나서 나는 그 이유를 알게 되었다.

오전 10시에 시작하여 점심시간에 끝난 강연에서 그가 다룬 주제는 (순서대로) 동인도주식회사, 토마스 맬서스(Thomas Malthus)의 인구론, 왕족의 혈통, X선의 발견, 보이지 않는 현실로서의 전기, 1마일 파장의 라디오 주파수, 새로운 합금, 물고기의 지느러미, 새의 날개, 요하네스 케플러(Johannes Kepler), 순간 대 영원,

인체의 대부분을 차지하는 물, 바다를 항해하는 배에 가해지는 거대한 부담, 인간이 우주에 존재하는 이유, 특허출원 과정, 목성의 일식, DC-4 항공기, 나무가 쓰러지는 방향, 알렉산더 대제였다. 풀러 같은 사람의 사상을 요약하는 것은 어려운 일이겠지만 적어도 한 가지 분명한 것은 있다. 풀러가 믿고 있는 게 하나 있다면 그것은 인간이 아직 잠재능력을 실현하지 못했다는 것, 그리고 오직 기술의 발전만이 그 실현을 도우리라는 것이었다.

풀러는 환경의 적이 아니었다. 그가 만든 지오데식 돔(geodesic dome)은 보통 건물의 3퍼센트 무게밖에 되지 않았지만 아주 안정적이었다(풀러는 합금, 합판, 플라스틱 등의 자재로 돔을 형성하고, 그 아래에 가능한 한 큰 공간을 얻는 건축 양식인 지오데식 돔을 개발해 세계적으로 유명해졌다. 정다면체와 구, 그리고 건축 사이의 관계를 멋지게 보여준 지오데식 돔은 1967년 몬트리올 만국박람회에서 미국관으로 선보인 뒤 실내 체육관, 극장, 온실, 전시회장 등을 만드는 데 이용되고 있다-옮긴이). 우리가 그런 돔에 산다면 숲이 훨씬 더 많이 존재할 수 있을 것이다. 하지만 풀러는 가장 최초의 그리고 가장 최대의 인간 옹호론자였다. 그는 20년 전에 대중 앞에서 말했다.

"우리는 인간이 실패할 운명이라는 가정하에서 일해왔다. 하지만 인간은 분명 수소원자 같은 존재라고 나는 말하겠다. 성공하도록 설계되어있다는 말이다. 인간은 진정 멋진 디자인이다."

하지만 성공하려면 인간은 과학적으로 진보해야 한다. 1960년대에 시위하던 학생들은 정치제도를 개혁해야 한다는 잘못된 가정에서 움직였다. 실은 디자인학의 혁명만이 문제를 해결할 수 있었는데 말이다. "우리는 우리의 우주선인 지구를 기계로 대해야 하며 실제로 지구는 기계다"라고 풀러는 말했다. 그는 공학기술이 우리의 기계 효율을 4~12퍼센트 상승시킨다면 온 인류를 보살필 수 있다고 보았다. 그가 자연의 종말을 두려워하며 바라보지는 않으리라고 생각한다. 그는 한번도 인류가 익숙해진 환경에서 오랫동안 머물거나 머물러야 한다고 생각하지 않았기 때문이다.

오히려 인간은 껍질 속의 병아리와도 같다. 껍질 안에는 충분한 음식, 즉 충분한 석탄과 석유 및 산소 등이 있어 우리가 어느 지점까지 성장하도록 해준다. "하지만 기본설계상 영양분은 병아리가 자라나 자신의 두 다리로 움직일 수 있을 때쯤 바닥이 난다. 그래서 병아리는 먹이를 찾아 껍질을 쪼게 되고, 그러는 와중에 껍질을 깨고 나오는 것이다." 이 비유법은 약간 이기적이긴 하다(껍질 안에 우리 이외의 다른 생물종이 있다는 생각은 못하는 것 같다). 하지만 그 생각이 정확할 수도 있다. 인간은 충분히 온실효과에 저항하고 계속하여 앞으로 나아갈 수도 있을 것이다.

이런 관리된 세계의 개념은 최근 다수의 환경전문가들 또는 최소한 유사 환경전문가들의 지지를 받고 있다. 프레온가스가 대기권에 확산되는 것을 최초로 주목한 영국 과학자 러브록은 1970년대에 '가이아 가설(Gaia hypothesis)'을 확립했다. 이것은 행성인 지구가 단지 '생명'을 위한 '환경'에 불과한 것이 아니라 실은 살아 있는 유기체로서 스스로 지속하는 시스템이며, 자신의 생존을 보장하기 위해 그 환경을 변화시켜가는 시스템이라는 것이다. "대기와 해양, 기후, 지표면은 이 살아 있는 유기체의 행동 때문에 생명이 살아가기에 편안한 상태로 조정된다."

그동안 우리는 지구를 신이나 화학적인 기적으로 인해 생명이라는 얇은 막으로 뒤덮인 암석덩어리라고 생각해왔기 때문에 이것은 진정 놀라운 주장이다. 가이아 학파는 거대한 붉은삼나무를 상상해보라고 한다. "나무는 분명 살아 있으나 그 94퍼센트는 죽어 있다." 현재의 생명이 거대한 둥치 안의 오래된 목질소와 셀룰로오스를 둘러싸고 있다. 하지만 가이아 가설이 놀라운 것은 그보다 더 큰 이유, 즉 무언가가 지구를 지켜주며 보존하고 있는 것 같다는 점에서다.

러브록은 지구의 자율조정장치가 자동적이므로 의식적인 안내나 세균들의 회의 같은 것이 필요 없다는 것을 알리기 위해 큰 노력을 기울였다. 그는 이를 증명하기 위해 데이지월드(Daisyworld)라는 모델을 제시했다. 지구와 크기가 같은 데이지월드는 태양으로부터의 거리가 지구와 같지만 오직 데이지만이 살고 있는 행성에 대한 컴퓨터 모델이다. 이 데이지들 중 일부는 백색, 일부는 흑색, 일부는 회색이다.

지구와 마찬가지로 태양의 열기가 수십억 년간 점점 증가한 데이지월드에는 구름이 없다. 그러므로 그곳의 기온은 표면의 반사율에 따라 결정되고, 반사율은 또 흑색과 백색 데이지의 혼합 정도에 따라 결정된다. 태양이 비교적 서늘했던 초기에는 흑색 데이지가 햇빛을 더 많이 흡수하여 빨리 자랐다. 하지만 그런 좋은 조건에서 흑색 데이지가 늘어나자 기온이 상승하기 시작했다. 종국에는 기온이 하도 뜨거워져서 서늘함을 유지하는 백색 데이지의 생존 조건이 더 좋아졌고, 이제 백색 데이지의 확산이 기온을 식혀줄 것이다.

물론 이런 작용은 자동온도조절계가 장치된 용광로처럼 의식적인 안내가 필요하지 않다. 이런 과정과 아주 비슷한 일이 지구에서 작용하고 있을 수도 있다. 지구에 도달하는 태양에너지 양은 지난 30억 년간 4분의 1 이상 증가했다. 그에 따라 봄의 온기가 여름의 열기로 변하면 지붕 밑 다락에 달린 환풍기가 절로 돌아가듯이 열을 가두어두는 이산화탄소의 양 역시 그렇게 감소했다(물론 최근 몇백 년간 인간의 광적인 노력이 있기 전까지의 이야기다). 우리가 이미 보았듯이 생명들 역시 지구 대기의 거의 모든 산소를 만들어냈고, 수억 년 동안 대기 중에서 21퍼센트의 성분 수준을 유지했다. 만약 산소량이 15퍼센트에 불과했다면 불을 피울 수가 없었을 것이고, 25퍼센트 이상이라면 열대우림의 가장 습기 찬 숲마저도 '어마어마한 불꽃' 속에 타올랐을 것이다.

언뜻 보면 가이아 가설은 사태가 그리 절망적이지 않으며, 지구 위의 생명은 우리가 무엇을 하든 계속될 것임을 증명해주는 것 같다. 러브록은 실제로도 그러하며 지구는 자신에게 필요한 조정을 스스로 할 것이라고 말한다. 지구는 지금 우리가 직면한 것보다 더 심각한 문제들, 예를 들면 미행성체(微行星體)들이 지표면에 비처럼 쏟아져 '인간의 피부로 치면 60퍼센트의 화상을 입은 것' 만큼의 피해, 핵전쟁마저도 그에 비하면 아무것도 아닐 그런 피해를 적어도 10번은 겪었다. 러브록에 의하면 오존층 파괴가 거의 모든 생명을 죽이리라고 말하는 사람들은 틀렸다. "'지구의 파괴되기 쉬운 차폐막'이란 말은 거짓이다. 오존층은 오늘도 분명 존재한다. 하지만 그 존재가 생명에 필수적이라는 것은 엉뚱한 상상이다."

하지만 그가 말하는 것은 '생명'이지 '인간의 생명'이 아니란 점을 염두에 두어야 한다. 살아 있는 유기체 가이아는 꿈틀거리는 단세포동물이나 막강한 인간이나 차별 없이 똑같이 좋아한다.

"비록 가이아가 인간처럼 제멋대로인 종의 변덕에 면역성이 있기는 하지만 ……그렇다고 해서 종으로서의 인간이 그들의 집단적 어리석음의 결과에 상관없이 보호된다는 의미는 아니다. 가이아는 얼빠진 어머니도 소심한 소녀도 아니다. 가이아는 35억 살의 거친 처녀다. 한 종이 잘못되면 지체 없이 그를 제거한다. 이때 개입되는 가이아의 감정은 대륙간탄도미사일에 적재된 작은 인공두뇌의 감정 정도일 뿐이다."

우리의 행동으로 인해 세상이 부적합한 곳이 되었을 때 우리가 여전히 캐딜락을 몰 수 있도록 기온을 낮출 수 있는 방법을 가이아가 모색하지는 않을 것이다. 오히려 새로운 안정 상태가 신속하게 전개될 것이고, "그 새로운 상태는 지금 우리가 즐기고 있는 환경보다 인간들에게 덜 우호적일 것이 거의 확실하다."

그러므로 가이아 이론은 도전적인 인간중심의 자세에서 탈피하여 나머지 피조물들에 대한 강렬한 존경과 배려로 이끌어간다고 생각할 수 있다. 세상이 필요로 하는 것은 보다 적은 양의 전기톱과 소들과 자동차라고 러브록은 말한다. "건설적인 방식으로 개인적 차원의 행동을 시작하는 것은 우리 자신에게 달렸다." 러브록은 영국 콘월지방의 농장에서 생태적으로 건강한 삶을 영위하며 살고 있다. 그는 나무를 심고 울타리를 만들어 "소와 닭을 기르는 지저분하고 좁은 우리와 추한 판금으로 만든 건물, 냄새나는 기계로 구성된 현대 농업의 저급한 단일문화를" 그 울타리로 막아내고 있다.

그의 견해를 잘못 해석한 일부 사람들은 세상이 자동으로 청소되는 거대한 오븐과도 같아서 우리가 오염이나 이산화탄소 등을 별로 걱정하지 않아도 된다고 생각하기도 한다(그들은 인간이 오븐벽에 붙어 있는 타다 남은 찌꺼기일지도 모른다는 러브록의 지적을 간과하고 있다). 하지만 그보다 더 많은 사람들은 지구가 살아 있는 유기체라는 그의 생각을 좀더 글자 그대로 해석한다. 그리하여 만약 자동온도조절계가 있다면 우리가 그것을 조정해야 하며, 환경의 자연적 과정에 우리가 점점 더 깊이 개입해야 한다고 생각한다.

이러한 예로 최근의 《가이아-행성 관리의 지도 *Gaia-An Atlas of Planetary Management*》를 생각해보자. 이 책의 편집자 노먼 마이어스(Norman Myers)는 현 상태를 절대적으로 즐기고 있다. 지구에 많은 위기가 다가오는 것은 사실이지만 그것은 인류의 마지막 진화적 시험을 의미한다. 우리는 그를 이겨내고 시험에 통과해야 한다. 그리고 우린 통과할 것이다.

"우린 성장했다. 우리는 우리 지구와 그 위에 사는 대부분의 거주자들을 살리고 죽이는 힘을 획득했다. ……우리의 '인공위성적 시야'는 토양, 숲, 강, 바다, 광물질을 비롯한 지구의 모든 자원을 지도에 세세하게 표기할 수 있을 뿐만 아니라 오염, 침식, 가뭄의 진단, 반사율과 습도, 물고기떼와 이동성 동물의 움직임도 진단할 수 있음을 의미한다." 우리는 이런 데이터를 고속 컴퓨터로 처리하고 전세계에 즉시 보낼 수 있다. 그리고 그에 대한 행동도 취할 수 있다. 이제 인간이 "초기 지구 관리자로서 이 힘을 사용하고, 그것도 잘 사용해야 할" 때다. 힘이라는 개념은 적어도 마이어스에게 황홀한 것이다. "고대 그리스인들, 르네상스가 융성했던 지역주민들, 미국의 건국자들, 빅토리아시대 사람들조차도 이런 도전은 즐기지 못했다"고 그는 의기양양해 한다. "정말 살아가기에 멋진 시대 아닌가!" 저명한 의사 루이스 토마스(Lewis Thomas)는 자신의 저서 서문에서 말했다. "우리가 그 일에 성공한다면 우린 지구에 대한 일종의 집단정신이 될 수 있다."

이것은 도전이고 지배의 연속이다. 다만 생태학적 뉴에이지 사고라는 얇은 베일에 가려져 있다는 것만이 다를 뿐이다. 이런 지구 관리자들이 내놓는 대부분의 제안은 실제로 건전한 것이며 환경전문가라면 흔히 하는 제안들이다. 우리가 창조한 세상에서 그런 것들은 필요할 것이며, 어쩌면 우리가 바랄 수 있는 최상의 것들일 수도 있다. 하지만 비록 그들이 전나무와 씨앗을 사랑한다 해도 이 '지구 관리자들'은 대체로 인간을 더 존중한다. 그들은 현재의 지배 방법이 지구를 과열시킬 것을 알고 있지만 새롭고 개선된 방법도 가지고 있다. 그들의 미래의 숲에서는 영양 생식된 미송과 플라타너스가 '버섯처럼 싹이 터서' 곧은 둥치로 자라나 울창한 숲을 만들 것이다. 어부들은 조상에게 배운 기술과 지식, 직감으로 물고기떼가 많은 곳을 알아냈지만 이제는 그런 낭만적인 비효율을 '바다생물 조절 양식 산업'이 대체할 것이다. 실은 거의 모든 야생생물을 농장에 길러 '보존과 이윤창출이 동시에 이루어지도록' 할 수 있을 것이다.

그러나 아무리 광범위한 영향력이 있다 해도 대규모 관리는 매우 미숙한 방법이다. 물론 물고기떼를 위성으로 추적할 수는 있겠지만 그들은 여전히 자신만의 속도로 자라나는 야생생물이다. 우리가 이제 밟으려는 다음 단계는 좀더 결정적이다.

새로운 생명을 창조하는 유전공학

내가 생명공학, 즉 유전공학을 처음 접한 것은 매사추세츠주 케임브리지 시의회의 주간회의를 보도하던 젊은 기자시절이었다. 몇년 동안 시의원들은 당시 하버드대학과 MIT에서 진행되던 유전공학 프로젝트를 어떻게 규제할 것인지를 논의해왔다. 매주 노벨상 수상자들과 최고의 젊은 연구원들이 의회의 질의에 답하기 위해 초빙되었다. 부유한 지역에 사는 자유주의적인 시의원들은 과학자들을 믿지 않았는데 그중 가장 의심이 많았던 사람은 이탈리아와 포르투갈 사람들이 몰려 사는 케임브리지 동부지역 출신의 알프레드

벨루치(Alfred E. Vellucci) 의원이었다.

그는 아마도 지역정치 노벨상이 있었다면 오래 전에 수상했을 인물이었다. 강한 상상력이라는 천부적 재능을 가진 그는 과학자들이 창조해낸 유전적으로 재프로그램된 생명체들, 그의 표현을 빌면 '이 벌레들이' 사고로 유출되는 경우에 관하여 온갖 가능한 시나리오를 다 상상하고 있었다. 녀석들이 하수도로 탈출할 수 있지 않을까? 혹은 에어컨 통풍로나 사람들의 신발바닥에 묻어서도. 결국 대학 측의 반대를 누르고 시당국은 문의 두께를 비롯한 '봉쇄' 조치를 엄격하게 입법화했다. 당시 나는 유전자 접합을 잠재적으로는 유용하지만 위험한 일종의 원자력 같은 것으로 생각했다. 그보다 더 깊이 생각하여 수단만이 아니라 목적까지 고려해보지는 못했다.

원자로는 전기를 창조하는 새로운 방식이다. 하지만 유전공학은 새로운 생명을 창조하는 최초의 방식이다. 그것은 엄청난 생각으로서 한 생물학자의 말을 빌리면 '제2의 빅뱅(the second big bang)'이었다. 물리적으로나 상업적으로 가장 중요한 과학적 발전인 유전공학은 온실효과에도 불구하고 우리의 현재 생활양식과 경제적 발전이 지속될 수 있다는 큰 희망을 주는 기술이었다. 유전공학은 물이 거의 필요 없고 열에서도 살아남을 수 있는 농작물을 약속한다. 또한 우리가 아직 치료법을 찾지 못한 기존의 질병과 지금 이 순간도 만들어내는 새로운 질병에 대한 치료를 약속한다. 그것은 우리가 만들어낼 거의 모든 환경에서의 생존을 약속하고 완전한 지배를 약속한다.

따라서 유전공학은 개념적으로나 도덕적으로 가장 중요한 과학적 발전임에 틀림없다. 내가 '도덕적'이라고 하는 것은 그 기술이 적용될 우생학 같은 사용처에 대한 것이 아니라 그 기술 자체를 말하는 것이다. 제레미 리프킨(Jeremy Rifkin)은 이런 연구를 맹렬히 반대하는 사람 중 하나인데, 그는 그에 대한 논리와 근거를 두 권의 훌륭한 책 《알제니*Algeny*》와 《이단자의 선언*Declaration of a Heretic*》에 담았다. 그는 수천 년 동안 인간은 석탄이나 철 같은 생명이 없는 물질들을 태우고 녹이고 혼합하며 '꽃불처럼 화려하게' 살았다고 말했다.

우리는 환경을 변화시킴에 있어 외부로부터 시작하여 내부로 들어왔다. 이제 우리는 내부로부터 시작하여 외부로 나가고 있고 그것은 모든 것을 바꾸어놓고 있다. 지구를 정복하겠다는 끝없는 욕망을 제외하고는 나머지 모든 것을 바꿀 것이다. 영국작가 브라이언 스테이블포드(Brian Stableford)가 유명한 저서 《미래의 인간 *Future Man*》에서 선언했듯이 유전공학은 결국 인간이 지구상 모든 생명체들의 작용, 즉 생물권을 자신의 이익에 맞도록 변화시키게 해줄 것이다. 내가 '도전'이라 불렀던 그것을 이보다 더 명확하고 또렷하게 정의할 수는 없다.

제임스 왓슨(James Watson)과 프랜시스 크릭(Francis Crick)은 1953년 이중나선을 발견했다. 그로부터 20년이 지난 1973년 미국 스탠포드대학의 스탠리 코헨(Stanley Cohen)과 캘리포니아대학의 허버트 보이어(Herbert Boyer)는 두 개의 관련 없는 생명, 자연 속에서는 짝짓기도 할 수 없고 따라서 그들의 운명이 영원히 별개일 두 유기체에서 DNA 한 조각씩을 잘라내 그 두 개를 합쳤다. 결과는 새로운 형태의 생명이었다. 5분 전에는 없었던 생명, 두 남자가 어떤 도구를 가지고 만들어내기까지는 존재하지 않았던 생명이 탄생한 것이었다.

다음 단계의 중요한 발전은 미국대법원이 1980년 제너럴일렉트릭 연구원인 아난다 차크라바티(Ananda Chakrabarty) 사건에 대해 내린 판결이었다. 차크라바티는 원유의 주성분 중 네 가지를 분해할 수 있는 박테리아 균주를 개발했다. 원유 유출 사건이 일어날 경우 그 박테리아는 원유를 먹어치울 수도 있었다. 대법원은 인간이 만든 미생물도 현행 법률상 특허출원이 가능하다는 5 대 4의 결정을 내렸다. 이제 인류는 생명을 만들어낼 수 있을 뿐만 아니라 그로부터 돈을 벌 수도 있게 되었다.

그 결과 연구는 가속화되었다. 1981년 메인주 바하버의 잭슨연구소와 오하이오대학의 과학자들은 토끼의 헤모글로빈 부분 생성을 관장하는 유전자를 생쥐 배아에 이식시키고 그 배아를 잘 길러 출산시켰다. 이제 그 생쥐는 정확히 말해 생쥐가 아니었다. 그것은 기능하는 토끼 유전자를 보유하고 있었고 다음 세대에게 그것을 유전시켰다. 관련 없는 종들 사이에 이런 동물 접합이 가능하다는 것을 증명하는 연구가 속출했다.

영국 연구원들은 염소와 양을 교배시켰다. 이들은 헛간에서는 절대로 짝지을 꿈을 꾸지 않았을 종들이며, 만약 그리했다 하더라도 아무것도 생산해내지 못했을 것이다. 펜실베이니아대학 교수는 인간의 성장 유전자를 생쥐 태아에 삽입하는 데 성공했다. 그렇게 태어난 생쥐는 다른 생쥐보다 두 배나 빠르고 크게 자랐다. 그 생쥐가 자손에게 그 유전자를 전달했으므로 다음 질문은 영원한 토론의 대상이 되었다. '너는 생쥐인가, 인간인가?' 답은 둘 다이며, 또 어느 것도 아니란 것이다.

1988년 말 《뉴욕 타임스》 통계에 의하면 '유전자 도입' 생쥐가 1000종 이상, 돼지가 12종, 토끼와 물고기가 몇 종, 최소한 2종의 쥐가 있었고, 소의 경우 이미 개발된 1종과 개발중인 1종이 있었다. 하지만 이런 것들은 거의가 실험일 뿐이었다. 1988년 봄 두 명의 하버드대학 연구원이 새로운 생쥐를 개발했는데, 그들은 생쥐가 암에 걸리도록 유전자 변형을 하여 종양학자들이 새로운 치료법을 연구할 수 있게 하였다. 이전의 발명품들과 달리 이 생쥐는 상업적 가능성을 안고 있었고 미국 최초의 동물 특허를 받아냈다. 이 특허권은 뒤퐁사에 주어졌고 이 쥐는 그해 초기에 판매에 들어갔다. 한 마리에 50달러였다. 그 쥐의 상품명은 온코마우스(OncoMouse : 종양생쥐의 뜻-옮긴이)였고, 그해 말까지 두 개의 새 브랜드가 출시될 예정이었다.

하지만 그런 생쥐들도 실험실에만 갇혀 있을 것이었다(도망치기 전까지는). 1987년 4월 유전공학의 더 큰 장애가 무너졌다. 리프킨과 다른 반대자들이 더 이상 소송을 제기할 수 없게 되었을 때 '고급유전과학'이란 이름을 가진 회사에서 캘리포니아주 브렌트우드의 옥외 딸기밭에 최초의 유전공학 박테리아를 뿌린 것이다. 프로스트밴(Frostban : '서리 금지'의 뜻 – 옮긴이)이란 상표명을 가진 이 박테리아는 슈도모나스 시링게(*Pseudomonas Syringae*)와 슈도모나스 플루오레센스(*Pseudomonas Fluorescens*)의 변형된 형태로서 서리 피해로 인한 작물 손실을 방지하기 위해 만들어진 것이었다. 일부 환경운동가들이 수많은 딸기나무를 뽑아버렸지만 아무 소용이 없었다. 며칠 후 냉핵 활성 유전자를 발명한 스티븐 린도우(Steven Lindow)는 아무런 방해도 받지 않고 캘리포니아주 툴 레이크의 감자밭에 또 프로스트밴을 뿌렸다.

이러한 혁명의 속도는 가속화되고 있다. 일부 의약품의 시판에는 애초 예상금액보다 더 많은 비용이 들어가기는 하지만 현재 미국에서만도 300개 이상의 작은 회사가 그런 상품을 발명하여 시판하려 한다. 400개 유전자가 클론되었다. 내가 이전에 언급했던 유전적으로 개량된 나무 같은 아이디어는 이미 현실로 존재한다. 시애틀의 한 회사는 야생지역으로 가서 우량 붉은삼나무를 선정했다. 그 기준은 곧은 키, 나무의 중력, '적합한 가지의 처짐' 등이었다. 그런 다음 나무들을 클론하여 그 기적의 묘목을 심는다. 결국에는 비틀린 나무가 사라진다. 씨앗을 개량하는 고전적 방법으로는 "고품질 나무를 신속하게 산출해야 한다는 시장 조건을 제대로 만족시킬 수가 없다"고 한 연구원은 설명했다. 크리스마스트리 재배자들은 인공트리의 부상에 위협을 받아, 가지가 45도 각도로 올라가고 '거실 바닥에 지저분하게 떨어지지 않는 두툼한 바늘잎을 가진' 나무를 만들어낸다.

칼진이라는 회사는 담배나무가 제초제 글리포스페이트(glyphosphate : 농부들이 콩에 사용하는 몬산토사의 '라운드업'과 같은 기능을 한다-옮긴이)에 내성을 갖게 하는 유전자를 개발했다. 이 제초제는 식물의 방향성 아미노산을 합성하는 경로를 차단함으로써 작용한다. 담배나무가 유전적으로 재조정되면 밭에 이 제초제를 뿌려도 담배나무는 상하지 않는다(이 예는 내게 매우 흥미롭다. 이것은 우리가 재배하는 담배와 우리가 뿌리는 화학약품의 양을 동시에 늘리는 일이다). "해초의 유전공학이 이제 진행되기 시작했다"고 플로리다의 연구원이 선언했다. 연어와 송어의 성장 호르몬이 클론되었다. 우리 집 문 옆으로 헤엄쳐가는 밀 크릭의 송어는 머지않아 아놀드 슈왈제네거 송어가 될 것이다.

이것은 다만 현재에 불과하다. 미래, 꽤 가까운 미래는 화려한 소문 속에 많은 기대를 모으고 있다. 예를 들면 스테이블포드는 미래의 대형 양계장 닭들은 육계이든 채란계이든 현재의 닭들과는 아주 다르리라고 한다. 실제로 그가 제시하는 그림에서 닭들은 살덩어리처럼 보인다. 그것은 생명공학에 의해 닭의 불필요한 머리, 날개, 꼬리를 사라지도록 설계할 수가 있기 때문이다. "영양물은 펌프를 통해 주입되고 배설물은 몸에 연결된 관을 통해 배출된다." 아마도 우리는 무한한 생산라인에서 양고기를 '기를' 수도 있을 것이다. 한없이 이어지는 등뼈에 적당한 양의 지방과 살코기가 붙도록 해서 말이다. 종국에는 모든 식물들이 '불필요하게 될' 수도 있다.

이들은 인공잎으로 교체되어 흡수한 태양빛을 뿌리 같은 사치품에 '낭비하지' 않고 대신 자신들이 포착한 모든 에너지를 인간이 사용할 물건을 만드는 데 사용할 것이다.

'바이오 화장품'의 등장도 머지않았다고 스타인은 말한다. 그것은 개인의 외모에서 매력이 없는 부분이나 흉터, 점 등을 바꾸어 현재 수용되는 미의 기준에 좀더 근접하게 해줄 것이다. 그밖에 밤에도 볼 수 있는 시력이나 수중음파탐지기(이를 위해서는 '머리에 새로운 해부학적 장치가 추가' 되어야 하며 그 장치는 현재의 미의 기준에 부합할 수도, 그렇지 않을 수도 있다고 스테이블포드는 말한다), 우주 생활을 위한 이중유리 눈, 셀룰로오스를 소화시킬 수 있는 '소소한 변형' 등은 어떠한가?

머리 없는 닭이나 나무를 먹는 인간이 가능하다 해도 그것은 먼 미래의 일이다(내 추측에 의하면 이들이 예고하는 것보다 훨씬 더 미래의 일). 하지만 그런 일은 우리가 지난 20년간 시작한 일들과 개념적으로 다르지 않고, 더 크게는 지난 2년간 시작한 일들, 즉 생명을 가장 기본적 차원에서 변화시키는 일과 다르지 않다. 경계선은 멀리 있지 않다. 경계선은 지금 여기 있고, 우리는 그를 건너기 시작했으며, 곧 저쪽에 가 있게 될 것이다. 우리가 이미 거기 있지 않다면 말이다.

유전공학은 새로운 풍요의 뿌리 될 것인가

인류는 갈채를 받아 마땅하다. 우리들의 막강한 지성에 힘입어(실은 내 지성은 아니다. MIT, 옥스퍼드대학, 일본 또는 어떤 나라의 일부 지성들) 우리에게는 출구가 생길지도 모른다. 이산화탄소 구름이 대기를 가열시켜 우리를 위협하고 있는 지금 우리는 지구를 지배할 새로운 방법, 석탄·석유·천연가스 연소보다 더 철저하고 더 유망한 방법을 개발하고 있다. 유전공학과 세계자원의 거시적 관리가 새로운 풍요의 뿌리 될지는 확실하지 않다. 그러나 분명히 가능성이 있다. 우리는 재능 있는 종이니까.

그런데 이 모든 것이 왜 이렇게 끔찍하게 들릴까? 아마도 그것은 제2의 자연의 종말을 의미하기 때문일 것이다. 우리는 이미 알지도 못하는 사이에 대기를 심각하게 변화시켰고, 그로 인해 우리가 알고 있던 자연은 끝이 났다. 하지만 두번째 종말은 사고가 아니라 고의로 초래하는 것이다. 이것은 무언가 잘못되어, 예를 들면 셀룰로오스를 먹도록 프로그램된 박테리아가 도망쳐 닥치는 대로 모든 나무와 잡초를 먹어치움으로써 자연이 종식되리란 것이 아니다. 그리고 수중음파탐지기를 장착한 인간이나 인공 나뭇잎처럼 진정 두렵고 괴상한 가능성들을 방지하기 위하여 지금 당장 우리가 모든 것을 멈추어야 한다는 의미도 아니다. 그것들은 다만 좀더 중요한 결정으로부터 나온 새로운 결과일 뿐이다.

세상을 바꾸는 것은 새로운 형태의 생명을 창조하는 간단한 행위, 인간을 영원히 신의 반열에 올려놓는 행위 그 자체다. 우리는 다시는 피조물이 되지 않을 것이다. 대신 우리는 창조자가 될 것이다. 리프킨이 지적했듯이 생명공학자들은 유기체를 하나의 '분리된 개체'로 보는 것이 아니라 DNA라는 컴퓨터 프로그램에 씌어진 일련의 명령체계로 본다. 그런 명령체계에 존중심을 가지는 것은 불가능하다. 그것들은 언제나 다시 씌어질 수 있다. 그리고 연구원들의 관점에서 그것들은 절대적 효율성에 도달할 때까지 개량을 거듭하며 다시 씌어져야 한다. 그런 효율성을 측정하는 유일한 척도는 당연히 인간의 즐거움이다(생명이 특허를 받고 팔릴 수 있는 상황에서 인간의 즐거움을 재는 유일한 척도는 시장의 작동이다).

닭의 입장에서 절대적 효율성은 머리와 날개, 깃털을 포함할 수 있다. 그런 것들이 닭의 존재에 필수적인 것이기 때문이다. 하지만 닭은 과학자들에게 특허권 보호비를 지불할 수 없다. 프랭크 퍼듀(Frank Perdue : 미국 대기업인 퍼듀 치킨의 CEO-옮긴이)를 통해 권한을 행사하는 인간들이 더 효율적인(즉 더 값싼) 닭을 원한다고 결정한다면 튜브에 연결된 고깃덩어리에서 닭고기가 나온다 해도 문제가 안 될 것이다. 마침내 우리는 모든 설비와 물건이 우리의 기호에 맞게 설계되어 있는 쇼핑몰에 살게 될 것이다.

우리는 이미 이산화탄소를 공기 중에 뿜어댐으로써 작물의 성장기를 인위적으로 연장시켜왔다. 마찬가지로 딸기에 프로스트밴을 뿌려 성장기를 인위적으로 연장한다면 이전에는 주어진 조건에 의해 해왔던 일을 우리가 통제할 수 있게 된다. 뮤어는 언젠가 '자연이란 책의 끝없는 페이지들'을 "셀 수 없이 씌어지고 또다시 씌어진 것, 모든 크기와 색채의 문자로 씌어지고, 문장은 또 그 안에 문장을 포함하고, 한 글자의 모든 부분이 또 모두 문장인 것"으로 묘사했다. 당연히 "우리의 제한된 능력으로 그를 해독하려다가는 당황하고 과로하게" 될 것이다.

하지만 뮤어의 이 말은 더 이상 사실이 아니게 되었다. 어마어마하게 복잡한 자연세계의 수많은 구석들을 우리가 완전히 이해할 수 없는 것이 당연한 일이지만 이제는 꼭 그렇지만은 않게 되었다. 자연의 알파벳은 이제 DNA 지도에 담기게 되었다. 이런 명료성과 조직성 속에는 효율성뿐만 아니라 특정의 아름다움까지 존재할 것이다. 어떤 음악이든 아름다움이 있는 것처럼. 그래도 여전히 자연의 불협화음인 '우주 교향악' 속에 더 아름다움이 있지 않겠는가? 영국 철학자 레슬리 리드(Leslie Reid)가 말했듯이 신의 정신이 베토벤의 정신보다 비교할 수 없을 정도로 더 뛰어나지 않겠는가?

앞에서 언급한 바 있는 가이아 지도는 "임의적 조작 개발(즉 엘크 사슴을 키우고 악어농장을 경영하는)이 아닌 합리적 관리에 기반한 야생의 새로운 접근법"을 요구한다. 하지만 몇 년의 합리적 관리가 끝나면 야생은 길들여질 것이다. 이것은 야생지역으로 지정 보호하는 데 반대하는 이유가 그곳이 보호구역이 되면 야생 서식지를 '개선하기 위해' 관계자들이 들어가 볼 수 없기 때문이라고 자꾸 고집을 부리던 오리건주 국유림 홍보담당관의 논리와도 같다. 그는 말했다. "예를 들어 폭포를 폭파해버리면 냇물의 경사도가 좀

더 완만해져 물고기가 더 상류까지 올라갈 수 있잖아요." 나는 그가 틀렸다고 주장하는 것은 아니다(비록 다이너마이트가 발명되기 전에도 물고기는 어떻게 해서든 상류로 올라갔던 것처럼 보이긴 하지만 말이다). 다만 그가 우려하는 대상이 언뜻 보기에는 매우 자연 같아 보이지만 실은 자연이 아니라는 것뿐이다.

유전공학의 세상

중요하고도 어려운 선택의 기로에 서면 인류는 마치 그 문제가 존재하지 않는 듯이 행동하는 경향이 있다. 이미 다리를 건넜든지 아니면 아직 다리에 도달하지 않았다고 상상하고 싶은 것이다. 유전공학이 선택적 교배 같은 전통적 행위의 연장선상에 있다고 생각하며 별로 우려하지 않는 사람들도 있다. 하지만 그런 경우에는 자연이 분명한 한계선을 그어주었다. 멘델은 두 개의 완두콩을 교배했지만 완두콩과 소나무를 교배할 수 없었고, 완두콩과 돼지는 더더욱 말할 것도 없었다. 우리는 가혹할 만큼 비좁은 우리에 닭을 넣어 기를 수는 있지만 그래도 그 닭은 머리만은 달고 있다. 제한요소 즉 한계가 있다는 말이다. 그리고 그런 인간의 한계에 대한 이해가 우리 마음속에 자연의 정의를 형성했다.

이제 그런 개념은 신속하게 낡아빠진 것이 될 것이다. 자연 또는 무언가가 정의될 수 있다는 생각은 곧 옛이야기가 될 것이다. 무엇이든 변화시킬 수 있기 때문이다. 토끼는 지금 당장은 토끼지만 내일이면 '토끼'는 아무런 의미가 없을 수도 있다. '토끼'는 최초의 포드 자동차를 만드는 설계계획보다 더 중요할 것이 없는 그저 몇 줄의 코드에 불과할 수 있는 것이다. 토끼를 좀더 개나 오리처럼 만들면 안 될 이유가 있는가? 무엇이든 우리 마음에 드는 대로 말이다. "우리 자녀들은 그들이 모방하여 창조한 것들이 실제 자연의 것보다 더 우수하다고 확신할 것이다. ……그들은 모든 자연을 계산 가능한 영역으로 볼 것이다. 그들은 살아 있는 생명체를 편집하고 개정하고 재프로그램할 수 있는 일시적 프로그램으로 재정의할 것이다"라고 리프킨은 썼다.

책임감이나 도덕적 중추도 없이 변화를 계속하는 그러한 외로운 세상에서는 모든 것이 가능하고 종국에는 불사(不死)마저도 가능할 것이다. 무엇 때문에 죽는가? 그럴 만한 타당한 이유가 무엇인가? 왜 나이를 먹는가? 100살에도 젊은 얼굴로 행성 간 로즈볼을 관람하면 어떤가? 그것이 우리가 이 방향으로 가려고 그토록 노력한 이유 아닌가? 영원한 삶이 가지는 의미는 별개 문제다. "종국에는 생명과 비생명 사이의 구분이 완전히 사라질 것이다. 경계선은 흐릿해지고 대신 그 자리는 생명 기계와 금속, 플라스틱, 유리의 기계를 다 포용하는 시스템으로 채워질 것이다"라고 스테이블포드는 말했다.

그중 일부는 물론 추측에 불과하다. 유전자 코드 해독과 같은 굉장한 발전이 결과적으로 어떻게 될지는 누구도 명료하게 말할 수 없다. 하지만 그런 기술에 문제가 생기면 다른 문제도 따라오게 마련이다. 그것은 우리가 지난 100년간 그랬듯이, 인간에게 이롭도록 영원히 이 세상을 지배해야 한다는 도전적 믿음이 가져온 논리적 결과다. 인류가 인구를 계속 늘리고, 소유물을 더 축적하고 자원사용을 계속한다면 우리는 새로운 방식들을 배워야만 한다. 그 가운데서 거시적 관리와 유전공학이 가장 유망해 보인다.

다시 말해 문제는 단지 석유 연소가 이산화탄소를 배출하고, 그 이산화탄소가 분자구조의 특성상 태양열을 잡아가둔다는 것이 아니다. 문제는 자연이, 선조시대부터 우리를 둘러싼 독립적 힘이었던 자연이 이제 증가하는 인구와 인간의 습관과 양립할 수가 없다는 것이다. 우리는 우리의 숫자와 습관을 받아들여줄 세상을 창조할 수 있을지 모른다. 하지만 그 세상은 우주 정거장과 같은 인위적 세상일 것이다.

아마도 가능한 것은 우리가 습관을 바꾸는 일일 것이다.

3. 저항이 많은 길, 그러나 겸허한 길

인간 역시 먹이사슬의 한 고리

몇 년 전 짐 스톨츠(Jim Stolz)는 배낭 하나를 짊어지고 멕시코 국경지대에서 북쪽으로 1300~1500킬로미터를 걸어 아이다호산에서 열리는 작은 환경단체회의에 참석하러 갔다.

그로부터 3개월 후 시냇가에 단둘이 앉아 나눈 대화에서 그는 그런 일은 그에게 별로 특별한 것도 아니라고 말했다. 몇 년 전 그는 애팔래치아 산맥을 걸어 남부의 조지아주에서 북부의 메인주까지 갔다. "그 후 2년간을 태평양 연안에서 대서양 연안까지 대륙을 횡단하며 보냈어요. 북부 길을 따라갔지요. 위스콘신에서 미네소타로 갈 때는 눈신을 신고 두어 달을 걸은 적도 있어요." 두 발로 걸어 도착한 서부해안에서 그는 태어나 처음으로 태평양을 보았다. 그 후 그는 로키산맥 분수령을 걸었다. 그는 새로운 길을 발견하여 그곳을 대서부 길이라 명명했다. 그것은 서부의 퍼시픽 크레스트와 중부의 로키산맥 분수령 사이에 남북으로 나 있는 곳으로, 그랜드 캐니언과 용암평원을 가로질러 아이다호주의 소투스로 올라갔다. 그런 대륙횡단 도보여행에서 부족한 것은 오직 하나, 사람이었다. "한 사람도 보지 못하고 아흐레 반나절이나 걸었던 적도 있어요. 보통은 나흘에 한 사람 정도는 만나거든요." 스톨츠는 말했다.

긴 도보여행에서 그는 이제 본토 48개주에서는 거의 멸종된 아메리카 대륙의 가장 큰 포유동물인 회색곰을 열두 번이나 만났다. "마지막으로 마주친 녀석은 뒷발을 딛고 서서는 턱을 까딱이며 세 번이나 포효했어요. 제가 너무 가까이 왔다고 알려주는 녀석의 방식이었지요. 또 다른 녀석은 12미터 정도에서 제 주변을 빙빙 돌았지만 제 눈은 절대 보지 않았죠. 그 정도로 가까운 거리에서 저는 우리 인간 역시 자연의 먹이사슬에서 한 고리를 차지할 뿐임을 실감했어요. 우리가 회색곰의 나라로 들어가는 것은 그들의 집안으로 들어가는 것입니다. 우리가 침입자인 거죠. 우리는 그동안 우두머리 역할에 너무나 익숙해졌어요. 하지만 회색곰의 나라에서 우린 그저 먹이사슬을 이루는 먹이일 뿐이에요."

그것은 소리 없는 급진적 개념이었다. 우리가 모든 면에서 꼭대기에 있지 않다는 생각 말이다. 후에 생각해보니 그것은 우리가 지금까지 밟아온 도전적이고 소비적인 행로에 반하는 철학을 잘 묘사하고 있었다. 우리가 진심으로 마음속 깊이 인간도 많은 종들 가운데 하나일 뿐임을 생각하기 시작한다면, 그것은 우리의 삶의 방식이나 인구통계학, 경제학, 나아가서는 우리가 배출하는 이산화탄소와 메탄가스에 어떤 의미를 지닐까?

인구는 증가해야 하고, 물질적 부와 안락을 증대시켜야 한다는 현재 사고의 논리는 결국 관리된 세계 쪽으로 향한다. 몇몇 혁명가들이 주장하듯이 그것은 우리가 갇혀버린 신념체계의 수렁이다. 소로우가 대다수의 사람들은 조용한 절망 속에서 산다고 했을 때 그가 말한 것도 바로 이런 수렁이었다. 그는 인간이 생존하는 데 필요한 것이 얼마나 작은 것인지를 증명하려고 월든 호수로 갔다. 여덟 달 동안 그가 쓴 돈은 집세까지 합쳐서 61달러 99.75센트였다.

하지만 우리들 대부분은 그런 수렁에서 아무런 저항도 없이 살아왔다. 몇몇 사람이 주로 소로우의 영향을 받아 대학 2학년 때쯤 야생지역의 호숫가에 텐트를 치긴 했지만, 그들마저도 거의 다 정상적 사회로 돌아왔다. 사람들이 선택의 여지가 전혀 없다고 생각한다는 소로우의 말은 이런 사실을 이해하는 데 도움이 될 것이다. 하지만 끔찍한 진실은 우리들 대부분이 오히려 그 수렁을 좋아한다는 것이다. 우리는 더 많은 물질을 확보하고 싶다. 굳이 금언을 빌리지 않아도 물질이 우리를 행복하게 하기 때문이다. 우리는 편안한 생활을 좋아한다.

얼마 전 나는 옛날 잡지 《뉴요커 New Yorker》를 뒤적이다가 1949년 에소 석유회사의 이런 광고를 보았다. 그것은 우리가 사는 세기를 이렇게 압축했다. '보다 나은 삶에는 보다 많은 석유 사용!' 정말 우리는 잘 살고 있다. 20세기 후반에 서구에 사는 우리들이 체험하는 세상은 비교적 달콤한 곳이다. 그래서 호숫가에 텐트를 치는 히피들이 늘어나지 않는 것이다. 물론 캠핑은 좋아하지만 그것도 다만 주말에 한한다.

단 하나의 문제는 이 신념체계가, 이 유쾌한 수렁이 지구를 행복하게 하는 것 같지 않다는 데 있다. 대기와 숲은 우리보다 덜 만족하고 있다. 실제로 그들은 변하고 있고 죽어가고 있다. 그리고 그런 변화는 우리의 몸과 영혼에 영향을 미친다. 자연의 종말은 나의 모든 물질적 즐거움에 재를 뿌린다. 유전공학의 세상에서 살아가는 삶의 가능성은 나를 역겹게 한다. 하지만 한없는 물질적 발전에 대한 신봉에 떠밀려가는 세상은 그런 곳이다.

그런 욕망이 우리를 몰아가는 한 한계선을 그을 방도는 없다. 질병을 뿌리뽑기 위하여 유전공학을 발달시켰지만 그 기술이 100퍼센트 효율적인 닭을 만드는 데 사용되지 않으리라는 보장은 없다. 내면에 새겨진 신념 속에는 그런 한계선을 긋도록 이끌어주는 것이 없다. 우리의 신념을 새로운 냇물로 이끌어간다 해도, 그 냇물은 곧 현재 우리가 처한 상태와 같은 급류가 될 것이다. 석탄 대신 핵융합 에너지를 사용한다 해도 우리는 여전히 삶의 기본 목적인 축적에 힘쓸 것이다. 그것이 자연에 미치는 온갖 영향과 결과에도 불구하고 말이다. 사회당이든 파시스트든 자본주의자든, 지구의 성공한 모든 정치가라면 동의하는 한 가지는 '경제 성장'은 좋은 것, 필요한 것이며 조직적 인간 활동의 타당한 결말이라는 것이다. 하지만 경제 성장의 결말은 무엇인가? 경제성장은 낙관주의자들이 그리는 유전공학이 지배하는 죽은 세계에서 종식된다. 또는 그런 세계를 통하여 운용된다. 물론 우리가 현재의 환경문제를 극복한다면 말이다.

보다 겸허한 대안은 없는가

하지만 그런 문제로 인해 우리의 사고방식이 바뀔 수도 있다. 만약 그런 문제들이 우리가 수렁에서 기어올라와 다른 방향으로 가야 할 도덕적·미학적 이유가 아니라 현실적 이유를 제공한다면 어떻게 될까? 동양 정신이 아니라 대기(大氣) 화학에 근거한 이유라면? 스톨츠의 말, 우리 인간이 다른 모든 것들보다 더 중요하지 않을 수도 있다는 말이 내 마음을 잡아끈 이유는 바로 그 때문이다. 기존의 도전적 자세와 대조를 이루는 겸허한 가치관이 우리가 이 세상에 저지른 파괴를 딛고 솟아올라온다면, 그런 가치관이 나올 만한 직관적 감정 및 욕구가 바로 그것인 것이다.

다른 생명체들이 우리만큼 중요하다는 생각은 대부분의 환경전문가들에게도 엄청나게 낯선 개념이다. 생태운동은 언제나 급박한 위협을 받고 있다거나 직접적 위협이 아닌 경우에는 물개나 고래, 새처럼 우리가 멋지다고 생각하는 생물이 위협을 받고 있다는 설득작업을 통해 큰 성공을 거두었다. 의학적으로 유용한 수백만 종의 식물이 살기 때문에 열대우림이 보존되어야 한다는 논리는 온실효과가 대두되기까지 열대우림의 벌목 반대운동에 가장 자주 쓰인 강력한 설득방법이었다. 심지어 다소 급진적인 개혁운동가들로 이루어진 미국의 야생보호운동조차도 야생을 보호해야 할 이유가 인간이 그 안에서 자신을 잊을 수 있고, 스트레스에 찌든 도시 거주자가 자신을 되찾는 곳이기 때문이라고 말했다.

하지만 우리가 열대우림을 위한 열대우림의 존재를 믿기 시작하면 어떻게 될까? 이런 마음가짐은 최근 몇 년간 인간의 지배 영향이 점점 더 뚜렷해짐에 따라 미국과 해외에서 서서히 퍼져나갔다. 이 세상에 대한 두 개의 관점, 즉 전통적인 인간중심 사고와 인간도 곰처럼 세상의 일부라고 보는 생명 중심 사고가 자연스럽게 언급되기 시작했다.

생명 중심적 관점을 가진 많은 사람들은 결코 평범하지 않은 괴짜들이다. 그들은 비행기를 타지 않고 3200킬로미터를 걸어갈 그런 부류다(예언자들은 진짜이든 가짜이든 본래 괴짜이게 되어 있다. 몸담고 있는 사회와 사상이 일치하는 예언자를 필요로 하는 사회는 없다). 물론 그들의 관점은 당연히 급진적이며 거의 비현실적이다. 그것은 인간의 정체성을 뿌리째 흔든다. 하지만 우리는 급진적이고 비현실적인 역사의 순간에 살고 있다. 자연의 종말, 우리가 꼬리를 감고 나뭇가지를 이동하던 일을 멈춘 그 순간부터 익숙하게 알아왔던 세상의 본질적 성격이 갑자기 바뀌고 있는 순간에 살고 있는 것이다.

나는 이제 더 이상 본질적으로 그런 급진적인 생각에 이끌리지 않는다. 나는 집과 은행 계좌를 소유하고 있다. 나는 내 삶이 좋고 다른 모든 것이 동일하다면 현재의 삶을 계속하고 싶다. 하지만 다른 모든 것이 더 이상 동일하지 않다. 우리는 인간의 역사에서 삶의 가장 기본적인 요소들이 변하는 이상야릇한 순간에 살고 있다. 나는 창 밖에 있는 나무를 사랑한다. 그들은 내 삶의 일부이다. 나는 그들이 열기에 시드는 것을 보고 싶지 않지만 또한 그들이 완벽하게 클론된 묘목 대열 속에서 싹트는 것도 원치 않는다. 우리가 이미 지구에 끼친 피해, 그리고 유전공학적 산업을 통해 다가올 미래에 끼칠 피해는 나로 하여금 다른 방법을 숙고하게 만든다. 더 겸허한 대안이 없을까. 그나마 남아 있는 자연을 잘 지키고, 만약 회복할 수 있다면 회복할 여지를 주는 그런 대안이 없을까. 우리의 행동방식뿐 아니라 사고방식까지 변화시키는 그런 대안이 없을까.

인간만이 귀한 존재가 아니다

그런 생각은 전혀 새로운 것이 아니다. 기록에 의하면 고대인들이 사회를 이루고 살던 시절부터 금욕주의자와 은자들은 늘 있었다. 소로우는 종교를 이러한 은자적 사고 안에서 희석시킨 후 다시 현대의 주류사상에 영입시켰다. 하지만 우리가 이미 보았듯이 그가 숲속으로 들어간 것은 인간을 되찾자는 것이었지 자연을 구원하려는 것이 아니었다(사실 《월든Walden》도 자연에 관한 묘사는 거의 없다). 그는 매우 강렬한 인간중심적인 설명을 했다. 그가 우려한 것은 인간이 자연을 모독하는 것보다 인간이 인간을 모독하는 것이었다. 자연은 중요하긴 하지만 단지 멋진 책과도 같은 것이었다. "오늘 하루를 자연처럼 유유자적하게 지내보자. 내 앞에 닥치는 소소한 것들 때문에 놀라 여유를 잃지 말자. 아침 일찍 일어나 금식을 하거나 아침을 먹자. 천천히 아무런 마음의 동요도 없이." 자연은 그에게 교훈이었다.

인간 외의 생명체도 그 자체로 중요하며, 인간이 결코 이들보다 중요하지 않다는 겸허한 철학은 몇몇 저자에 의해 중요한 다음 단계로 발전하게 되었다. 특히 뮤어는 작품 전반에 걸쳐 이를 암시하고 때로는 분명하게 표현하기도 했다. 예를 들면 멕시코만까지의 1600킬로미터 도보여행 일지에는 인간만이 전적으로 중요하고 펭귄은 전혀 중요하지 않다는 백스터 교수의 주장과 완벽한 대조를 이루는 구절이 있다. 여기서 뮤어는 이 대륙의 매우 과격한 동물에 속하는 악어에 대해 쓰고 있는데, 그는 악어가 '인간의 친구라고 불릴 수 없음'을 인정한다(물론 한 덩치 큰 녀석이 어릴 때 잡혀와서 부분적으로 길들여져 마구와 같은 것을 장착하고 일하는 예외적인 경우는 들어봤지만 말이다).

하지만 뮤어가 말하려는 것은 그게 아니다. "많은 선량한 사람들이 악어는 악마가 창조했기 때문에 그렇게 끝모를 식욕과 추한 외모를 가진 것이라고 믿고 있다. 하지만 이들은 의심의 여지없이 행복하게 우리 모두를 만든 창조자가 그들에게 할당해준 장소를 채우고 있다. 그들은 우리 눈에 험하고 잔인해 보이지만 신의 눈에는 아름다운 존재다."

이것은 생태학적인 다원적 비전 이상이다. 이것은 도덕적 비전이다. "이기적이고 자만심 강한 생물인 우리 인간의 동정심은 얼마나 작은가! 나머지 피조물의 권리에 우리는 얼마나 눈을 감았나…… 악어나 뱀 등이 우리에게 혐오감을 준다 해도 그들은 알 수 없는 악의 화신이 아니다. 그들은 꽃피는 들판에서 행복하게 살고 있는 신의 가족 일부이고 타락을 모르며, 하늘의 천사나 지구의 성자들에게 주어지는 동일한 사랑으로 신의 보살핌을 받는다." 뮤어는 자신의 짧은 설교를 겸허한 철학을 잘 표현한 축복으로 마친다.

"고대의 피조물 중에서도 위대한 도마뱀류의 존경스런 대표들이여! 그대들의 백합과 골풀을 오래도록 즐기시라! 그리고 가끔씩 공포에 질린 인간들을 맛좋은 음식으로서 한 입 가득 베어 무는 축복을 누리시라!"

이런 철학적 전통을 이은 사람들 중 가장 놀라운 이가 에드워드 애비(Edward Abbey)다. 재미있고 감동적인 소설가이며 능력 있는 비평가였던 애비는 무엇보다도 그가 몇 년 동안 살았던 남서부 사막을 지키는 사도였다. 1989년 봄에 죽은 애비는 여러 산림화재감시탑과 산림감시원용 오두막에서 오랜 기간을, 오직 홀로 살며 정부관리로서 일했다. 그는 자연의 일부 중 가장 쾌적하지 못하고 가장 소외감이 드는 사막에서 살았다. 그는 비록 사막의 아름다움을 사랑했지만, 또한 사막의 압도적인 이질감을 인정했다. 애비의 최초의 에세이에는 이런 글이 있다.

"사막은 아무 말도 하지 않는다. 온전히 수동적이고 행위를 받아들일지언정 절대로 행위하지 않으며, 사막은 거기 존재의 나목처럼 살 없는 뼈처럼 누워 있다. 한가하고 희박하며 근엄하고 인간에게 쓸모없는 그는 사랑이 아닌 관조를 유도한다. 단순함과 질서 속에서 그는 고전적인 것을 시사한다. 단지 사막이 인간의 손이 닿지 않는 영역이며, 고전주의자의 관점으로는 오직 인간만이 의미 있는, 또는 실재하는 존재로 간주되는 것만 제외한다면."

인간의 손이 닿지 않지만 여전히 이 지구에 존재하는 영역이라는 생각은 모든 생명체가 우리의 사적인 영역이라는 우리 심층의 뿌리 깊은 개념과 상충된다. 애비가 사막에서 글을 쓴 것은 우연이 아니다. 만약 그가 에덴동산이나 플로리다의 포트로더데일 같은 곳에서 살았다면 지구가 우리와 우리의 즐거움을 위해 만들어졌다고 생각했을 수도 있다. 하지만 남서부의 사막에서는 그렇게 생각할 수가 없다. 사막이 우리를 위해 만들어졌다면 왜 그렇게 물이 귀하단 말인가? 사막은 독수리를 위해 만들어졌다는 말이 한결 그럴싸하지 않는가.

남서부의 사막이 인간의 손길이 닿지 않은 채 남아 있는 장소들에 속한 것은 놀랄 만한 일이 아니다. 광맥을 찾는 사람들이 오가고 그들의 발자국이 모래 위에 남았겠지만, 애비가 도착했을 때 이 지역 대부분은 아직 자연상태로 남아 있었다. 그 결과 그는 개발업자, 광산업자, 건설업자들이 땅을 도전적으로 공격하는 광경을 지켜보게 되었다. 애비는 청정한 공기를 더럽히는 우라늄광산과 구리 제련소, 그리고 도로 건설과 댐공사에 화가 나서 《몽키 렌치 갱 *The*

Monkey Wrench Gang)이라는 소설을 썼다. 그것은 불도저와 댐을 저지하려는 운동을 열정적으로 묘사한 '행동소설'이었다. 동시에 세상에 대한 전통적인 도전적 관점과 새로이 대두하는 생명 중심적 관점을 한 장면 안에 극명하게 표현하여 담은 것이기도 했다.

이 책 초반부에서 영웅 헤이듀크는 애리조나 사막을 관통하여 놓이는 도로 건설을 방해하기로 결심한다. 계획된 도로를 따라가며 측량사의 오렌지색 깃발을 뽑아내다가 그는 작은 계곡의 바위 가장자리에 다다랐다. 120미터 떨어진 반대편 암벽에는 형광리본을 매단 말뚝이 죽 박혀 있었다.

"그렇다면 이 계곡에 다리가 놓이나보다. 이 계곡은 분명 작고 알려지지도 않은 곳이다. 물도 별로 없는 작은 시냇물이 모래 위로 완만한 곡선을 이루며 느릿하게 흘러간다. 사시나무의 초록빛 이파리 아래 고인 물이 축 늘어져 있고, 바위 가장자리로 떨어져내려 그 밑 웅덩이에 모인다. 봄철에도 반점 두꺼비, 고추잠자리, 뱀 한두 마리, 두세 마리 굴뚝새 같은, 이곳을 보금자리삼아 살고 있는 몇 안 되는 생명들을 겨우 먹여 살릴 만한 물이었다. 헤이듀크는 이의를 제기하기로 했다. 그는 이곳에 다리가 놓이는 것을 전혀 원치 않았다. 전에 본 적도 없고 이름도 전혀 몰랐으며, 있는 그대로 좋은 이 작은 계곡이 그는 마음에 들었다. 헤이듀크는 무릎을 꿇고 모래 위에 모든 고속도로 건설업자들에게 보내는 메시지를 썼다. '돌아가라!'"

이 계곡은 요세미티공원이 아니다. 계곡의 장엄함이나 그 안의 위락시설 때문에 많은 대중이 모일 곳도 아니다. 한마디로 인간에게는 소용이 없는 곳이다. 도로가 건설되지 않으면 아무도 이곳에 오지 않을 것이다. 이 계곡은 포장을 하든지 아니면 그저 내버려두는 수밖에 없었다. 애비의 급진주의는 후자를 택했다.

고향으로 돌아가는 길

유럽의 녹색당과 캘리포니아에서 성행하는 동양종교, 동물권리 보호운동 등은 최근 이런 철학의 일부를 받아들였다. 하지만 이들은 여기에 사회주의나 깨달음 같은 다른 관념들을 함께 묶었다. 이런 철학에 관한 한 규모는 작지만 급속히 성장하고 있는 미국의 환경운동단체 '어스퍼스트(Earth First)!'가 인간적 관심보다는 나머지 생명체들을 우선하는 가장 순수한 단체의 예일 것이다.

10년 전 데이브 포어맨(Dave Foreman)은 양복에 넥타이를 매고 워싱턴에서 야생협회의 수석 로비스트로 활약하고 있었다. 그러나 그의 사고는 애비와 같은 방향으로 발전하고 있었다.

"내가 워싱턴에 있던 시절 나는 철학적으로 급진적이었다. 야생 그 자체를 위한 야생을 믿었다. 그럼에도 나는 오랫동안 야생지역을 좀더 많이 보존하는 최선의 방법은 합리적인 행동, 예를 들면 공화당 정치가들에게 점심을 사는 것이라고 믿고 있었다."

하지만 1970년대에 당시 환경운동가들이 이루어낸 작은 업적을 놓고 너무하다고 주장한 제임스 와트(James Watt)의 선동으로 서부의 광부, 농장주, 목재상들의 세이지브러시 폭동이 일어나자 그는 생각을 달리하게 되었다.

"그때 깨달은 것은 그동안 내가 겨우 식탁 밑에 떨어진 빵부스러기나 주으려고 그렇게 싸워왔다는 것이었다. 나는 산업 제국이 지구의 암적 존재이며, 따라서 고작해야 작은 유원지 정도를 보존하려 애쓰는 것으로는 충분치 않다는 결론을 내렸다. 우리는 서구 문명에 근원적인 도전을 해야 했던 것이다."

포어맨은 워싱턴과 야생협회를 떠나 몇몇 친구와 함께 어스퍼스트를 결성했다. 그것은 뮤어나 애비의 철학적 급진주의를 행동으로 옮기려는 작은 시도 중 하나였다. 이 단체의 좌우명은 '어머니 지구를 지키는 데 타협은 없다' 였고, 상징은 몽키 스패너였다. 그런 터프한 이미지에 부분적으로 힘입어 이 단체는 서부에서 신속히 성장했다.

단체의 간행물에 실린 '생태방어' 를 위한 방해 행위 요령 같은 것은 헤이듀크의 전문성 수준을 한참 넘어선 것이었다. 예를 들면 중장비를 무력화시키기 위해 설탕을 사용하는 것은 완전히 한물간 방법이다. 엔진오일과 탄화규소를 4대 1로 혼합한 것이 훨씬 효과가 있었다. 만약 정부가 당신이 살고 있는 지역 인근의 야생지역에 비포장 활주로를 만든다면 한밤중에 나가 활주로에 소금을 흠뻑 뿌려라. 아마도 사슴, 엘크사슴, 무스 등이 머지않아 그곳으로 와서 발로 그곳을 긁어대어 밤새 커다란 웅덩이가 수북하게 생길 것이다. 등등.

그런 생태파업은 어떤 곳에서는 효과가 있었지만 오히려 역효과가 나기도 해서 전통적인 환경운동가들의 삶을 더 어렵게 만들곤 했다. (1989년 늦은 봄 포어맨은 전선을 자르려 했다는 혐의로 체포되었다. FBI 요원이 어스퍼스트에 침입한 것이 분명했고, 포어맨은 정부가 어스퍼스트를 죽이려 한다고 비난했다.) 두말할 것도 없이 어스퍼스트의 공격전술은 다른 어떤 방법보다 더 많은 언론의 관심을 끌었다.

하지만 이들의 방해 행위에 쏟아진 관심은 때때로 이 단체가 추구하는 메시지를 가려버렸다. 이들은 도로가 해체되고 광대한 야생지역이 있는 세상, 개발사업이 끝나고 지구에 끼친 인간의 흔적이 서서히 지워지는 그런 다른 세상을 원했다. 어스퍼스트와 그와 비슷한 몇 개의 다른 그룹은 야생과 자연, 그리고 인간이 아닌 것들을 보호하겠다는 목적이 있었다.

내가 포어맨의 연설을 최초로 들은 것은 캘리포니아 새크라멘토 교회 지하실에서였다. 그는 입고 있던 셔츠를 쭈욱 찢어버렸는데 그 안에서는 몽키 스패너를 치켜든 원숭이가 화려하게 새겨진 검은 티셔츠가 나타났다. 그는 워싱턴 시절을 회고했다.

"제가 야생협회에서 일할 때 궁금한 것이 생겼습니다. 야생지역을 왜 보존할까요? 우리들이 가서 편히 쉴 수 있는 곳이니까요? 그곳 사진으로 예쁜 책을 만들 수 있으니까요? 수자원을 보호하려고요? 아닙니다. 강은 강이기에 보호하는 겁니다. 강 자체를 위해서 말입니다. 강이 홀로 존재할 권리가 있기 때문입니다. 옐로스톤 국립공원의 회색곰은 인간이 생명의 권리를 가진 그만큼의 권리가 있습니다." 포어맨은 대중에게 덧붙였다. "여러분 각자는 다 동물이고, 그런 사실을 자랑스러워해야 합니다."

"이 모든 것의 근저에는 근본적 문제가 있어요"라고 포어맨은 주장한다. 대부분의 환경단체는 지속적인 경제발전과 미래 세대를 위해 자연유산을 보호하는 것 사이의 균형을 역설한다.

"저도 그 생각을 깊이 해보았고, 좋은 결말을 찾아보려고도 했습니다. 우리의 개혁이 효과가 있으리라는 증거를 찾아보려고 했지요. 그로부터 나온 결론은, 우리의 결점이 근원적인 것이며 개혁이 불가능하다는 것입니다. 물론 넓은 야생지역을 보호할 수도 있고, 멸종된 종들을 다시 들여놓을 수도 있겠지요. 하지만 지구에 너무 많은 사람이 산다는 사실이 해결되지 않는다면, 세상을 인간이 사용할 자원이라고 생각하는 관점이 해결되지 않는다면, 인간이 자신의 고향으로 돌아갈 길을 찾을 수 없다면 문제는 계속될 것입니다."

포어맨과 동료들은 사람들이 '자신의 고향으로 돌아갈 길을 찾는 것'에 대한 생각을 '심층생태학'이라고 부르고 있다. 산업국가들은 기본적으로 인간중심적 세계관을 수용하고 다만 그의 개혁만을 원한다. 포어맨의 말을 인용하면, 이러한 전통적 '얕은' 생태학과는 대조적으로 심층생태학은 "우리는 어디에서 왔는가? 우리와 이 세상의 관계는 무엇인가? 우리는 진정 진화의 정상에 서 있는가?" 등의 좀더 어려운 질문을 한다. 불도저의 연료탱크에 넣는 모래가 아니라 그런 질문들에 대한 답이 '서구 문명에 근원적인 도전'이 된다는 것이다.

심층생태학은 우리 모두가 그 문명의 산물이며 수혜자이기 때문에 자신을 환경주의자라고 생각하는 사람들에게도 무서운 도전이 된다. 《네이션 Nation》이 심층생태학의 원리를 소개하는 기사를 게재했을 때 항의의 편지가 쇄도했다. 에코페미니스트 이네스트라 킹(Ynestra King)도 긴 서한을 통해 이를 비평했다. 킹은 심층생태학이 문화보다 자연의 편을 들며 그런 와중에 '사회내부에 자리한 경제적·정치적 힘'을 간과하고 있다고 했다. 또한 그는 포어맨과 그 추종자들이 다만 생태학적 레이스의 다니엘 분(Daniel Boone: 1734년 태어난 미국 프런티어의 탐험가이자 개척자-옮긴이)이라고 할 수 있을 뿐이라고 주장했다. 하지만 킹에게 보다 절실한 문제는 어스퍼스트와 심층생태학이 '인간의 고통에 깊은 무감각'을 보인다는 점이었다.

심오한 차원에서 그녀는 옳다. 인간이 모든 것의 지배자가 되어서는 안 되며 다른 존재의 고통도 똑같이 중요하다는 생각은 극히 혼란스러운 것이다. 그리고 동물이든 인간이든 한 개체의 고통이 한 종이나 한 생태계나 한 행성의 고통보다 덜 중요할 수 있다는 생각 역시 그러하다. 그것은 마르크스주의 같은 사상과는 다른 방식으로 혼란스럽다. 공장의 존폐 여부를 묻는 것에 비할 때 누가 그 공장을 소유할 것인가를 논하는 것은 그다지 급진적인 일이 아닌 것이다.

숲을 지키는 사람들

오리건의 남서부, 그랜츠 패스의 로그강과 일리노이강은 시스키유 국립산림지대 안의 가파른 계곡을 통과하여 태평양으로 흘러간다. 이 지역 중 일부가 그 안에서만 사는 희귀종 난을 보호하기 위해 칼미옵시스 야생지역으로 공식 지정되었다. 하지만 2~3년 전에는 길도 없고 벌목도 하지 않은 야생지역이 640평방킬로미터나 있었다. 포어맨과 애비의 추종자들은 이곳에서 '서구 문명에 대한 근원적 도전'을 위한 작은 일을 시행하였다.

이곳에는 곰, 흰꼬리사슴, 쿠거, 루즈벨트 엘크, 늑대, 오소리, 살쾡이, 퓨마, 밍크, 수달, 비버 등이 살고 있다. 차가운 냇물에는 연어와 옥새송어가 산란을 한다. 가장 중요한 것은 이 지역에 오래된 숲이 있다는 것이다. 안정기에 접어든 이곳의 극상림(極相林)은 요즘 미국에서는 보기 드문 것이다. 상업적으로 적합한 미국의 숲은 2~3퍼센트를 제외하고는 적어도 한번은 벌목된 경험이 있기 때문이다. 극상림의 나무들이 단지 고목이라서 중요한 것은 아니다. 그곳은 어린 나무와 죽어서 썩어가는 나무가 한없이 복잡한 생태계를 이루고 있다. 하지만 최고 성장기를 지난 나무는 벌목꾼에게 이미 '쇠락한' 것이다. 그는 그것을 베어내고 열지어 심은 단일종의 '동일한 수령의' 나무 농장을 만들고 싶을 것이다. 임산품 업계에서는 '나무는 재생 가능한 자원'이라고 선언하지만 극상림은 그렇지 않다. 오래된 나무의 꺾어진 가지와 부서진 정수리, 그리고 길도 없을 만큼 외딴 곳에 있는 숲은 일부 종들에게 아주 소중한 서식지가 된다. 예를 들면 오리건의 반점부엉이는 다른 곳에서는 살지 않을 것이다.

산림청은 서부지역의 절반이 그러하듯이, 전체 미국 국민의 소유인 이 공공토지에 벌목꾼들을 허락하기로 했다. 평소의 사고방식에 따른다면 그 결정은 합리적인 것이었다. 계곡에는 일을 필요로 하는 벌목꾼이 있다. 세상은 많은 목재를 필요로 한다(글을 읽는 당신도 지금 이 순간 손에 나뭇가지 한두 개쯤은 들고 있을 것이다). 그리고 이런 험준한 시골에는 사람이 잘 오지 않는다. 그곳은 마치 애비의 책에 나오는 그런 계곡과도 같았다. 무엇하러 그런 곳을 구하고 보존하는가? 벌목꾼들이 극상림에 접근할 수 있도록 산림청은 시민의 세금으로 볼드 마운틴 산자락에서 숲 중심까지 도로를 건설하겠다고 했다. 그 길은 이 지역이 야생지역으로 보존될 수 있는 기회를 영원히 잃어버리게 만들 것이며, 도로가 놓이는 계곡마다 트럭과 사람들의 소음이 가득하게 될 것이다.

나는 공사가 반쯤 진행된 볼드 마운틴 도로를 지역주민인 스티브 마스덴(Steve Marsden)과 함께 걸었다. 실은 그 길을 걸어간 게 아니라 그로부터 3미터 정도 위로 난 능선을 따라걸었다. 마스덴은 판사에게 도로 접근 금지명령을 받은 상태였다. 그는 그 판결을 기꺼이 어길 각오가 되어 있었지만 절대적으로 그럴 필요를 느낄 때까지는 보류하기로 했다. 어쨌든 가끔 숲속으로 유려하게 구부러져 들어가는 그 능선길이 훨씬 더 아름다웠다. 그렇게 한 시간 정도를 걷다가 잠시 쉬려고 멈추었다. 거기 앉아서 바라보니 여러 그루의 미송, 브루어 전나무, 친코피아라 불리는 미국밤나무의 먼 친척, 여러 그루의 소나무, 동양의 백송, 전나무의 일종인 샤스타레드퍼와 그랜드퍼, 벌목 트럭에 묻어온 곰팡이에 의해 주변에서 거의 사라진 포트오포드 시더라 불리는 삼나무 희귀목이 있었다.

"이곳이 세계에서 가장 다양한 침엽수림일 거예요. 1평방마일 안에만 해도 침엽수가 17종이나 있지요. 그들은 약간 올라간 지대에 있어 지난 빙하기에도 빙하화되지 않았어요. 안데스의 시에라 산맥이나 워싱턴의 캐스케이드 산맥 같은 장관은 없지만 생물학적으로는 이 나라에서 가장 귀중한 숲이랍니다."

인간에게는 그것이 귀중하지 않을 것이다. 포트오포드 시더의 나무껍질은 인간의 암을 치유하는 물질을 함유하고 있지 않다. 그 나무는 다만 그 자신에게만 귀중할 뿐이다.

마스덴은 이 지역을 잘 알고 있다. "저는 산림청의 도로기사였어요. 도로가 전혀 없는 지역으로 가서 도로를 내기 위한 지형조사를 했지요. 저는 늘 원시림 안에서 일했어요. 그저 맡은 일을 할 뿐이라고 저는 생각했고 다른 동료들도 그랬지요. 하지만 저와 많은 동료들은 산림청이 일을 잘못한다는 데 공감했고, 그래서 우리 자신을 직업과 분리시키고 있었어요." 마스덴은 결국 자신을 직업으로부터 완전히 분리시켰다. 숲에 관한 산림청의 태도를 더 이상 참을 수가 없었던 것이다. "야생지역은 삼림전문가들의 신경을 건드리고 불편하게 합니다. 그들이 몇 년 동안 공부하며 배운 것이라곤 숲이 관리되어야 하는 존재란 것뿐이기 때문이지요."

판사의 저지가 있기까지 그들은 고엽제 비슷한 제초제를 헬리콥터로 뿌려 관목 성장을 억제하려 했다. "산림청의 그런 행위는 옥수수 재배와도 비슷합니다. 잡초를 제거하고 비료를 주고 묘목을 심는 것이 같죠. 그리고 수확할 때가 되면 한 지역의 모든 나무를 한꺼번에 베어냅니다. 그런 행위는 산불보다도 더 지독하게 생태 파괴적입니다. 적어도 산불의 경우에는 그곳에 남아 있는 게 있습니다. 대부분의 바이오매스(biomass : 열자원으로서의 식물체 및 동물 폐기물-옮긴이)는 거기 그냥 존재합니다. 목재처럼 그곳을 떠나 샌디에이고의 주택을 만들지는 않지요."

볼드 마운틴로가 최초로 제안되었을 때 마스덴은 다른 지역 환경운동가들과 함께 그곳을 길 없는 지역으로 보존하려 했다. 그들 중 한 사람이 쓴 편지가 어스퍼스트에 경보를 울렸고, 곧 포어맨과 함께 단체 설립에 공헌했던 마이크 로젤(Mike Roselle)이 그랜츠 패스에 도착했다. 로젤은 도로공사에 반대하는 사람들이 꽤 있었지만 신체 위협을 감수하면서까지 운동을 할 사람은 별로 없음을 알게 되었다. 마침내 마스덴을 포함한 두 명의 지역주민과 로젤이 불도저 앞에 드러눕기로 했다.

이것은 핵반대대회 같은 것과는 달랐다. 그곳은 인근마을에서도 24킬로미터나 떨어진 곳에 있는 구불구불한 길이었고 주변에 둘러서서 그들의 시위를 지켜볼 기자들도 없었다. 그리고 그들이 싸우는 대상은 사람을 체포하는 훈련을 받은 경찰이 아니라 숲을 갈

앞는 중장비 운전자들이었다. 로젤은 말했다.

"우리는 덜덜 떨었고 겁이 나 죽을 지경이었지요. 우리 친구들 중 한 사람이 카메라를 들고 와서 기자인 척 했어요. 기자가 있으면 그들이 조금은 덜 막무가내일 거라는 생각이 우리의 희망이었지요. 그로 인해 6개월을 받을지 10년형을 받을지는 알 수 없었어요. 변호사에게 물었더니, 무조건 그만두라고만 하는 거예요. 첫날 우리는 건설업자들에게 우리를 소개했지요. 당신들한테 개인적 감정이 있어서 그러는 것이 아니라 다만 이 길이 마음에 안 들고 공사가 중지되기를 바라기 때문이라고요. 다음날 우리는 그 공사를 중단시켰지요."

체포되어 수감되었다가 방면된 그들은 공범자들을 더 모아 다시 공사장으로 갔다. 여름이 끝날 무렵 그들의 숫자는 45명에 이르렀다. 그들은 산림청의 도로봉쇄를 피해 내가 마스덴과 함께 걷고 있는 이 길을 통해 밤에 산으로 진입했다.

물론 그런 식의 데모는 새로운 것이 아니다. 불도저가 발명된 이후 사람들은 여러 번 그 앞을 맨몸으로 가로막았다. 하지만 이 지구의 커다란 외딴 지역들이 인간이 그곳에 대해 수립한 계획보다 더 큰 중요성을 내재하고 있다는 주장은 여전히 흔하지 않은 것이었다. 어쨌든 시위는 효과가 있었고, 변호사들이 공사금지소송을 청구하여 이길 때까지 도로 건설은 몇 달이나 지연되었다. 그것이 문명을 변화시키는 것은 아니었지만, 로마 역시 하루아침에 무너지지는 않았다.

선택이 불가피한 시대

몇 년 전 서부 여행에서 그런 사람들을 인터뷰하면서 나는 주변의 자연풍광을 함께 살펴보았다. 나는 그들의 용기에 감탄했고, 그들이 하는 말의 맥락을 더 잘 이해할 수 있었다. 하지만 나는 동부사람이다. 나는 땅을 대상으로 하는 투쟁이 빈번한 그런 곳에서 사는 것이 무엇을 의미하는지에 대해 직관적 감각이 없다. 미국 동부나 유럽대륙의 사람들은 정착해서 지배할 곳을 거의 다 정해놓은 상태이다. 실은 거의 모든 지역이 이미 그렇게 되었다. 애디론댁처럼 몇몇 남아 있는 야생지역은 법이나 전통으로 보호되는 곳이다. 그래서 언젠가 볼드 마운틴을 한번 본 후 도로 건설 계획이 좋지 않은 발상이라고 생각하게 되었지만(그 빽빽한 숲에 들어서서 그곳을 벌목하겠다고 결정하는 것은 금전적 이해관계가 없다면 누구라도 어려운 일이다), 나는 그 공사를 저지하는 것이 생사의 문제라고는 생각하지 않았다. 그리고 내게는 산업문명에 대한 근원적인 도전을 담은 연설들이 도가 지나친 미친 짓처럼 보였다.

하지만 이후 나는 온실효과에 대해 더 잘 알게 되었다. 우리의 생활양식 때문에 대기가 변하는 상황에서 심층생태학 같은 개념은 철학적 이유 이상의 관심을 유도했다. 비록 극단적 해결책이긴 하지만 우리 역시 극단적 시대에 살고 있다. 나는 40억 년의 자연시대가 하루아침에 인공시대 1차년도로 변하는 것보다 더 극단적인 변화를 상상할 수 없다. 산업문명이 자연의 종말을 가져오고 있다면, 최소한 그 변화를 논하는 일이 심히 어리석은 일로 보이지는 않는다.

지난 몇십 년간 우리는 개인적·국가적 차원에서 몇 가지 적절한 조치를 취했다. 야생지역을 지정하고 사라진 독수리를 다시 찾아오게 하고 휘발유에서 납을 제거했다. 당시만 해도 세상은 우리 생활양식의 근본적 변화를 요구하는 것 같지 않았다. 하지만 아마도 지금은 그런 것을 요구하는 듯하다. 소로우에게는 미학적 선택이었던 것이 우리에게는 현실적 선택이 되어버렸다. 비유적으로 말하자면 그 선택은 글자 그대로는 아니어도 끝없이 늘어선 목 없는 닭인가, 아니면 새롭고 겸허한 삶의 양식인가에 대한 것이다.

현대사에는 그런 극적인 순간들, 대규모의 완전한 변화가 가능해보이던 그런 순간들이 더 있었다. 공황 전에 사회주의는 대부분의 미국인들에게 말도 안 되는 급진적인 것이었다. 그것은 끝까지 추적해서 없애든가 추상적이고 철학적인 용어로 토론해야 하는 대상일 뿐이었다. 그러나 공황이 오자 사회주의는 더 이상 우스꽝스러워 보이지 않았다.

프랭클린 루즈벨트는 사회주의보다 더 낫고 덜 급진적인 해결책을 들고 나왔다. 사회보장제도가 탄생한 것이다. 하지만 대안이란 다만 그것이 좀더 온건하다 해서 항상 옳은 것은 아니다. 겸허한 세상, 또는 그와 비슷한 아이디어가 비록 급진적이지만 필요할 수도 있다. 다리를 잘라내는 것은 과격한 일이지만 그것이 최선일 때도 있는 것처럼.

내 삶의 선택들

우리 집 뒤로 애견과 함께 반시간 정도 올라가면 산 정상에 이른다. 나는 이제 그 산을 잘 알고 있다. 모든 골짜기, 작은 시내, 큰 바위, 바위 가장자리의 틈까지 하나하나 잘 알고 있다. 나는 또 사슴이 나오는 곳과 그 사슴을 쫓는 코요테들이 나오는 곳을 알고 있다. 이곳은 볼드 마운틴도 아니고 벌목된 적이 없는 처녀림도 아니지만 그래도 깊고 고요하고 아름다운 장소다.

이곳에서 나는 새로운 기후가 정착되면 무슨 일이 일어날까 하는 생각에 마음이 어두워지곤 한다. 나무들이 죽은 언덕은 비가 오면 흙을 붙잡아둘 수가 없게 된다. 골짜기는 더 가파르게 되고 사슴은 점점 줄어드는 풀을 찾아 헤맬 것이다. 마침내 경사면은 풀과 관목들 세상이 되어 그나마 남아 있는 흙에 안쓰럽게 매달리거나 유전공학적으로 개량되어 완벽하게 열에 견디는 소나무의 공동묘지 같은 곳이 될 것이다.

산 정상에서 한 바위턱에 서면 저 아래 소나무를 배경으로 하고 있는 나의 하얀집이 보인다. 거기서는 자동차, 침실, 난로 위의 굴뚝 등 나의 물질적 삶 전체가 보인다. 나는 그 삶이 좋다. 나는 그것이 아주 좋다. 하지만 선택은 불가피해 보인다. 저 아래의 그런 삶이 극적으로 바뀌든지 또는 내 주변의 모든 삶이 변해 사라지든지.

이것은 끔찍한 선택이다. 2년 전 결혼했을 때 아내와 나는 평균적인 꿈과 희망을 가지고 있었고 머지않은 장래에 그것이 가능하리라 생각했다. 우리는 여행을 사랑한다. 그래서 일에 얽매이지 않도록 그렇게 인생을 설계했다. 우리 집은 크고 좋다. 집이 아이들 떠드는 소리로 가득 차는 것은 다만 시간문제로 보였다.

하지만 온실효과의 영향이 더 분명해짐에 따라 우리는 기존의 욕구를 줄이고 차단하기 시작했다. 자동차로 긴 여행을 하는 대신 집 옆의 도로를 자전거로 다녔다. 뒤뜰에 장작으로 물을 덥히는 욕조 대신(내 취미 중 진정한 사치에 해당하는 것이었다) 멋진 이중 유리창을 설치했다. 다른 대부분의 변화도 이와 유사하게 소소한 것들이다. 우리는 장작을 때서 난방을 한다. 실내온도는 대체로 13도를 유지한다. 쇼핑은 1년에 열두 번만 가기 때문에 이전보다 차도 덜 쓴다. 아무 데도 가지 않는 때가 몇 주씩 계속될 때도 있다. 나는 농사를 잘 못 짓지만 그래도 우리가 먹을 것을 점점 많이 기르려 한다.

그래도 역시 그런 일은 쉽다. 특히나 시골에서 산다면 말이다. 그것들은 희생이기도 하나 즐거움이기도 하다. 집안 다른 곳은 매우 춥지만 난롯가는 따뜻하다. 순전히 취미였을 때보다는 나를 불안하게 하지만 나는 밭에서 흙을 파는 것을 좋아한다. 폭풍으로 토마토 나무가 쓰러지면 나는 약간 불쾌해진다. 먼 거리를 여행하면서 새로운 경치를 보지는 못하지만, 대신 우리 집 주변 몇 평방킬로미터 내의 자연은 철마다 다른 분위기를 더 잘 알게 되었다.

하지만 더 어려운 변화도 있다. 점점 작아지는 세상이 우리를 구속하고 답답하게 하는 그런 것들이 있다. 나와 아내는 우리가 살고 있는 세상이 우리가 이전에 자라던 세상이 아니며, 우리의 꿈과 희망이 형성되던 그 세상이 아님을 깨닫게 되었다. 우리가 얼마나 간절히 아기를 원하는지 되도록이면 생각하지 않으려 노력하며 살아간다.

그것보다 더 많은 것이 희생될 수도 있다. 때로 나는 산 정상에 서서 언젠가는 다른 사람들 곁에 살기 위해 이사를 가야 하지 않을까 생각한다. 아마도 그것이 에너지를 사용하는 데에 더 효율적일 것이다. 나는 숲을 등지고 떠날 수 있을 만큼 숲을 사랑하지 않는가? 나는 거기 서서 동쪽으로 난 산들을 바라보고 남쪽의 호수를 바라보고, 서쪽으로 물결치며 뻗어나간 야생지역을 바라보고, 그리고 아래쪽의 집에서 푸른 연기가 나오는 굴뚝을 본다. 한 세상이나 또 다른 세상이 변해야만 할 것이다.

버려야 하는 익숙해진 우리의 욕구

만일 인간 세상이 변하여 이 겸허한 철학이 확산된다면 지구는 어떤 모습이 될까? 그것은 한 달에 한번만 샤워하고 일정 수입이라곤 없는 괴짜에게만 매력이 있을 것인가?

자세한 그림을 그리기는 어렵다. 도전적 미래를 그리는 편이 훨씬 쉽다. 현재의 소망을 단지 연장하기만 하면 되니까 말이다. 나는 내 온 삶을 '더 많이' 원하면서 살아왔다. 그러므로 부정적이 아닌 방식으로 '더 조금'을 상상하기는 어렵다. 하지만 그 상상력이 중요하다. 우리의 사고방식을 바꾸는 것이 문제의 핵심이다. 그렇게 되면 행동은 자연히 따라온다.

예를 들면 온실문제를 해결하기 위해 사람들은 좀더 효율적인 세탁기를 들여놓을 필요가 있다. 하지만 그런 세탁기를 사고 나서도 옷을 많이 가지는 것이 당신의 권리이고 기쁨이라고 생각한다면 우리의 본질적인 타성은 바뀌지 않을 것이다. 옷이 많다는 것은, 소유물을 축적하고 오직 인간의 욕망만이 중요한 척도인 현재 세계와 비슷한 의미를 내포하기 때문이다. 그런 세상은 어느 정도 온실효과를 이겨낸다 하더라도 순식간에 유전공학의 풍요의 뿔 같은 것에 넘어갈 수 있다. 이와 반대로 가진 옷을 최소한의 편안한(심지어 불편한) 수준으로 줄이고 이웃집과 공동으로 효율적인 세탁기를 사서 사용할 수도 있다. 그런 지점, 커다란 옷장 가득히 옷을 쌓아 놓은 것이 약간 불합리하고 비자연적으로 보이는 지점에 도달했다면, 우리는 현재 매달려 있는 흔들리는 가지에서 내려오기 시작한 것이다.

'불합리'와 '비자연적'은 '틀린'과 '비도덕적'과는 다르다. 이것은 도덕적 논쟁이 아니다. 멋진 옷을 많이 가지고 있는 데는 아름다움이나 기발함 등과 관련된 타당한 이유가 많이 있을 것이다(그리고 차를 운전하거나 자녀를 많이 낳는 것에도 더 많은 더 좋은 이유들이 있을 것이다). 하지만 그런 이유들은 그런 욕망이 자연세계에 주는 부담보다 더 크지 않다. 우리가 그를 분명히 알 수 있다면 우리의 사고는 절로 바뀔 것이다.

이 특별한 예에서 보듯이 사고는 행동보다 더 급진적이다. 우리가 거대한 옷장을 가지지 않기로 하고(우리 자신을 보는 전반적 방식들에 반하여), 모든 가정이 세탁기를 소유하는 것에 반대한다면 (다시 말해서 만연한 개인 소비주의에 반하여) 우리는 옷을 세탁하기 위해 세탁기가 있는 곳으로 가야 한다. 만약 사람들이 그 문제에 대해 아직 마음을 바꾸지 않았다면 그것은 비난받아야 할 일이며, 당신은 비밀경찰을 고용하여 아무도 사적으로 빨래를 못하도록 감시해야 할지도 모른다. 그러나 사고의 변화가 없다면 그런 일은 그럴 만한 가치도 없고 그런 방식은 효과도 없다. 하지만 우리가 마음을 바꾸면 현재의 생활방식은 곧 이멜다 마르코스(Imelda Marcos)의 6000켤레 구두만큼이나 기묘하게 보일 것이다.

보다 겸허한 세상이 과거를 닮으리라고 상상하는 것은 당연하다. 하지만 단지 100년 전 대기가 더 깨끗했다고 해서 이후 전개된 모든 상황을 잊어야 하는 것은 아니다. 아내와 나는 방금 우아하고 환경적으로 건전한 통신수단이며, 더 적은 자원을 사용하는 진보된 방식이라는 생각으로 팩스를 샀다. 하지만 더 겸허한 세상에서 통신이 꽃핀다면 교통은 시들 것이다. 사람들이 직장뿐 아니라 식품공급 원천에 가까이 살게 되기 때문이다.

사철 오렌지를 먹는 것은(북부 위도에서는 어떤 철이라도) 우리 능력을 넘어서는 지나친 야심으로 보일 것이다. 이는 열대지방에서 사과 없이 사는 법을 배워야 하는 것에도 적용된다. 우리, 또는 적어도 우리 손자들은 우리가 평화봉사단 같은 단체를 통해 농부들에게 권유하는 자전거로 동력을 공급하는 물 펌프, 태양열로 요리하는 난로처럼 '지속적인 발전'을 위한 '적절한 기술'을 사용하게 될 것이다. 그리고 개발도상국에서처럼(이 단어는 자부심의 원천으로 변할 것이다) 더 많은 서구인들이 저녁식사와 더 직접적으로 관련된 직업을 가지게 될 것이다. 다시 말해 그들은 농사를 짓게 될 수도 있다. 이는 약간 기이하고 유토피아적으로 들린다.

하지만 전통적인 유토피아적 생각 역시 별로 도움이 안 된다. 물론 그것은 인간의 행복을 증진시키기 위해 만들어졌다. 그러나 이제는 과밀한 인구, 스트레스, 의미 있는 일자리의 부족, 충분하지 못하거나 과도한 섹스 등으로 인해서 고통이 되었다. 기계는 폐기되었고, 도시는 버려졌고 가정을 꾸리는 것은 불법이 되었다. 이 모든 것이 인간의 이름으로 행해졌다. 손톱에 낀 (기계의) 기름때가 당신을 더 행복하게 할 것이다.

내가 그리고 있는 겸허한 세계는 그와 정반대다. 그 세계에서 인간의 행복은 두번째로 중요하다. 아마도 우리가 키부츠나 제퍼슨식 농장(제퍼슨 대통령은 은퇴 후 고향의 농장에서 줄곧 시간을 보냈는데 '이 새로운 삶이 한없이 행복하다'고 했다-옮긴이)에 살지 않고 두세 개의 거대도시에 개미들처럼 몰려 산다면 지구에게는 최선일 것이다. 나는 겸허한 세상이 행복한 펜실베이니아 퀘이커 마을(펜실베이니아의 퀘이커 교도들은 기계가 없는 고전적이고 검소한 생활을 한다-옮긴이)처럼 되리라고는 보지 않는다. 인간의 슬픔 중 어떤 것들은 감소하겠지만 다른 슬픔은 커질 것이다. 하지만 요점은 그게 아니다. 내가 말했듯이 이것은 유토피아를 건설하려는 게 아니다. 나는 지금 행복하다. 이것은 다른 것, 우리의 욕구가 엔진처럼 우리를 몰고 가는 세상이 아닌 아토피아(atopia: 사유지 경계선이 없는 사회. 헬무트 빌케의 책 제목에서 유래한 말-옮긴이)에 대한 시도이다.

아토피아의 기본 규칙은 몇 가지 되지 않을 것이다. 우리는 숫자를 늘리려는 욕구를 극복해야 한다. 인구 또한 점점 더 줄어야만 한다. 얼마나 줄 것인지는 미지수지만 말이다. 일부 심층생태학자들은 인구가 1억을 넘어서는 안 된다고 주장한다. 그것은 100년 전의 수준이다. 그리고 그들은 석유만이 아니라 목재, 물, 화학약품, 땅 같은 자원을 적게 사용해야 한다. 그것이 중요한 원칙이다. 하지만 이것들은 현실적인 규칙이지 도덕적 규칙이 아니다. 그 안에는 채식, 사냥, 공동, 은자(隱者) 문화 등 수많은 문화가 여전히 존재할 수 있다.

캘리포니아대학 교수인 조지 세션스(George Sessions)와 빌 드볼(Bill Devall)은 몇 년 전 출판한 《심층생태학 Deep Ecology》에서 심층생태학의 원리를 잘 요약했다. 그 책은 때로 태평양 연안에서 나왔다는 느낌을(이 철학이 우리에게 "우리 몸과 흐르는 물의 리듬의 자연발생적이고 장난스러운 교감을 통해 발견된 관능적인 조화로움과 함께 춤추는 환희로운 자신감"을 보여줄 수 있다는 방법론이 있다) 주긴 하지만, 현재의 세계관과 그들이 제안한 대체 세계관 사이의 극명한 대조를 솔직하게 보여주고 있다. 즉 그것은 물질적·경제적 성장 대신에 '우아하게 단순한' 물질적 욕구, 소비주의 대신에 '이미 족한 것으로 꾸려가는 것'을 말한다. 그 책은 또 심층 생태학, 즉 겸허한 철학이 답해야 할 질문은 많으나 풀지 못한 문제도 많은, 아직은 유아기의 철학이란 것을 솔직하게 인정했다. 도대체 어느 정도가 충분한 것인가? 가난한 사람들은 어찌 하나?

그런 것은 어려운 질문이다. 그래도 우리의 상상력이 미치지 않는 분야는 아니다. 우리는 축적과 성장이 경제적 이상이라 결정했지만 동시에 또 유언장, 이자 받고 돈 빌려주기, 청교도주의, 초음속비행기도 발명해낸 사람들이다. 그런 우리가 '적게 쓰고 살기' 전면전에서 덜 우수한 아이디어를 낼 이유가 어디 있겠는가?

어려움은 확실히 지적인 것이 아니라 심리적인 데 있다. 삶의 양식의 변화를 생각할 수 없다기보다는 그러고 싶지 않은 것이다. 비록 우리의 생활양식이 자연을 파괴하고 지구를 위태롭게 했을지라도 다른 방식의 삶을 상상하기는 어렵다. 자신들의 삶을 통해 우리에게 길을 제시해준 소로우나 간디는 예외적인 경우라며 제쳐놓는다. 그들이 가리키는 곳으로 가야 할 이유는 없다고 예의 바르게 거부하고 있는 것이다. 실제 삶을 통해 그들이 우리에게 던진 도전은 그들이 저술한 책이나 연설보다 훨씬 더 강렬하다. 그들이 그런 단순한 삶을 살 수 있었으므로, 우리가 그럴 수 없다고 말하는 것은 소용이 없다. 나는 그럴 수 있다. 내가 지금 사용하는 돈의 반 정도로도 난 해나갈 수 있을 것 같다. 생활양식을 단순소박하게 만드는 것은 우리의 능력 밖에 있지 않다. 아마도 우리의 욕구 밖에 있다는 말이 맞을 것이다.

더 이상은 미룰 수 없는 선택

욕망도 중요하다. 우리에게 반드시 겸허하게 살라고 강요하는 것은 없다. 우리는 자유의지로 그와는 다른 도전적인 코스를 선택해 결과를 지켜볼 수도 있다. 그러나 우리가 단 하나 절대적으로 해야 하는 것은 화석연료의 즉각적 절감이다. 이것만은 선택사항이 아니다. 어떤 미래를 선택하기 위해서도 그렇게 해야 한다. 하지만 모든 사람이 동시에 물질적 욕구를 줄이리라는 확실성은 없다. 그러나 점점 더 자연과 괴리되는 세상에 살지 않겠다면 그렇게 해야 한다. 도전적 대안이든 겸허한 대안이든 이 세상을 변화시킬 온실효과에 적응할 방법은 제시된다. 우리에게 선택의 기회를 주는 것이다.

이 선택에 대한 첫번째 분명한 반대는 선택의 자유가 존재하지 않는다는 것이다. 즉 언제나 쉬지 않고 전진하는 것이 '인간 본성'의 불가피한 생물학적 속성이라는 것이다. 이것은 지적 책임회피다. 그것이 사실일 수는 있지만 그 문제에 대해 생각해본 사람들에게는 여전히 선택이라는 도덕적 부담이 있다. 주로 동양의 경우지만 선택에 의해 수백 년간 시간을 정지해놓은 문명의 예가 있다.

나는 이제 유전 실험을 하지 않고 새 댐도 짓지 않기로 결정하는 세계를 상상할 수 있게 되었다. 19세기 후반 몇몇의 사람이 벌목되지 않는 숲을 상상한 결과로 애디론댁이 보존되었던 것처럼 말이다. 그런 세상이 어떤 모습일지는 잘 모르겠다. 아마도 도전적 '개발'을 제한하는 거대하고 강력한 사회적 금기가 정립되어야 할 것이다. 유전자 개량된 닭이나 대가족에 대해서는 거의 종교적이랄 수 있는 공포심이 생기게 될 것이다. 나는 여기서 나아갈 길이 보이는 가능성을 시사하는 것이 아니다. 다만 논의상 그런 세상을 상상할 수 있다는 뜻이다. 특정 기술을 소유했다고 해서 그를 사용할 의무까지 있는 것은 아니다.

두번째 분명한 반대는 지금 결정할 필요 없이 미래 세대에게 미루는 것이다. 이렇게 미루는 것은 매력적이고 전통적으로 해온 일이다. 우리도 이 특정 문제를 1864년부터 지금까지 미루어왔다. 그때 환경전문가 조지 마시는 인류의 벌목 행위 및 습지에서 물을 빼내는 행위를 우리가 살고 있는 "집에서 마룻바닥과 문과 창틀과 목재 몰딩장식까지 뜯어 태워서 몸을 덥히는 격"이라고 비유하며 경고했다.

나는 지금까지 왜 더 이상 그 결정이 유보되어서는 안 되는지를 설명했다. 우리는 지금 이산화탄소 배출량이 용납할 수 없는 정도까지 증가해버린 세계에 살고 있다. 우리가 죽기 전에 아무런 조치도 취하지 않는다면 전세계의 열대우림은 지구를 둘러싸는 갈색 띠가 되어 수천 년을 갈 것이다. 우리가 불운한 것일 수도 있다. 1890년에 태어나 모든 것이 향상될 것이라고 확신하며 살다가 1960년에 죽었으면 좋았을 것이다. 하지만 우리는 유전공학이 이미 속도를 얻기 시작해 아무도 그를 멈출 수 없게 된 그런 시대에 살고 있다. 그 기술이 루이스 토마스의 말처럼 "사회에 존재하는 미해결

질병의 대부분을 치유하는 데"만 쓰이고, 나무를 곧게 만들거나 거대한 송어를 기르는 데는 쓰지 않도록 할 수 있다는 편안한 생각은 내게는 실현 가능성이 없어 보인다. 우리가 이미 그런 일을 하고 있기 때문이다.

우리는 당연히 천년왕국운동(종말론적인 천년왕국설. 천년이 끝나는 시기에 세계의 종말이 온다며 현실 도피적이고 체념적인 삶을 살게 만들고 공포와 불안의 사회 분위기를 조성하는 운동 - 옮긴이)을 경계해야 한다. 현재를 살아가는 우리들이 그런 문제를 처리해야 한다는 것은 정당하지 않을지도 모른다. 하지만 우리 선조들이 히틀러와 싸워야 했던 것도 정당한 것은 아니었다. 미국감리교회는 새 찬송가집을 채택했다. 이 과정에서 통상적인 여성차별과 군국주의에 대한 논쟁과 함께 제임스 로웰(James R. Lowell)이 만든 남북전쟁시대의 훌륭한 찬송가에 대한 논쟁도 있었다.

> 모든 인간과 국가에 한번은 결정의 순간이 온다
> 진실과 거짓의 싸움에서
> 선의 편에 설 것인가 악의 편에 설 것인가
> 위대한 대의, 신의 새 메시아가 우리들 각자에게
> 최성기를 줄 것인가 쇠락기를 줄 것인가
> 그런 선택은 영원히 지속된다.
> 빛과 어둠 사이에서

찬송가위원회는 이것이 불건전한 신학이라며 이 곡을 사용하지 않기로 결정했다. 결정의 기회가 단 한번이라면 기회가 충분하지 않다는 것인데 한 인간이 개혁을 하는 데 있어 너무 늦은 시간이란 없기 때문이다. 하지만 이것은 마틴 루터 킹(Martin Luther King) 목사가 가장 좋아하던 찬송가 중 하나였다. 나는 개인적 구원은 아닐지 몰라도 최소한 공공정책 차원에서는 그 말이 너무나 진실이지 않을까 두려울 정도다.

우리는 이대로 살고 싶다

이 두 개의 길 중 우리는 어느 것을 선택할 것인가? 확실히 알 수는 없지만 쉼 없이 몰아대는 우리 시대의 타성은 겸허한 길의 선택을 너무나 어렵게 하는 반면 도전적 길의 선택은 믿을 수 없을 정도로 쉽게 만든다.

나에게는 벌목꾼 이웃이 있다. 내가 짐 프랭클린이라 부르는 그는 애디론댁의 산성비가 환경보호주의자들이 너무나 많은 땅을 야생지역으로 보호하여 생긴 '너무나 많은 나무들' 때문이라고 진실로 믿고 있다. 그는 땅에 쌓이는 솔잎더미에 대해 나름대로 이론을 만들었는데 여러 번 들었어도 나는 그것을 여기 옮기지 못하겠다. "내가 산림감시원에게 이 이야기를 해주었는데 그는 나를 빤히 보기만 했지요"라고 말하며 짐은 그것이 음모의 증거인 양 생각했다. 우리가 무엇을 믿는 것은 그것이 믿을 필요가 있기 때문이다(이것이 새로운 지혜는 아님을 나도 깨닫는다). 짐은 경제적 이유로 벌목을 원한다. 그리고 심리적·문화적 이유로도 벌목을 원하며, 그의 욕구를 뒷받침할 이론도 만들었다. 하지만 그것은 거짓말이 아니다. 그는 그것이 진실이라고 믿고 있다.

뮤어가 멕시코만으로 가는 1600킬로미터 도보여행 중에 노스캐롤라이나의 매우 낙후된 지역에서 만난 한 남자는 이렇게 말했다. "나는 신의 계시를 믿어요. 우리 조상들은 이 계곡으로 와서 그중 가장 기름진 곳을 얻었고 최고의 토지를 가졌지요. 이제 이 땅의 지력이 다해 옥수수가 나오지 않습니다. 하지만 신은 이런 상황을 예견하시고 다른 것을 우리에게 마련해주셨지요. 그게 무어냐고요? 신은 우리에게 이 구리광산과 금광을 열어주셔서 우리가 기를 수 없는 옥수수를 살 수 있게 해주셨지요." 이 주장에는 분명 약점이 있지만 새로운 유전공학이 약속하는 풍요의 뿔처럼 호소력은 대단하다. 그것은 우리가 변화할 필요가 없음을 의미한다.

우리는 변하고 싶지 않다. 짐은 언제나 그랬듯이 벌목을 하고 싶다. 나도 늘 그랬듯이 차를 몰며 큰 집에 살고 싶다. 생물학의 대세가 우리를 계속 다스린다. 우리가 무언가 어리석은 짓을 하고 있다고 깨달을 때조차도 말이다. 성장하고 확장하는 것이 합리적이었던 수억 년 전부터의 이 유전적 유산을 쉽게 버리지 못하는 것이다.

반면에 반대하는 힘은 매우 약하다. 예를 들면 일부 환경전문가들은 희한한 방법으로 사람들이 전지구적인 위협을 잊어버리기 쉽게 했다. 1960년대 후반과 1970년대 초반에 무서운 예언을 담은 공포소설이 홍수처럼 쏟아져 나왔다. 에를리히는 다음과 같이 예측했다.

"현재의 인구증가율이라면 지구상에는 1000경의 사람들로 1평 방마일당 1700명이 살게 될 것이다. 이것을 좀더 먼 미래로 연장해 보면 약 2000년이나 3000년 후에는 사람들의 무게가 지구보다 더 나갈 것이다. 5000년 후에는 지구상에 보이는 모든 것이 다 사람으로 변하고, 그들은 광속으로 팽창할 것이다."

그러나 이것이 기계적으로는 가능하지만 하도 비현실적이라서 우리는 마음 놓고 무시할 수 있었다. 또한 그는 온실효과가 해수면을 76미터 상승시킬 것이라고 예측했다. "엠파이어 스테이트빌딩으로 곤돌라 타고 가실 분 계세요?"라고 묻는 소리, 또 "이리호가 죽었습니다……. 미시간호도 곧 사멸할 것입니다"라는 소리가 들릴 것이라고도 했다.

하지만 그런 일은 일어나지 않았다. 이리호는 다시 살아났다. 여전히 병들긴 했지만 죽진 않았다. 석유 파동은 곧 완화되었고 석유공급이 과잉되기도 했다. 물론 온실효과는 현실적으로 해수면을 3미터 상승시킬 것이다. 그것은 심각한 문제이긴 하지만 76미터에 비하면 아무것도 아닌 것처럼 들린다. 종말론적 예언이 하나씩 빗나갈 때마다 환경전문가에 대한 우리의 신뢰도 함께 사라졌고, 어떻게든 우리가 이겨나가리라는 믿음은 증폭되었다.

우리는 우리의 자세를 바꾸지 않기 위해 이유를 찾고 있다. 기존 질서의 타성은 막강하다. 환경적 경고를 무시할 그럴듯한 이유,

심지어 그럴듯하지 않은 이유까지도 생각해낼 수 있다면 우리는 그렇게 할 것이다. 싱어가 최근 《월스트리트 저널 Wall Street Journal》에서 말한 것처럼 한 사람의 과학자가 온실효과를 '사실과 공상의 혼합물'이라고 말한다면, 우리는 그 말을 빌미로 온실효과가 터무니없는 가설이라고 주저 없이 말하려 할 것이다. 그리고 모든 것이 다 괜찮을 것이라고 믿게 할 만한 그럴싸한 이유를 상상해낼 수 있다면, 예를 들어 누군가가 우리에게 지구를 '관리'할 수 있다고 말해준다면, 우리는 그 말을 믿고 싶은 유혹에 빠질 것이다.

1980년 레이건이 대통령에 출마했을 때 그는 우리가 '한계의 시대'에 살지도 모른다는 생각에 날카로운 공격을 퍼부었다. 지구와의 새로운 관계를 이루기 위한 길에서 아마도 최초로 인정해야 할 이 한계 개념, 심층생태학으로 가는 긴 여행에서 최초의 아기 걸음마가 될 이 생각은 카터 행정부에서는 그나마 약간의 지지를 얻었다. 하지만 레이건은 그 생각을 무자비하게 공격했다. 가끔 나무가 오염원이라는 등의 말을 하는 바람에 곤경에 빠지기도 했지만 미국은 그를 용서했다. 미국인은 그의 말을 믿고 싶어했다. 비록 그림자가 더 길어지는 듯 보였지만 '미국에서는 여전히 아침'임을 믿고 싶었던 것이다. 그러나 불행히도 낙관주의는 오존층에 도움이 되지 못했다.

우리에게 의존하고 있는 미래세대

크게 볼 때 우리의 무력함은 풍요의 문제다. 통찰력 있는 수필가이며 농부인 웬델 베리는 말했다. "농경생활이 인간에게 혜택을 주는 대가로 심한 보상을 요구했기 때문에 그런 보상을 회피하기 위해 산업시대가 창조되었다." 그러한 초기 농경시대에서 수세대를 지나 온 대부분의 서구인들은 자신들이 누리는 현재의 풍요를 당연한 권리라고 생각한다. 그래서 에너지 위기가 모든 사람의 관심을 끈 것이다. 그것은 순식간에 우리를 무기력하게 만들었다. 그래서 우리는 카풀을 했다. 즉 차내 라디오 주파수의 독점 조작권을 포기한 것이다.

하지만 우리는 단지 개인적 차원에서만 낙담했던 것 같다. 우리는 가솔린을 못 쓰게 될까봐 두려웠고 가솔린 가격이 높아서 속상했다. 몇 년 전 내가 운전을 시작하고 처음으로 주유기 계기판에서 주입량 표시 숫자가 가격(달러로) 숫자보다 더 빠르게 변하는 것을 지켜보고, 또 텍사코 주유소에서 고객에게 유리잔을 서비스하기 시작했을 때 나는 이것이 석유위기의 의미에 대한 진짜 시험이 될 것이라 생각했다. 사람들이 그것을 지구의 취약성이나 본질적 유한성에 대한 경고로 받아들였다면 석유가격이 내려간 후에도 계속해서 소형 도요다 자동차를 몰았을 것이다.

1988년 화석연료와 온실효과에 대한 상원에서의 증언이 있은 지 한 달 후인 8월의 혹서 속에서 《뉴욕 타임스》는, '지구가 반격한다'는 대문짝만한 헤드라인으로 시작하여 1면 전체에 인기 있는 신형차 특집기사를 실었다. 기사는 '전세계 자동차업자 마력경주 재개(再開)'라는 선언으로 시작되었는데 스포츠카 코르벳 성능이 245마력에서 400마력으로 껑충 뛰었으며, 시속 320킬로미터를 초과하는 페라리 스포츠카를 사려고 기다리는 사람들이 줄을 섰다는 이야기였다. "이제 기름값이 저렴해져 빠른 차는 다시 한번 성공의 상징이 되었다. 차의 성능이 세간의 화제다"라고 GM의 다지 자동차 광고부사장은 기자들에게 말했다. "사람들에게는 돈이 있고, 그들은 이전처럼 즐거운 드라이브를 원한다."

상황은 이전으로 되돌아갔고 연방정부는 그해 가을 연료경제법을 완화하기로 결정했다. 1976년부터 미국의 자동차 제조업자는 신차의 평균 연료효율을 올리도록 법으로 명시되었다. 1988년 기준으로 신차는 리터당 11.6킬로미터 연비를 내야 했다. 하지만 자동차업자들은 소비자의 요구를 인용하면서 전체적인 기준을 기존 법규대로 맞추려면 초대형차의 생산을 제한해야 할 것이라고 말했다. 하지만 GM의 캐딜락은 자사 모델 세단 드빌의 길이를 23센티미터 늘렸고, GM의 뷰익은 1989년형 리비에라를 거의 30센티미터나 늘렸다. 이런 것들이 사람들이 원하는 차였다. 결국 교통부는 1988년 10월, 환경보호국이 화석연료 사용절감 보고서를 낸 지 단 몇 주 만에 기준 연료효율을 리터당 11.2킬로미터로 낮춰주기로 결정했다.

대체에너지에 대한 우리의 잠정적인 움직임은 내키지 않는 것이 없는지 모른다. 1980년대 중반까지 미국은 세계에서 가장 큰 태양열 발전기 시장이었다. 그러나 1986년 석유 가격이 떨어지자 연방 정부는 지붕에 설치하는 태양열 발전기에 대한 세금 혜택을 없애버렸다. 그 결과 판매량이 70퍼센트 떨어졌다고 월드워치 연구소는 발표했다. 결국 태양열 발전기 관련 산업에 종사하는 3만 명 중 2만 8000명이 일자리를 잃었다.

문제는 이제 거의 모든 일에 기름을 사용하는 것이 더 쉽고 또 더 즐겁다는 것이다. 예를 들면 낙엽을 긁어내는 일만 해도 그렇다. 1987년 미국인들은 마당에 떨어진 낙엽을 날려버리는 전기 낙엽청소기(갈퀴를 대체한 기계)를 사는 데만 1억 달러 이상을 사용했다. 그 기계가 듣기 싫은 소음을 낸다거나 그 기계를 사용하는 도중 옆집에서는 도저히 낮잠을 잘 수 없다거나, 심지어 그 기계가 온실가스를 내뿜는다는 것도 걱정하지 않았다. "낙엽청소기가 훨씬 더 효율적이다. 근육이 아닌 가솔린을 쓰니까 덜 피곤하다"라고 뉴욕잔디풍경협회의 존 코커릴(John F. Cockerill)은 최근 기사에서 말했다. 산업혁명이 우리가 받은 혜택에 대한 보상을 회피하는 시도라고 말한 웬델 베리는 과장을 했던 것일까? 인간이 석유에 중독된 지 150년이 지난 후에야 우리는 간신히 변화를 이해할 수 있게 되었다. 그런데 그것은 너무 무서운 느낌이다. 그것은 힘든 일로 보이고, 여러 사람이 작은 차에 비좁게 타는 일처럼 보인다.

문학사가인 밴 윅 브룩스(Van Wyck Brooks)는 대부분의 남부 귀족들이 노예제도의 폐지를 '옳고 필요한' 일이라고 생각했음에도 불구하고 실제로는 폐지를 반대했다고 주장했다. 남부의 경제생활은 노예제도를 기반으로 건설되었기 때문에 해결이 어려웠던 것이다. 이런 비유는 과장이 아니다. 우리는 새로운 국가에너지 정책의 필요성 등에 대해 신문지상에서 토론을 할 수 있다. 하지만 우리의 개인적이고 사적인 경제는 석유가 제공하는 값싼 노동력에 깊이 의존하고 있기 때문에 변화, 특히 심층생태학 모델 같은 급진적 변화는 거의 생각할 수조차 없을 정도다. 전력연구소의 명예교수인 촌시 스타(Chauncey Starr) 박사는 최근 미국의 화력발전소에서 이산화탄소 배출을 반으로 줄인다 해도 온실효과로 인한 온난화는 단지 1~2년 정도 늦출 수 있을 뿐이라고 말했다. "그를 위해 당신은 무엇을 지불하겠는가?" 그는 물었다.

우리는 미래를 생각하고 있다고 스스로 우쭐해한다. 정치가들은 늘 우리의 자녀와 손주와 개인들을 이야기한다. 우리도 자손 생각을 하지만 그 방식에 있어서는 우리 자신에 대해 생각하는 범주를 넘지 못한다. 즉 그들을 위해 돈과 땅을 따로 떼어두는 것이다. 하지만 일반적으로 말해서 우리는 정말 손주들을 생각하지 않는다. 《우리 공동의 미래 Our Common Future》에 실린 UN보고서의 통찰력 있는 서문은 "미래 세대는 투표하지 않는다. 그들은 정치적·금융적 힘이 없다. 그들은 우리의 결정에 도전할 수도 없다"라고 언급하고 있다. 미래 세대는 우리에게 의존하고 있지만 우리는 그들에게 의존하고 있지 않다. "우리가 지금처럼 행동하는 것은 그렇게 하고도 우리가 무사할 수 있기 때문이다."

가난한 나라를 더욱 고통스럽게 하는 온난화

전기 낙엽청소기를 웃음거리 삼는 것은 쉽다. 하지만 이런 풍요로 인한 무기력은 전세계 대부분에 만연된 가난으로 인한 무기력에 비하면 아무것도 아니다. 예를 들면 자동차를 원하는 것은 단지 서구인들만이 아니다. 연구원 마이클 레너(Michael Renner)에 의하면 1985년 서구 산업국가의 자동차 소유자가 40퍼센트임에 반해 제3세계는 1퍼센트를 조금 넘었을 뿐이었다. "하지만 자가용을 소유하고 싶은(더불어 그 소유가 약속하는 지위, 기동성, 더 나은 삶까지) 유혹은 지구 곳곳에서 거부할 수 없을 정도로 강하다. 수입이 허락하는 한 최우선 순위로 사람들은 차를 산다." 그 결과 중국과 인도에서는 산업화된 서구의 자동차 운송체계를 모델로 한 정책을 시작했다.

미래의 어느 날 독일인과 같은 비율의 케냐인들이 운전을 할 경우(인도인이나 중국인보다 낮은 비율) 대기에 미칠 영향을 예상하는 데는 큰 상상력이 필요하지 않다. 그 2분의 1 비율이거나 또는 4분의 1이라도 마찬가지다. 일반적으로 사하라 이남의 아프리카인은 벨기에, 핀란드, 또는 미국인이 쓰는 에너지의 8분의 1만을 사용한다. UN보고서의 표현에 의하면 "현실적인 지구 에너지 시나리오는 개발도상국의 1차 에너지 소비량 증가를 감안해야 한다."

절망적으로 가난하든 견딜 만하든 가난한 이들이 단지 온실효과 같은 것 때문에 약간 더 나은 삶을 살겠다는 욕망을 포기해야 한다는 생각은 물론 부조리하다. 1970년 사이클론으로 30만 명의 방글라데시 사람들이 죽었다. 하지만 물이 빠지자마자 사람들은 그 땅으로 다시 들어와 정착했다. 위험을 기꺼이 감수하는 이러한 사실 자체가 인구가 두 배로 늘어날 경우 욕망도 증가하리라는 것을 증명한다. 그들이 이산화탄소 배출을 피하기 위해 자신들의 생활양식을 재조정하고 욕구를 줄일 것인가? 자신의 가족을 먹여 살릴 대안이 없는 열대지방의 소작농들이 벌목하고 태워버리는 화전농업을 그만둘 수 있을 것인가?

이렇듯 불가항력적 가난은 해결책에 대한 논의의 목소리를 아예 없애버린다는 의미에서 빈자만이 아니라 부자들에게도 영향을 미친다. 유전공학의 풍요를 누리는 길에서도 개발도상국 사람들이 잠시라도 서구와 같은 생활수준을 누리리라고 기대할 수 없다. 간단히 말해서 모든 사람에게 돌아갈 플라스틱, 구리 등이 충분하지 않은 것이다. 2025년에 모든 나라의 에너지 소비가 현재의 산업국가 수준에 도달한다면 현재도 환경적으로 지속 불가능하긴 하지만 현재 수준의 5.5배가 된다. 또한 우리는 가지고 살면서 가난한 사람들에게 없이 살라고 하는 것은 정치적으로나 인간적으로 불가능한 일이다.

환경전문가들이 재화의 양을 늘려서 가난을 제거할 수는 없으므로 그들은 부의 충격적인 재분배를 지지하리라고 기대된다. 현재의 인구 규모에서 환경적으로 건강한 생활수준은 아마도 평균적 영국인과 에티오피아인의 사이 정도가 될 것이다(영국인이든 에티오피아인이든 비합리적으로 살고 있긴 하지만). 하지만 이런 논의는 특권층이 그나마 가지고 있는 환경적 관심마저 잠식하게 될 것이다. 당신은 다섯 명의 에티오피아인이 대기에 해를 입히지 않고 차를 몰 수 있게 하기 위해 자가용 사용을 5분의 1로 줄이겠는가? 또는 당신 차의 효율을 두 배로 늘릴 수 있다는 가정에서 운전시간을 2분의 1로 줄이기를 원하는가? 그보다는 이 세상의 떡이 모두에게 각각 두 개씩 돌아갈 만큼 현재도 충분하고 앞으로도 충분할 것이라 믿는 것이 훨씬 쉬울 것이다. 우리가 누리는 즐거움이 세상의 한계나 우리의 죄의식 때문에 줄어들지 않을 수 있도록 말이다.

이에 대한 가장 극단적인 반론은 "사람의 사랑처럼 온건한 것 안에는 절대 거하지 말라"고 한 제퍼스의 말에 잘 표현되어 있다. 이는 매우 냉혹하게 들리는데 특히 나처럼 잘 먹고 잘 사는 사람의 입에서 나올 때는 더욱 그렇다. 그래도 지적 정직성을 비롯한 몇 가지 덕은 지니고 있다. 1988년 여름, 유례없는 혹서가 미국을 강타하는 동안 《뉴욕 타임스》 사설은 이렇게 선언했다.

"35도 열기 속에서 더위를 먹으며 사는 것은 선택이 아니라 가난의 또 다른 국면일 뿐이다. 문화도시 뉴욕이 추위를 피해 누구나 실내로 들어올 수 있는 곳이라면, 현재의 혹서는 뉴욕이 누구나 더위를 피해 안으로 들어올 수 있는 곳임을 상기시켜주고 있다."

문화도시 뉴욕과 그 연장선상에 있는 문화 세계는, 너무나 많은 곳이 35도 열기로 고생하고 있는 까닭에 가난한 사람들도 에어컨을 켤 수 있는 세상이다. 《뉴욕 타임스》 사설위원들은 이 모든 에어컨

장치가 전력을 사용하면 온실효과를 증가시키거나 프레온가스를 배출함으로써 오존층을 손상시킨다는 점은 전혀 거론하지 않았다. 실제로 가난한 사람들에게는 그것이 보다 더 큰 재앙이 될 것이다. 또한 그들은 부자든 가난하든 대기를 구하기 위해 에어컨 사용을 절감해야 한다는 것도 시사하지 않았다. 이 마지막 생각은 환상에 불과한 것이 아니다. 사람들은 맨해튼 정도의 위도에서 에어컨 혜택이 없이도 지금까지 잘 살았다. 하지만 '문화도시' 뉴욕이 에어컨 사용은 좋다고 결정했기 때문에 이제 누구에게나 다(다만 상상뿐이라 하더라도) 적용시킬 필요를 느끼는 것이다. 그렇게 에어컨을 가동한다 해서 인도(합리적으로 에어컨을 배정한다면 대부분의 에어컨이 그리로 돌아갈 것이다)나 뉴욕의 땀 흘리는 노숙자들을 식혀주지는 못한다. 반면 이런 사고는 뉴욕에서 화석연료 사용을 절감할 어떤 획기적인 조치도 취해지지 않도록 막을 것이다. 예를 들어 온실효과에 대해 회의적인 싱어는 이렇게 썼다.

"이산화탄소 배출을 격감하는 것은 전지구의 에너지 사용을 격감하는 것이다. 하지만 경제 성장을 제한하는 것은 빈자, 그중에서도 제3세계 빈자들에게, 비록 당장 굶어죽을 정도는 아니라도 지속적인 가난 형을 선고하는 격이 될 것이다."

나는 그런 주장에 실제로 담겨 있는 제3세계에 대한 감정(그 감정은 우리의 욕구와 너무나 편리하게 맞아떨어진다)의 깊이가 의심스럽다. 어쨌든 서구인의 생활수준을 제한하고 부를 분배하는 것은 가난 구제에 도움이 될 것이다. 그러나 과열되고 오존층이 파괴된 세상은 부자보다는 빈자에게 더 잔인할 것이다. 부자나라가 양보하여 가난한 나라와 중간쯤에서 만나는 겸허한 길이 내게는 에어컨이 계속 증가하는 세계보다 더 정의로워 보인다. 우리는 잔혹성과 온실효과 중에서 하나를 선택할 필요가 없다. 좀더 어렵긴 해도 우리의 인간 형제들에게 사랑을 표현할 좀더 합리적인 방법이 있다. 하지만 우리가 처음부터 효과적인 조치를 취하기를 꺼린다면 싱어 같은 인본주의자의 주장은 어떤 효과적인 행동도 다 막을 수 있는 힘을 발휘할 것이다.

자연의 종말은 현재의 문제

풍요의 타성 및 가난의 압박, 그리고 앞에서 열거한 이유들 때문에 나는 우리가 극적으로 사고방식과 생활양식을 변화시키거나, 문제에 직면하여 겸허해질 수 있는가 하는 문제에 대해 비관적으로 생각한다.

개인적 차원의 노력은 다만 제스처에 불과하다. 좋은 제스처이긴 하나 역시 제스처다. 온실효과는 우리가 단지 숲속으로 옮겨간다고 해서 해결되지는 않을 최초의 환경문제다. 우리에게는 계몽된 아이들을 길러내서 그들이 서서히 세상을 바꾸어나가도록 할 시간적 여유가 없다. (누군가 폭탄을 떨어뜨릴 수 있다는 것이 문제라면 정신이 온전한 어린이들을 잘 키워 폭탄을 떨어뜨리지 않도록 방지하는 방법이 합리적일 것이다. 하지만 우리가 당면한 문제는 분명 아이들이 너무 많다는 것이다.) 따라서 우리가 해야만 한다. 나 혼자만 차 운전을 줄이는 것은 다른 사람도 줄이도록 설득하는 운동으로서의 효과밖에 없을 것이다. 대부분의 사람들을 변화시키기 위해서는 설득이 필요하다. 그들은 가능한 빨리 설득되어야만 한다.

하지만 무언가가 어렵다 해서 불가능한 것은 아니다. 결국 조지 부시(George Bush)도 1988년 혹서의 습격 후에 자신이 환경보호주의자라고 말하지 않았는가. 1985년 환경운동단체들을 '자국의 적'과 같은 파괴분자로 여겼던 마가렛 대처 수상은 비슷한 시기에 북극해의 물개가 죽고 카린 B호가 유독성 폐기물을 싣고 떠돌자 신념을 달리하게 되었다. 그리고 그는 다음과 같이 말했다. "자연의 균형을 보호하는 것은 20세기의 위대한 도전 중 하나다."

나는 이 책 곳곳에서 노예제도의 비유를 사용했다. 백인들이 흑인을 당연한 것처럼 지배했듯이, 자신에게 득이 되도록 자연을 지배하는 것이 우리의 특권(그리고 불가피성)인 것처럼 인류는 생각한다. 미국인들이 노예제도를 짐 크로식 흑백분리로 대체했듯이, 한 가지 지배방식이 끝나는 듯하면 (예를 들면 화석연료에 대한 의존) 우리는 유전공학 같은 다른 것에 승부수를 던진다. 하지만 내가 살아 있는 동안 이미 흑백분리는 공식적으로 폐기되었다. 루터 킹이나 페니 루 해머(Fannie Lou Hamer : 미국의 흑인 여성 인권운동가. 여섯 살 때부터 밭에서 면화를 따며 일한 그녀는 학생비폭력조정위원회 지도자가 되어 남부를 여행하며 흑인자유운동을 했다-옮긴이) 같은 사람들이 다수 국민의 좋은 성품(이상주의, 이웃 사랑)에 호소하여 미국사회의 얼굴을 전환시킨 것이다. 물론 인종차별주의가 사회악처럼 남아 있는 것은 사실이다. 그래도 대다수 미국인은 차별철폐 조항을 의무화하는 급진적 법을 통과시킨 의원들에게 표를 던졌다. 더 고결한 동기에서도(물론 흑인 폭동의 두려움 같은 저급한 동기에서도) 백인들은 약간의 부와 힘을 희생했다.

그런 변화가 환경에서는 일어날 수 없으리라고 말하는 것은 속단일 수 있다. 우리들 대부분의 내심에 존재하는 두려움과 사랑이 표면으로 떠오를 수 없으리라고 말하는 것은 바람직하지 않다. 그동안 작지만 의미 있는 조치들이 행해졌다. 예를 들면 최근 로스앤젤레스는 대기의 질을 개선하는 일련의 법령을 제정하여 적어도 각 주민 삶의 주변부 정도는 변화시킬 수 있게 되었다. 이제 로스앤젤레스 시민들은 이전과는 다른 차를 몰고, 휘발유가 연료인 잔디 깎는 기계를 반환할 것이며, 바비큐를 할 때에도 점화액을 사용하지 않고 불을 붙일 것이다.

그러나 내 희망의 대부분은 상황의 유일성에 직면하면 사라진다. 이미 보았듯이 자연은 이미 조용히 우발적인 죽음을 맞이하고 있다. 그 종말이 우리가 이미 알고 있던 세계로의 복귀를 저지할 뿐만 아니라, 우리가 이미 논의한 근본적인 변화가 좀더 쉬웠던 세상에 비해 그런 변화의 가능성이 적은 데에는 두 가지 강력한 이유가 있다. 자연의 종말이, 예방할 수 있는 가능성이, 여전히 미래에 있다면 방정식은 다를 수 있다. 하지만 그것은 미래에 있지 않다. 그것은 가까운 과거에 있고 현재에 있다.

자연의 종말은 미지의 세계

자연의 종말은 미지의 세계로 뛰어들었다. 그것이 두려운 것은 미지이기 때문이기도 하지만 그로 인해 더위와 가뭄과 허리케인이 몰려올 수도 있기 때문이다. 이런 안전감의 결핍이 근본적 변화를 훨씬 어렵게 하는 첫번째 이유는 우리가 대안으로 논의한 심층생태학 등의 변화가 삶을 더욱 예측 불가능하게 하기 때문이다. 우리는 이제 자녀를 많이 낳고 재산을 축적하여 자신의 미래를 보장하는 전통적 방법은 버려야 한다. 유전공학에 관한 저서에서 리프킨은 말했다.

"인간을 제외한 나머지 우주 생물의 이해를 대변하기 위해 우리의 보장된 미래의 일부를 희생하기로 선택할 기회는 여전히 남아 있다. ……상서로운 순간을 위해 간직해온 정신이 있다면 지금이 바로 그 정신을 발휘할 때다."

하지만 지금은 그 시간이 아니다. 주변의 익숙한 세계가 변화하기 시작하는 지금은 위협을 느낀 모든 본능이 우리에게 익숙한 최소한의 생활방식이라도 보존하려고 압박을 가할 시간이다. 우리는 생존을 위하여 잘 적응할 것이다. 예를 들면 농업생명공학의 초기 연구 대부분은 열기와 가뭄에 잘 견디는 작물을 만드는 것이었다. 변화에 직면해서도 가능한 한 '정상적'인 생활을 유지하는 것은 현명한 일처럼 보인다. 하지만 이미 말했듯이 그것은 자연의 두번째 죽음으로 이르는 길이다. 파괴된 자연세계의 자리에 인공세계를 강요하는 것이다.

미국 남서부의 강들, 특히 콜로라도강이 이런 현상의 완벽한 예를 제공한다. 애비는 남서부 전체에 대해 글을 썼지만, 그가 계속해서 돌아가고자 한 곳, 그의 우주의 중심이라 할 만한 곳은 글렌캐니언 댐이었다. 20년 전 유타-애리조나주 경계선에 지어진 이 댐은 그랜드캐니언의 상류다. 이 댐에 콜로라도 강물이 모여 형성된 호수가 파월호인데 그 수위는 수력발전 수요에 따라 오르락내리락한다. 이 물에 의해 수몰된 글렌캐니언은 하도 아름다워서 애비가 '천국'이라 불렀던 곳이었다. 댐이 완성되기 직전 이 계곡을 따라 뗏목을 타고 여행한 그의 여행기를 보면 천국이란 말이 오히려 부족한 표현처럼 느껴진다.

이 계곡의 폐허는 그의 마음속에 인간의 오만의 상징으로 남아 있다. 따라서 만약 이 댐이 복구된다면 그것은 인간이 중대한 변화를 시작했다는 징조이며, 제자리로 돌아가는 긴 여행에 접어들었다는 표시가 될 것이다(그 댐의 폭파는 그의 소설 《몽키 렌치 갱》의 대주제다). 우리가 그 댐을 해체하겠다고 결정하고 마침내 호수물이 멕시코를 향해 흘러간다면 분명 황량하고 섬뜩한 풍경이 뒤에 남을 것이다. 거대한 진흙뻘과 물에 불어터진 각종 쓰레기가 죽은 나무와 가라앉은 배, 그리고 오래전에 잊혀진 수상스키인들의 해골과 함께 나타날 것이다.

하지만 그런 바닥에 혐오감을 느끼는 사람들에게 나는 자연에게 약간의 시간을 허용해보라고 말하고 싶다. 5년 후, 길게 잡아도 10년 후에는 태양과 바람과 폭풍이 보기 싫은 쓰레기들을 모두 청소해내고 살균해줄 것이다. 반드시 일어날 홍수는 계곡 안에 속하지 않은 모든 것을 다 제거할 것이다. 신선한 초록빛 버드나무, 네군도단풍, 박태기나무가 다시 나타날 것이고, 고대에 수장되었던 사시나무(그 자체가 고귀한 기념물)가 같은 종의 자손으로 대체될 것이다. 한 세대(30년) 만에 강과 계곡은 이전의 모습을 되찾으리라고 나는 예측한다. 우리 아이들의 생애 동안 글렌캐니언과 캐니언 지역의 중심인 살아 있는 강이 우리들에게 돌아올 것이다. 야생지역은 다시 한번 신과 인간과 그곳을 집으로 삼고 살아가는 야생생물에게 속하게 될 것이다.

그런 미래상은 물론 전혀 실현 가능성이 없어 보이지만 자연의 종말에 대한 불안감으로 인해 더더욱 실현 가능성이 없어 보인다. 이미 보았듯이 콜로라도 분수계에서 예상된 증발의 증가와 강우의 감소는 강물의 수량을 거의 반으로 줄일 수 있다. 최근 환경단체들의 반대 때문에 큰 댐 건설을 꺼리는 경향이 있지만, 환경보호국은 보고서에서 "온난-건조 기후변화 상황에서 새로운 수자원 개발에 대한 요구에 비추어 볼 때 그를 재고해야 하지 않겠는가"라고 언급했다. 특히 기후변화는 콜로라도주에 기획된 아니마스-라플라타 및 내로우즈 수자원 이용 프로젝트를 건설하라는 압박을 가할 수 있다. 다시 말해 애비가 네군도단풍이나 박태기나무가 피어나기를 꿈꾸었던 곳에 더 많은 댐만이 건설되는 것이다.

《가이아-행성 관리의 지도》의 저자들은 댐건설에 대해 매우 분명한 의견을 제시했다. 그들은 절수를 위해 새는 수도관을 고치는 등의 많은 좋은 의견을 개진했지만, 동시에 댐건설이 다양한 목적을 한번에 이룰 수 있게 해주는 것이라고 칭송했다. 그들은 댐이 홍수를 규제하고 수력발전의 길을 열며, 관개를 포함한 다양한 목적에 사용될 수 있도록 물을 저장한다고 강조했다. 그로 인해 생기는 저수지는 다목적 자원이 되어 농업과 오락 활동에 사용될 수 있다. 홍수에 씻겨나간 사시나무의 천국이 될 것인가, 다목적 자원이 될 것인가가 선택의 문제다. 만약 혹서가 닥쳐올 경우 애리조나주의 유권자들이 무엇을 요구할지 추측하는 것은 그리 어렵지 않다.

나는 이러한 미래의 모습을 몇 년 전 퀘벡의 극지방 바로 아래 있는 라그란데강을 따라 여행하면서 잠시 보았다. 그곳은 황무지였지만 아름다웠다. 지평선 끝까지 뻗어 있는 작은 연못의 툰드라 지역이 연록색의 순록 이끼로 덮여 있었고 가문비나무가 듬성듬성서 있었다. 다수의 인디언과 에스키모들이 그곳을 터전으로 삼고 살았는데 그 숫자는 그 지역이 부양할 수 있는 정도였다.

10여 년 전에 이 지역의 전력회사인 하이드로-퀘벡사가 560킬로미터의 라그란데강을 따라 세 개의 거대한 댐을 건설함으로써 강물의 힘을 이용하기로 했다. 하이드로-퀘벡사의 대변인에 의하면 그중 최대의 댐은 2층집을 5만 4000개 합친 것, 또는 완두콩을 670억 개 쌓은 크기라고 한다. 이 댐의 배수로를 통하여 흐르는 물은 유럽의 모든 강의 수량을 다 합친 것과 맞먹는다. 그 댐을 건설하는 것은 엄청난 대규모 작업이었다. 툰드라를 뚫고 북쪽으로 길을 놓느라 콘크리트를 붓는 작업에 투입된 인원만 1만 8000명이었다(건설현장 사진을 보면 요리사들이 스파게티 소스를 젓는 데 카누 노를 쓰고 있었다). 한편 이 댐의 건설은 '환경적으로 건전한' 에너지 생성의 완벽한 예다. 이곳은 온실가스를 전혀 뿜어내지 않고도 거대한 양의 전력을 생성한다. 온난화가 진행됨에 따라 우리가 지어야 한다고 외치는 그런 구조물인 것이다.

하지만 환경적으로 건전하다 해서 자연스러운 것은 아니다. 그 댐들로 인해 스위스보다 더 큰 지역이 변화되었다. 예를 들면 카니아피스코강의 흐름 중 일부는 수력발전 터빈에 힘을 실어주기 위해 역류되었다. 그로 인해 1984년 9월 강을 건너던 순록 중 최소한 1만 마리가 수장되었다. 그들은 철마다 이동하던 곳을 정확히 찾아내 강을 건넜지만, 강은 평소 그들이 건너던 그 깊이가 아니었다. 물이 얼마나 불어났던지 많은 동물들이 72킬로미터 하류까지 떠내려갔다.

모든 좋은 주장, 화석연료가 온실효과를 만들고 더 건조하고 더운 세상에서는 물이 더 많이 필요하다는 주장, 안전지대가 줄어듦에 따라 그를 회복하기 위해 행동해야 한다는 주장은 더 많은 라그란데강 프로젝트를 세우게 하고 콜로라도강에 더 많은 댐을 축조하는 등 더 많은 '관리'로 우리를 이끌어갈 것이다. 모든 주장, 즉 더운 기후와 증가된 자외선이 식물을 죽이고 암을 유발하며, 새로운 기후가 식품 부족을 야기한다는 주장은 우리로 하여금 유전공학에 구원을 청하게 할 것이다. 그런 행동이 취해질 때마다 우리는 자연에서 더욱 더 멀어질 것이다.

자연 사랑에는 미래가 없다

동시에 이에 대한 유일한 현실적 반론, 독립적이고 영원하며 언제나 자비로운 자연에 대한 주장은 점점 더 미약해지고 제기하기도 어려워질 것이다. 왜냐하면 자연이, 독립적인 자연이 이미 끝나고 있기 때문이다. 자연을 위해 싸우는 것은 라트비아 독립을 위해 싸우는 것과도 같다. 하지만 자연의 종말은 영구적일지도 모르므로 좀더 어려운 일일 것이다. 글렌캐니언 댐을 없애고 콜로라도강이 자유롭게 흐르게 하고, '불가피한 홍수' 가 찌꺼기를 씻어내게 하자고 말들을 한다. 하지만 콜로라도강에서 홍수는 과거의 일이 될 것이다. 강은 결과적으로 그 원천에서부터 이미 댐으로 막혀버릴 수도 있다. 구름이 비를 내리지 않고, 열이 떨어지는 빗물을 증발시킬 수 있기 때문이다.

만약 자연이 지금 종말을 맞으려는 순간이라면 우리는 그를 막기 위해 무한한 에너지를 끌어 모아야 한다. 하지만 자연이 이미 종말을 맞이했다면 무엇을 위해 싸울 것인가? 사시나무가 클론되거나 유전공학적으로 개량되기 전에 우리는 그런 조작에 저항하는 것이 어떤 싸움인지 분명히 이해해야 한다. 그것은 붉은 미국삼나무가 어떻든 신성하며, 그 근원적 정체성이 인간의 통제권 밖에 있어야 한다는 생각에 관한 것이다. 하지만 일단 그런 경계선이 무너지면 그때는 무엇을 위해 싸워야 하나? 그것은 원자로나 유독성 폐기물 하치장 건설 반대와는 다른 싸움이다. 물론 그 경우도 새로운 지역에 새로운 위협을 가하기는 한다. 하지만 자연의 종말은 개념에 대한 피해, 즉 자연이라는 개념과 그로부터 유래하는 모든 개념에 대한 피해다. 그것은 누적되는 것이 아니다.

웬델 베리는 자연세계의 경이에 대한 '매혹'이 없다면 "그 보존을 위해 필요한 에너지는 절대 개발되지 않을 것"이라며 "강우의 순수성을 회복하고자 한다면 먼저 비에 대한 신비감이 선행되어야 한다"고 말했다. 굴뚝 연기에서 나온 유황이 애디론댁 상공을 떠다니는 것처럼 일시적인 문제라면 그것은 사리에 맞는 말이다. 하지만 모든 빗방울, 북극에 눈으로 떨어지는 물방울이나 현존하는 처녀림에 떨어지는 빗방울조차도 인간이 남긴 영구한 흔적을 가지고 있는 마당에 어떻게 비의 신비가 존재할 수 있는가? 인간과의 분리성을 상실하고 난 자연은 그만의 특별한 힘도 함께 잃어버렸다. 이제 비는 우리 통제권 밖에 있는 신과 같은 범주가 아니다. 비는 국방예산이나 최저임금과 동일한 범주에 속하게 되었고, 그것이 우리가 해결해야 할 문제인 것이다. 이것 자체가 비의 의미를 완전히 변화시키고 그에 대한 우리의 반응도 변화시킨다.

몇 주 전 우리 집 뒷산에서 나는 지금까지 본 것 중에서 가장 큰 토끼를 발로 찰 뻔했다. 그 암놈은 월동준비를 하기 위해 흰색으로

털갈이를 하고 있었다. 우리는 잠시 동안 유쾌하게 서로를 지켜보았다. 두 마리 생물이 호기심으로 서로 연결된 순간이었다. 유전공학으로 생산된 토끼가 널리 퍼진 숲속에서는 토끼를 만난다는 것이 무엇을 의미할까? 우리가 그런 토끼에게 콜라병 이상의 사랑과 존경을 품어야 할 이유가 있을 것인가?

자연의 종말이 오면 우리는 그 남은 유물들에 연관되려 하지 않을 것이다. 이는 죽음을 앞둔 환자를 친구로 사귀지 않는 것과 같은 맥락이다. 나는 우리 집 뒷문 밖의 산을 사랑한다. 그 옆을 따라 흐르는 계곡물과 400미터 길이의 이끼 낀 관을 따라 미끄러져 내려오는 더 작은 시냇물, 그리고 경사가 완만해지면서 드높은 자작나무와 오크나무 벌판이 펼쳐지는 곳도 사랑한다.

하지만 내 안의 일부는 자연을 좀더 잘 알게 되는 것에 저항을 하고 있다. 겁쟁이처럼 보이겠지만 나는 마음이 다칠까봐 두렵다. 만약 내가 숲전문가로서 병든 나무의 상태를 잘 파악할 수 있다면 곳곳에서 그런 나무를 보게 될까봐 두렵다. 나는 겨울숲을 제일 좋아한다. 겨울에는 무엇이 죽어가고 있는지를 쉽게 알 수 없기 때문이다. 병든 친구가 평화롭게 자다가 아무런 고통 없이 일어날 수도 있는 것처럼 봄이 오면 숲도 완벽하게 건강해질 거라는 생각을 하게 한다.

남자와 여자의 인연 같은 다른 주제에 관해 써보자. 알란 블룸(Allan Bloom)은 관계의 종말인 이혼이 너무 널리 수용되는 시대에 결혼 같은 관계를 유지하는 어려움에 대해 묘사했다. "별거의 가능성은 이미 별거다. 현대인은 완전하게 자급자족해야 하며 상호의존의 위험을 감수할 수 없다." 인연을 더 강하게 하려 애쓰는 대신 우리의 에너지는 "독립 준비에 사용해야 한다." 별거가 기정사실이고, 그 상처와 혼란이 분명한 것이라면 더욱 그렇다. 나는 지금 겨울을 가장 사랑한다. 하지만 나는 겨울을 너무 많이 사랑하지 않으려 노력한다. 1월에 눈 대신 따스한 비가 내리는 날이 머지않으리라는 두려움 때문이다. 자연사랑에는 미래가 없다.

그리고 심지어 과거조차 별 의미가 없을지 모른다. 자연의 종말에 가까워질수록 소로우의 글이 보다 가치 있고 중요해질 것이다. 그러나 고대의 동굴 벽화가 현대인에게 그러하듯이 그의 개념을 이해하지 못하는 미래세대가 너무나 빨리 다가오고 있다. 커타딘산에 오른 소로우는 산이 광대하고 거대하며 인간의 손길이 한번도 닿지 않은 곳이라고 썼다.

"그곳에 올라 자연을 바라보는 사람은 자신의 일부가, 심지어 귀중한 생명과 관련된 일부가 자신의 갈비뼈 사이 허공으로 빠져나가는 것을 느꼈다. 자연은 그를 불리한 입장에 서게 하여 홀로 있을 때 그를 기습했으며, 그의 신적인 성능 중 일부를 훔쳐갔다. 그녀, 자연은 평원에서처럼 그에게 미소를 보내지 않았다. 그녀는 왜 시간도 되기 전에 여기 왔느냐고 엄하게 말하는 듯했다. 이 땅은 너를 위해 마련한 것이 아니라고."

이런 감정은 자연과 인간의 관계에서 마지막 단계를 완벽하게 그려내고 있다. 우리는 낮은 곳에서는 자연을 정복했지만 높은 봉

우리와 극지방과 정글에는 여전히 자연의 순수한 메시지가 울려퍼지고 있었다. 그런데 '구름 제조소'인 커타딘산이 인간이 만든 구름으로 둘러싸일 미래의 세상에서는 이런 구절이 무엇을 의미하게 될까? 그 산기슭을 둘러싸는 육중한 소나무가 곧은 둥치와 '적합한 가지의 늘어짐'을 위해 유전공학적으로 변형될 때, 또는 보다 가능한 예로, 그런 소나무가 몇 킬로미터와 몇 세대 떨어진 목재농장에서 유전자 변형된 나무의 솔방울에서 솟아났을 때는? 그리고 지나가는 무스 큰사슴이 "보존과 이윤은 양립된다"는 계몽된 가이아 이론을 신봉하는 목장 주인에게 속한 것이라면 어떻게 될까?

소로우는 커타딘산 정상에서 19킬로미터 정도 떨어진 머크브룩 계곡의 입구에서 낚시하던 어느 오후를 이렇게 묘사했다. "강송어가 낚시를 던지기가 무섭게 미끼를 물었다. 지금껏 본 것 중에서도 최상급의 송어들(가장 대어는 1.5킬로그램)이 내 옆에 쌓여 있었다." 그는 거기 서서 '소나기처럼 쏟아지는 송어'를 잡았다.

"아직 살아 있을 때, 아직 그들의 빛깔이 바라기 전에 원초적 강의 산물인 그들은 최상의 꽃처럼 반짝였다. 그들을 바라보며 서 있는 그는 자신의 눈과 감각을 믿을 수가 없었다. 이 보석들은 아볼잭나제스의 계곡물을 오랫동안 헤엄치며 수많은 어두운 세월을 보냈다. 이렇듯 밝게 빛나는 하천의 꽃들이 본 것은 인디언들뿐이며, 그들이 그렇게 아름다운지는 오직 신만이 안다."

하지만 생명공학을 통해 우리는 이미 송어의 성장호르몬을 합성했다. 머지않아 물에서 송어를 낚는 것은 자동생산라인에서 자동차가 나오는 것과 진배없게 될 것이다. 우리는 신이 왜 그들을 그렇게 아름답게 만들어서 그런 곳에 넣어놓았는지 궁금해 할 필요가 없다. 우리는 단백질 공급원이나 수산농장 이윤을 늘리기 위해 그들을 만들 것이다. 그들을 예쁘게 만들고 싶다면 우리는 그렇게 할 수 있다. 머지않아 소로우의 말은 이해가 되지 않을 것이다. 그리고 그런 일이 일어날 때(우리가 대기를 변화시키고, '지구 관리자'와 '유전공학'이라는 불안정한 상황에 반응을 계속할 때) 자연의 종말은 최종적인 것이 될 것이다. 기억의 상실은 영원한 의미의 상실이 될 것이다.

희망은 있다

도전이 풍요와 일종의 안전감을 의미할 수 있다는 것을 나는 아주 잘 알고 있다. 더 많은 댐이 애리조나주 피닉스 시민들을 돕고, 유전공학이 병자들을 돕는 것처럼 인간의 비참한 상황을 치유하기 위해 이룰 수 있는 발전이 너무나 많다는 안전감 말이다. 그리고 나는 나의 생활방식을 제한하고자 하는 욕망도 그다지 크지 않다. 그런 결정을 연기하여, 우리 손주 세대에게 떠넘길 수만 있다면 기꺼이 그렇게 할 것이다. 나는 동굴에서 살 계획도 없고 난방이 되지 않은 통나무집에 살 의향도 없다. 우리가 지금의 상황에 도달하는 데 1만 년이 걸렸다면 그로부터 다시 내려가는 데에도 몇 세대가 걸릴 것이다.

하지만 현시대는 최소한 우리가 지금까지 걸어온 길에서 더 이상 앞으로 가지 않기로 결정하는 시대다. 세상이 과열되지 않도록 필요한 기술적 조정을 할 뿐만 아니라 우리가 다시는 우리의 이익을 다른 모든 것에 우선하지 않겠다는 정신적 조정을 할 때가 될 수도 있다. 이것이 내가 선택한 길이다. 그 길은 적어도 살아 있는, 영원한, 의미 있는 세계에 대한 일말의 희망을 주기 때문이다.

내 선택의 이유들은 내 방 창 밖에 보이는 나무들만큼이나 많다. 하지만 그것이 마음에 단단히 새겨진 것은 관리된 세계의 미래를 용감하게 낙관한 월터 앤더슨의 글을 읽었을 때였다.

"실존철학자들은, 특히 사르트르는 인간에게 본질적인 목적이 결여되어 있다고 한탄했다. 이제 우리는 인간이 처한 곤경이 어떤 내재적인 의미가 없는 것이 아님을 알게 되었다. 지구의 관리인이 되는 것, 모든 생명들의 지킴이가 되고 그들의 미래의 형성자가 되는 것은 분명 충분한 목적이다."

다분히 의도적이고 선동적인 이 외침은 말로 표현할 수 없을 만큼 나를 우울하게 한다. 그것이 우리의 운명이라고? 관리된 세계의 관리인이 되고 모든 생명의 지킴이가 되는 것이? 그런 보장된 직업을 위해 자연세계의 신비, 우리의 삶과 환희로운 생명체로 넘쳐나는 세상의 강렬한 신비를 바꾸라고? 그보다는 사르트르의 중립적 무목적이 훨씬 낫겠다. 하지만 그보다도 더 나은 또 다른 비전은 인간이 실제로 자신의 주어진 가능성을 이루어가며 사는 것이다.

새들에게 비행능력이 있듯이 인간에게 주어진 특별한 능력은 이성이다. 그 이성의 일부는 지성으로서 DNA 구조를 알아내고, 거대한 발전소를 지을 수 있도록 하는 힘이다. 하지만 우리의 또 다른 이성은 생물학적으로 불가피한 일을 맹목적으로 쫓아 한없는 수적·영역적 팽창을 꾀하지 않도록 막아줄 수 있는 힘이 있다. 우리의 이성은 우리가 인간을 하나의 종으로서 인식하도록, 우리의 성장이 전체 종에게 미치는 위험을 인식하도록, 그리고 우리가 위협하고 있는 다른 종들에게 어떤 감정을 느끼도록 해준다. 선택만 한다면 우리는 이성을 운용하여 다른 어떤 동물도 할 수 없는 일을 해낼 수 있다. 우리는 자발적으로 자신의 욕망과 행위를 제한하고, 자신을 신으로 올려놓는 대신 신의 피조물로 남아 있기로 선택할 수 있다. 그것은 얼마나 위대한 업적일 것인가. 그것이 세계에서 가장 큰 댐(비버도 댐은 만들 수 있다)보다도 더 감동적인 이유는 그만큼 더 어렵기 때문이다. 그런 자제(유전공학이나 지구 관리를 선택하지 않는 것)가 진정한 도전이고 어려운 일이다. 물론 우리는 유전자를 쪼갤 수 있다. 하지만 쪼개지 않을 수도 있지 않을까?

   자연을 지배하려는 우리의 욕구 저변에 자리한 타성은 멈추기에는 너무나 강력한 것일 수 있다. 하지만 패배의 가능성이 시도를 피하는 핑계가 될 수는 없다. 어떤 면에서 그것은 소로우의 선택처럼 우리가 직면한 미학적 선택이다. 문제는 위험에 처한 것이 우리의 삶의 형태가 아니라 다른 모든 종들의 삶과 그들이 함께 이루는 피조물의 삶이라는 데 있다. 하지만 그것은 우리의 혜택을 위한 것이기도 하다. 제퍼스는 이렇게 썼다.

고결성은 전체성이며, 최선의 아름다움은
우주의 신적인 아름다움인 생명과 사물의 유기적 전체성이다.
인간이 아니라 그것을 사랑하라.
그로부터 분리되면 인간의 초라한 혼란을 나누리니
힘든 날이 올 때 절망에 빠지리라.

인간이 그 일부인 전체성인가 아니면 인간과 분리된 전체성인가, 즉 이전의 명료함인가 또는 새로운 어둠인가를 선택할 때가 온 것이다.

분리된 인간을 선택하는 가장 강력한 이유는 이미 말했듯이 자연이 이미 종말을 맞았다는 생각에서이다. 그리고 나는 정말 그렇게 되었다고 생각한다. 하지만 나는 내가 전개해온 그 논리의 마지막 같은 느낌을 견딜 수가 없다. 인간들이 자신의 죽음의 마지막 같은 느낌을 참을 수 없는 것과 마찬가지 이유일 것이다. 그래서 나는 요행을 바란다. 우리가 지금, 바로 오늘, 인간의 숫자와 욕구와 야망을 제한한다면 우리 시대나 우리 자녀들 시대, 또는 그들의 자녀들의 시대는 아니더라도 자연은 언젠가 그의 독자적인 힘을 다시 발휘할지 모른다. 아마도 기온은 어느 날 스스로 자신의 척도에 맞게 조정될 것이고, 비는 스스로 내릴지도 모른다.

이 책의 서두에서 내가 말했듯이 시간은 알 수 없는 묘한 것이다. 우리가 도전적 자세로 다른 생명체들의 권리를 침입하며 살았던 1만 년, 우리에게는 영원한 시간이었지만 뒷산의 바위에게는 하품 한번 할 시간밖에 되지 않았을 1만 년은, 우리 인류가 자연을 구하기 위해 더 많은 관심을 쏟고 자연에 대한 경이감과 신성함을 회복할 때, 비로소 다시 한번 겸허한 문명이 꽃피도록 1만 년을 더 허락할지 모른다. 그 1만 년이 끝난 후에도 우리는 여전히 젊어서 다시 한번 우리를 둘러싼 무한한 시간 속에서 도전을 준비할지도 모른다. 나는 이 책의 서두에서 자연의 종말이 의미하는 것 중 하나가 신의 죽음이라고 말했다. 하지만 신과 같은 존재가 과거에 있었고 지금도 있다면, 자유의지를 우리에게 준 그 신은 커다란 우려와 사랑으로 우리가 그 힘을 어떻게 사용하는지 지켜보고 있을 것이다. 이 위기를 이전과는 달리 허리를 좀더 굽히고 겸허해지는 기회로 삼을 것인지 원죄에 마지막 죄까지 더하는 어리석음을 범할 것인지를 말이다.

우리에게 필요한 위안

내가 두려워하는 일이 실제로 일어날 것인가? 다음 20년 동안 우리가 더 많은 가솔린을 공중으로 뽑아올리고, 유전공학적 미래를 향해 돌이킬 수 없는 행보를 시작한다면, 그때는 무엇으로 우리 자신을 위로할까? 위로를 필요로 하는 유일한 사람들은, 이러한 전환기에 태어나 새로운 시대에 온전히 적응하지 못한 사람들뿐일 것이다.

나는 밤하늘에 특별한 관심을 가져본 적이 없다. 아마도 내가 도시 외곽의 가로등이 늘어선 교외 주택지역에 살아서 그럴지도 모른다. 1988년 8월 어느 무더운 목요일 오후에 아내와 나는 높은 산에 올라 암반투성이 정상에 슬리핑백을 펴놓고 밤이 오기를 기다렸다. 해마다 그때쯤 떨어지는 페르세우스 유성군을 보기 위해서였다. 자정이 지난 후 마침내 진풍경이 전개되기 시작했다. 1분마다 아니 30초마다 불빛이 하늘 한구석을 휙 가르며 지나갔다. 하도 빨라서 그 순간 바로 그곳을 보고 있지 않았다면 무언가 휙 하고 지나갔다는 느낌밖에 가질 수가 없을 정도였다. 우리의 침대는 문자 그대로 바위처럼 딱딱했고 새벽 무렵에는 예기치 못한 비까지 내려 텐트 없는 우리의 보금자리를 적셨다. 날은 추웠지만 진정 영광스러운 밤이었다. 그날 이후 나는 망원경을 하나 장만했다.

밀턴의 《실락원 Paradise Lost》에서 아담이 하늘의 움직임에 대해 묻자 라파엘은 대답을 거부한다.

> 세상을 만드신 창조주의 높은 장엄이 말하게 하라.
> 너무나 광대한 그의 경계선은 너무나 멀리까지 뻗어 있다.
> 인간은 자신이 만든 세상에 거하지 않음을 알 것이다.
> 그가 혼자서 채우기에는 너무나 큰 이 전당.
> 세상은 작은 조각으로 나누어지고
> 나머지 피조물과 함께 인간은 그곳에 살 땅을 배정받고
> 신이 아는 한 최선의 방법으로 사용하라는 명을 받았다.

우리는 지금 미시적(微視的) 자연을 창조하고 있는지도 모른다.

우리를 둘러싸고 있는 중시적(中視的) 자연은 이미 변화시켰을 것이다. 하지만 대기권 위에 존재하는 광대한 거시적(巨視的) 자연은 여전히 신비와 경이로움을 함축하고 있다. 물론 그곳에도 가끔 인간이 쏘아올린 위성이 삑삑거리며 지나가긴 한다. 그러나 그것은 자연에 대한 서툰 흉내내기 정도다. 언젠가는 인간이 별을 정복하는 방법을 알아낼 수도 있겠지만 적어도 지금 밤하늘을 바라볼 때는 버로스의 말과 같은 기분일 것이다. "하늘을 볼 때 우리는 자신의 모습이 거기 없음을 안다. 우리는 자신으로부터 멀리 떠밀려갔으며, 자신의 무의미함을 통감하고 있다."

그 8월의 밤에 산 정상에 누워서 나는 내가 알아볼 수 있는 몇 개의 별자리를 찾아보려 했다. 오리온의 벨트(오리온좌-옮긴이), 국자('국자'라는 의미를 가진 Dipper는 우리의 북두칠성-옮긴이)가 보였다. 야생과 호전적인 자연에 둘러싸여 살던 고대인들은 머리 위 하늘에서 친숙한 사물들을 보며 위안을 얻었다. 그들은 별자리에서 스푼과 칼, 그리고 그물 모양을 알아보았고, 그들을 이러한 이름으로 불렀다. 하지만 우리는 그런 모양을 보지 않도록 자신을 길들여야 할지도 모른다. 우리에게 필요한 위안은 이제 비인간적인 것이다.

부록
개정판 최신 통계자료

30쪽 : 마우나로아 관측소에서 나온 최근 측정치를 보면 대기 중 이산화탄소는 365ppm에 육박하고 있다. 이산화탄소 농도는 가속화도 감속화도 없이 꾸준히 증가하고 있다. 12개월에 1ppm 이상씩.

33쪽 : 물론 밀레니엄은 여전히 우리를 사로잡고 있으며 특히 Y_2K 컴퓨터 에러의 등장으로 더욱 그러하다. 내가 이번 개정판을 쓰는 동안 새천년에 컴퓨터가 고장 날 것이라는 생각이 인간의 마음을 뒤흔들어 전지구촌적 공포가 되고 있었다. 반면 그보다 더 심각한 문제인 지구온난화에는 미온적 반응을 보이면서 말이다. 그 이유는 컴퓨터 고장으로 교란될 경제가 생물학보다 더 우리에게 실감나는 것이기 때문이다.

40쪽 : 지난 10년간 전세계 출산율이 낮아지면서 인구증가 예상치는 낙관적으로 보인다. 이런 추세가 계속된다면 다음 세기 중반쯤에야 100억 인구에

※ 발간 10주년을 기념하는 개정판을 내면서 내용상 최신 통계자료가 필요한 부분을 쪽별로 정리한 것이다.

달할 것이라 한다. 이런 좋은 소식에도 물론 비관적인 측면은 있다. 이미 현재의 인구로도 부담이 되는 지구에 그 두 배의 인구가 살게 된다는 것.

47쪽 : 메탄은 다행히도 1980년대만큼은 아니지만 꾸준히 증가하고 있다. 메탄 농도는 과거 최고치보다 한참 높은 수준에 머물고 있으며 매년 약 5ppb씩 증가하고 있다.

49쪽 : '기후변화에 관한 국제 패널'의 철저한 연구는 기온상승 예상치의 범위를 좁히는 데 성공하여 예보에 과학적 자신감을 굳혔다. 150개국의 기상학자로 구성된 이 패널은 2100년이 되면 지구평균기온이 1~3.5도 오르리라고 예고했다.

51쪽 : 지난 10년간 유가가 배럴 당 18달러 이하로 머물렀음을 주목해야 한다. 그로 인해 우리가 아무리 저렴한 태양에너지나 풍력발전기술을 개발한다 해도 이들이 전체 발전량에서 차지하는 부분은 더욱 작아질 것이다. 기름값이 거의 거저에 가깝고 유전개발 이후 사상 그 어느 때보다도 싸기 때문이다. 물론 유가를 인위적으로 올리려는 시도가 딱 한번 있기는 했다. 클린턴 대통령이 1차 예산안에서 에너지세를 제안했는데 의회의 좌파와 우파 모두 입을 모아 반대하여 무산되었다.

52쪽 : 사상 가장 더웠던 10개년도 중 7개년도가 이 책이 출판된 이후에 나왔다. 그리고 가장 더웠던 19개년도 중 14개년도가 1980년 이후에 있다. 1998년은 커다란 기온차로 가장 더운 해가 되었는데 1961~1990년 평균기온보다 1도나 높다. 1998년 10월까지 매달 기온은 신기록을 세웠다.

79쪽 : 현재 몬트리올 의정서는 프레온가스 생산의 완전금지를 요구하고 있다. 이 방침은 일부 암시장에도 불구하고 잘 실행되고 있다. 물론 세계의 화학공장에서는 많은 이들이 예고한 대로 경제적 혼란 없이 대체 화학물질을 개발 생산하고 있다. 불행히도 남극 상공에 뚫린 오존층 구멍은 더 커졌고 그 끝은 눈에 보이지도 않는다. 게다가 북극 상공에도 이와 쌍벽을 이루는 구멍이 더 크게 뚫리고 있다.

116쪽 : 'LA 변호사들'은 이제 잊으라. 지금 우리는 '베이워치(Baywatch)'를 시청한다. 전세계 인구의 5분의 1이 유쾌한 해수욕장 구조원들을 보고 있다. 미국인이 가진 풍요한 삶의 이미지는 지난 10년 동안 전세계로 급속히 퍼져 나갔다.

150쪽 : 지난 10년간 우리는 거대한 허리케인을 경험했다. 그중 최대의 것은 플로리다주를 강타한 앤드류와 중앙아메리카를 습격한 미치(Mitch)이다. 1998년 미치는 지구온난화시대의 부정적 시너지가 어떤 작용을 하는지 증명했다. 그 태풍은 1997년의 엘니뇨로 인한 가뭄 때문에 헐벗은 산등성이에 전례없는 강우량(일부 지역에선 1270밀리미터)을 쏟아부었다. 풀이 없는 능선들은 내리는 빗물을 고스란히 빨아들인 후에 계곡 아래로 무너져내렸다.

152쪽 : 연방과학자 토마스 칼은 얼마 전 "이제는 100년 계획이라는 것이 존재하지 않는다"고 말했다. 1997년 노스다코타주의 레드리버에 홍수가 났을 때 '500년 만의 폭풍'이라 불리었다. 그것은 다만 이전에 그 비슷한 것도 본 적이 없다는 뜻이다. 중국의 양자강에도 전례없는 규모의 홍수가 되풀이되었다. 1998년 여름에는 방글라데시의 3분의 2가 한 달 이상이나 물속에 잠겼다.

169쪽 : 현재는 이런 기후모델이 많이 늘었으며 그들이 낸 결과수치는 점점 더 수렴하여 과학자들이 자신 있게 미래를 예고할 수 있게 해준다. 하지만 여전히 문제는 존재한다. 연구자들은 구름이나 해양을 아직도 잘 이해하지 못하고 있다. 작은 지역사회에서는 여전히 최선의 논리적 추측만이 가능하다. 이런 지역들 중 일부는 분명 추세에 반하는 곳이 있을 것이다.

171쪽 : 해수면 상승에 관한 예측은 현재 2100년까지 90센티미터가 증가하리라는 것으로 모아지고 있고, 기후변화에 관한 국제 패널의 최선 추정치는 60센티미터다.

204쪽 : 단 10년 동안에도 동물들은 추측이 아니라 실제적 피해를 입기 시작했다. 일부 나비의 종들은 번식지를 북쪽으로 이동해야만 했고, 펭귄과 북극곰은 줄어드는 극지 얼음에 대처해야 했다. 또한 철새인 붉은날개 지빠귀는 북쪽으로 3주나 일찍 도착해야만 했다.

219쪽 : 미국에서 배출하는 이산화탄소는 1990년 1.32기가톤에서 1998년에는 1.5기가톤 이상으로 증가했다. 그것은 연 1퍼센트가 넘는 증가 수치다.

243쪽 : 물론 지난 10년은 유전공학이 우리 경제의 초석이 되었음을 증명했다. 하지만 유전자를 조작하는 능력은 증진시켰지만 그에 상응하여 그것이 종합적으로 무엇을 의미하는지에 대한 윤리적·도덕적·정신적 대화는 증진시키지 못했다. 이제 우리는 양을 복제했다. 다시 10년이 지나기 전에 우리는 인간을 복제할지 모른다. 여기서 우리의 대단한 능력이 의미하는 바와 우리가 그것을 진정 원하는지에 대한 진지하고 의미 있는 대화 능력은 배제된 것처럼 보인다.

264쪽 : 한때 예언자적 지위를 가졌던 '어스퍼스트'의 전성기는 갔다. 그 단체의 재능 있는 지도자들이 이제 호전성이 덜하면서 비전을 가진 '야생의 지구(Wild Earth)'를 설립했기 때문이다. 이들은 다가오는 세기에 더 많은 야생 지역을 보호하고 복원하려 한다.

278쪽 : 결국 아이를 갖고 싶다는 우리의 욕망이 이겼다. 지난 10년간 우리 삶에서 가장 큰 발전은 딸 소피의 탄생이었다. 인구문제에 대한 나의 생각은 《하나쯤이라면: 소가족을 위한 사적이고 환경적인 주장*Maybe One: A Personal and Environmental Argument for Smaller Families*》(Simon & Schuster, 1999)에 요약했다.

292쪽 : 현재는 세단 드빌이나 리비에라가 사실상의 경차다. 이들은 거리를 주름잡는 서버번, 익스피디션, 내비게이터에 비하면 난쟁이로 보인다.

303쪽 : 다이너마이트가 터지면서 글렌캐니언 댐이 폭파되는 꿈은 이제 그리 황당한 것도 아니다. 시에라 클럽은 1996년 파월호의 물을 뺄 것을 요구했고 그들의 운동을 놀랍게도 많은 사람들이 진지하게 받아들였다. 하이드로-퀘벡 프로젝트의 새로운 댐들이 환경운동가들에 의해 건설이 저지되고 있다. 존 뮤어가 자연보존에 관한 최초의 주장을 했던(그리고 그 운동은 최초의 대실패를 겪은) 북부 캘리포니아의 헤치헤치에서도 댐의 물을 내보내는 토론이 가끔 일어나고 있다. 물론 이런 것들은 우리 문화와 경제를 이끌어가는 기본욕구에 비하면 매우 작은 징조이긴 하다. 하지만 야생을 원하는 깊은 욕망이 여전히 살아 있음을 그로부터 알 수 있다.

옮긴이의 글

인간과 자연의 관계를 새롭게 만드는 성스러운 작업

거대한 자연, 때로는 우리 인간을 초라하고 왜소하게 느끼도록 만들고, 또 때로는 우리를 포근하게 안아주고 어머니의 무릎처럼 재워주던 대자연이 변하고 있다고 한다. 하루 24시간에도 시시각각 오색빛 무지개처럼 변화하는 인간의 종잡을 수 없는 감정과 인간관계의 역학에 지치면 모든 것을 잊고 유구한 세월 동안 변함없던 대자연의 질서 안에서 안식처를 찾았던 체험도 이제는 옛일이 될 것이란다. 그것이 인간 스스로 자초한 일이며 그것도 겨우 지난 100년 동안 일어난 일이란다.

《자연의 종말》을 번역하면서 마음이 평온한 적은 별로 없었다. 저명한 과학자들의 논문은 말할 것도 없고 성서 및 소로우 같은 정신세계까지 방대하고 심오한 인용으로 뒷받침된 저자의 글은 해박하고 능변이며 문학적 감수성까지 갖추어 잘 읽히고 수긍이 간다. 문제는 그런 수긍이 행동으로 바뀌어야 한다는 당위성과 절박성이다. 그의 제안대로 생활양식을 바꾸어야만 양심이 편안하겠는데, 어느 순간 그렇게까지 바꾸면 너무나 불편하고 힘들 텐데 하고 주저하는 마음이 들고, 그렇게 나도 너도 바꾸지 못하면 미래가 너무 암울한 잿빛으로 변하리라는 절망감이 들어 화가 나는 것이었다.

20세기 말인 1989년 최초 출판되어 10여 년이 흐른 21세기 초 지구온난화가 가져온 환경위기를 극적으로 묘사한 빌 맥키벤의 《자연의 종말》은 6대륙 20개국 언어로 번역되었고, 레이첼 카슨의 《침묵의 봄》과 어깨를 나란히 하는 환경 분야 최고의 고전으로 자리잡았다. 초판이 나올 당시 회의론자들의 비평도 많이 받았지만 그의 예지력은 국제 기후학자, 가뭄 피해자, 이상기온 체험자들에 의해 옳은 것으로 증명이 되었다. 특히 발간 10주년 기념으로 나온 개정판에서는 온실효과로 인한 지구온난화를 한눈에 알 수 있도록 길고 상세한 서문을 달아놓았고, 또 부록으로 최신 통계자료를 덧붙여 놓아서 더욱 활용이 간편하다.

세계 수천 개의 대학 강의실에서 교재로 사용될 뿐만 아니라 일반인들의 교양필독서인 이 책은 환경문제의 한가운데 인간과 자연의 관계가 놓여 있다며 문제의 정신적 차원을 강조하는 책이기도 하다. "인간과 자연의 관계는 근원적인 차원에서 바뀌어야 한다. 편리성, 편안성, 개인주의를 추구하는 문화가 공동체, 우정, 자연세계와의 연결을 중시하는 문화로 바뀌어야 한다. 그렇지 않으면 환경위기는 정신의 위기를 초래할 것이다. 환경위기의 본질은 욕망의 위기이다. 사람들에게 현재의 욕망을 대체할 수 있는 욕망을 주어야 한다. 현재 우리의 욕망을 창조하는 것은 디즈니영화사와 GM 자동차회사 등이다."

그리고 현재의 환경위기를 극복하는 혁명은 무장 저항이 아니라 소박함과 우아함의 부활이어야 한다고 맥키벤은 말한다. "우리가 할 일은 소박한 삶이 소비사회보다 더 우아하고 더 만족스럽고 더 즐겁다는 것을 보여주는 것이다. 공기오염을 줄이기 위해 차를 타지 말라고 말하는 것은 소용이 없다. 대신 그들에게 자전거를 타라고 권유해야 한다. '자전거를 타보세요. 우아하고 재밌어요. 기분도 훨씬 좋아질 거예요.' TV가 머릿속에서 썩을 거라고 말하기보다는 TV 대신 달빛을 받으며 산책을 하면 만족스러울 거라고 말하는 것이다."

그런 소박함과 정신적 만족을 서양인의 명절 중 가장 큰 명절인 크리스마스에 적용하여 맥키벤은 100달러면 충분히 크리스마스 명절을 지낼 수 있다고 주장했다. 상업화와 과소비로 점철된 크리스마스에 대해 맥키벤은 그를 일방적으로 매도하지 않고 그렇게 과한 선물을 주는 것이 만족스럽고 의미 있는 명절축하 방식이었던 적도 한때는 있었다고 긍정적으로 말한다. 현재 미국의 크리스마스 축하 방식은 사람들이 매우 가난하고 등이 휘게 일하던 시절에 유래했다. 하지만 이제 사람들의 생활이 변했다. 현대인이 소중하게 생각하는 것은 이제 시간, 의미 있는 가족 관계, 침묵의 시간, 신적인 것과의 관계다. 따라서 현대인은 크리스마스에 그런 선물을 받고 싶어한다. 어떻게 하면 소중한 크리스마스 선물을 주고받을 것인가?

그것은 집에서 직접 선물을 만드는 것, 그리고 어린이들에게는 동물원에 가거나 말판놀이를 할 수 있는 쿠폰을 주는 것이라고 그는 말한다.

"소비사회가 가진 단 하나의 아킬레스건은 그것이 지구를 파괴할 것이라는 것이 아니라 그것이 우리를 많이 행복하게 해주지는 않는다는 것"이라는 그의 말대로 사람들은 점점 진정한 휴식과 고요함을 외면과 내면에서 함께 추구하고 있다.

울창한 숲에 들어서면 성스러움이 느껴진다. 거대한 바다에 나가도, 그리고 드넓은 하늘을 바라보아도 자연의 섭리를 느낄 수 있다. 자연은 우리에게 늘 우주와 대화할 수 있도록 해주었고 우주의 질서를 말없이 가르쳐주었다. 그런 자연이 앞으로도 유구히 우리 곁에 있기를 기원하며, 맥키벤의 이 책이 그런 성스러운 일에 일익을 담당하기를 기대해본다.

2005년 7월
진우기

찾아보기

가윰(Maumoon Abdul Gayoom) 172
가이아 가설 76, 229~238
《가이아-행성 관리의 지도》 236, 305
《겨울의 방랑》 160
고어(Al Gore) 19, 57
《과학의 보물》 132
광화작용 165
《국제지구물리학회지》 50
《근본 자원》 227
기후변화 10, 11, 13, 20, 22, 58, 59, 68, 154, 156, 182, 183, 186, 187, 188~193, 202, 210, 217, 219, 304, 322
기후변화에 관한 국제패널(IPCC) 11, 320, 322
《기후변화에 대한 이해》 57
기후예측모델 11, 49, 186

《내셔널 저널》 13
냉섬효과 60
《네이션》 268
노이즈 수준 53

《뉴요커》 255
《뉴욕 타임스》 55, 113, 164, 190, 196, 242, 291, 297

다윈(Charles Darwin) 27, 131, 135, 162, 261
대처(Margaret Thatcher) 80, 300
대체에너지 292
덴링어(Nelson Denlinger) 189
도니거(David Doniger) 156
드볼(Bill Devall) 282
디스페인(Donald Despain) 184
DDT 16, 98, 100, 132, 154, 192, 209, 210, 214, 221, 226

라니냐 60
라이트(Robert Wright) 135
러브록(James Lovelock) 76, 107, 108, 197, 229~238
레너(Michael Renner) 295
레벨(Roger Revelle) 36, 39, 48, 51, 53, 55,

180
레이건(Ronald Reagan)　33, 79, 221, 290
로웰(James R. Lowell)　286
로젤(Mike Roselle)　272, 273
로트카(A. J. Lotka)　38
로페즈(Barry Lopez)　128, 155
롤런드(Sherwood F. Rowland)　76, 78
루즈벨트(Franklin D. Roosevelt)　275
루터 킹(Martin Luther King)　287, 300
리드(Leslie Reid)　248
리코(Lucius Ricco)　198
리프킨(Jeremy Rifkin)　240, 242, 247, 250, 302
린도우(Steven Lindow)　243

마굴리스(Lynn Margulis)　107, 108, 109
마나베(Syukuroa Manabe)　184
마블(Andrew Marvell)　91
마셜(Bob Marshall)　93, 94, 140, 162
마스덴(Steve Marsden)　270, 271, 272, 273
마시(George P. Mash)　106, 285
마이어스(Norman Myers)　236, 237
매크라켄(Michael MacCracken)　62
맥엘로이(Michael McElroy)　45, 78, 79
맬서스(Thomas Malthus)　230
머코우스키(Frank Murkowski)　211
메탄　43, 44, 45, 46, 47, 50, 55, 64, 105, 214, 223, 229, 255, 320
멘델(Gregor Mendel)　249
모저(Penny Ward Mosser)　203, 204, 206
몰리나(Mario Molina)　76, 78
《몽키 렌치 갱》　262, 303
뮤어(John Muir)　106, 111, 121, 122, 130, 131, 141, 247, 248, 260, 261, 265, 288, 323

미국항공우주국(NASA)　8, 10, 20, 49, 52, 79, 169
《미래의 인간》　240
미즐리(Thomas Midgley)　73
민처(Irving Mintzer)　213, 221, 222
밀란코비치 주기　166

바넷(Tim Barnet)　60
바이오매스　272
바트램(William Barttram)　89, 90, 91, 117, 175
방사능　16, 99, 105
백스터(William F. Baxter)　225, 260
버로스(John Burroughs)　27, 30, 119, 122, 220, 318
범퍼스(Dale Bumpers)　54
베네딕(Richard Benedick)　218
베리(Thomas Berry)　131
베리(Wendell Berry)　116, 291, 293, 308
벨루치(Alfred E. Vellucci)　239
보이어(Herbert Boyer)　240
부시(George Bush)　210, 300
부영양화　183
《북극의 꿈》　155
분(Daniel Boone)　268
브라운(Lester Brown)　71, 219
브레터톤(Francis Bretherton)　198
브뢰커(Wallace Broecker)　114
브룩스(Paul Brooks)　91
브룩스(Van Wyck Brooks)　293
《비가 오지 않는 땅》　163

사이델(Stephen Seidel)　222
사이먼(Julian Simon)　227, 228, 230

《산림 저널》 102
산성비 16, 30, 33, 37, 68~72, 98, 100, 114, 144, 167, 215, 218, 221, 287
《3인의 과학자와 그들의 신들》 135
새들러(Leon Y. Sadler) 114
생물자원 파산 68
생태공포증 158
샤토브리앙(F. Réne de Cháteaubriand) 91
섀플리(Harlow Shapley) 132
성 보나벤투라(St. Bonaventure) 126
《세계자원연감》 212
세션스(George Sessions) 282
셀룰로오스 43, 233, 245, 246
소로우(Henry David Thoreau) 94, 96, 103, 105, 119, 120, 122, 130, 136, 140, 145, 161, 255, 259, 275, 283, 310, 311, 312, 314, 325
순환주기 8, 67, 134, 161, 165, 197
쉘(Jonathan Schell) 112
슈나이더(Stephen Schneider) 58, 59, 61, 64, 154, 66, 188, 200, 202, 222
슈도모나스 시링게 243
슈도모나스 플루오레센스 243
스모그 47, 69, 100, 106, 143
스미스(Robert A. Smith) 70
스타(Chauncey Starr) 294
스타인(G. Harry Stine) 228, 229, 230, 245
스테이블포드(Brian Stableford) 240, 244, 245, 250
스톨츠(Jim Stolz) 253, 254, 257
스튜어트(Jackie Stewart) 201
스틱스(Thomas Stix) 113
《스포츠 일러스트레이티드》 203
시리(Joseph Siry) 176
신호 대 노이즈 비(SN비) 53, 59

《실종된 정보의 시대》 21
《실락원》 317
심층생태학 267, 268, 274, 282, 283, 290, 294, 302
《심층생태학》 282
싱어(S. Fred Singer) 62, 290, 298, 299

아레니우스(Svante Arrhenius) 35, 36, 48, 49, 55, 70
아이즐리(Loren Eiseley) 153, 154
《아탈라》 91
아토피아 282
아플라톡신 190
알베도 63
《알제니》 240
암스트롱(William Armstrong) 126
애덤스(Roger Adams) 132
애비(Edward Abbey) 261, 262, 264, 265, 269, 270, 301, 304
앤더슨(Walter T. Anderson) 110, 313
에를리히(Paul Ehrlich) 155, 289
에마뉴엘(Kerry Emanuel) 149, 156
에이브러햄슨(Dean Abrahamson) 215
엘니뇨 60, 64, 321
엘리스(Marc Ellis) 129
열섬효과 59, 60
열의 평형상태 82
오수벨(Jesse Ausubel) 199
오스틴(Mary Austin) 152, 154, 163, 164, 206
오웰(George Orwell) 98, 216
오존층 30, 32, 37, 73~75, 77, 78, 79, 80, 81, 113, 135, 146, 188, 193, 195, 196, 197, 198, 219, 220, 221, 222, 235, 290, 298, 321
오펜하이머(Michael Oppenheimer) 68, 81

온실가스 46, 49, 184, 211, 213, 214, 219, 221, 293, 305
온실효과 9, 11, 13, 39, 42~47, 51, 52, 53~64, 146, 150, 164, 165, 174, 178, 188, 197, 210, 215, 219, 221, 232, 239, 257, 274, 277, 279, 284, 289, 290, 291, 294, 295, 297, 298, 299, 306, 326
와트(James Watt) 264
와트(Kenneth E. F. Watt) 59
왓슨(James Watson) 240
우드웰(George Woodwell) 67, 68, 218, 219
《우리 공동의 미래》 294
《월든》 259
《월스트리트 저널》 290
웨고너(Paul Waggoner) 184, 189
윌(George Will) 57
유전공학 37, 127, 159, 224, 229, 238~245, 246~251, 256, 257, 276, 279, 285, 288, 296, 300, 302, 307, 309, 310, 312, 314, 316, 322
《이단자의 선언》 240
이산화탄소 8, 9, 30, 35, 36, 37, 38~42, 43, 46, 47, 49, 50, 53, 55, 55, 56, 57, 58, 61, 62, 67, 77, 81, 82, 87, 101, 105, 107, 112, 113, 146, 155, 164, 165, 167, 178, 182, 184, 185, 186, 197, 211, 212, 213, 214, 215, 216, 218, 223, 234, 236, 246, 247, 251, 255, 285, 294, 296, 298, 319, 322
이상기온 188, 326
일산화탄소 38

《자연의 종말》 7, 8, 14, 18, 21
《자연을 위해 말하다》 91
자외선 73, 81, 190, 193~197, 198, 306
적외선 복사열 35, 36, 38, 40

제2의 빅뱅 239
제이콥스(Lyn Jacobs) 99, 100
제퍼스(Robinson Jeffers) 121, 160, 297, 314
조넬스(Alf Johnnels) 69
존스턴(J. Bennett Johnston) 54
쥐스(Hans Suess) 36, 39, 48, 51, 55
지구온난화 8, 9, 10, 11, 13, 14, 16, 17, 19
《지구의 운명》 112
지오데식 돔 229
《진화의 통치》 111
짐머만(Patrick Zimmerman) 44, 45

차크라바티(Ananda Chakrabarty) 241
천연가스 38, 41, 43, 215, 246
청정연료 19
《침묵의 봄》 98, 326

카슨(Rachel Carson) 98, 210, 225, 326
칼(Thomas Karl) 12, 321
캐틀린(George Catlin) 91
캘린더(G. S. Callendar) 36
캠벨(Joseph Campbell) 123
케플러(Johannes Kepler) 230
코커릴(John F. Cockerill) 293
코헨(Stanley Cohen) 240
크로(Jim Crow) 224, 300
크릭(Francis Crick) 240
키즈(Dale Keyes) 222
킨(Thomas Kean) 175
킬링(Charles Keeling) 39, 48
킹(Ynestra King) 268

타이터스(James Titus) 169
《타임》 157, 158, 199

탈광화작용 163
태양복사열 43, 62, 63
태양열 발전기 293
태양흑점 10, 56, 60
터너(Frederick J. Turner) 116
《텔루스》 37
토마스(Lee Thomas) 80
토마스(Lewis Thomas) 237, 285
틸리(Edwin W. Teale) 160

퍼듀(Frank Perdue) 247
포드(Wendell Ford) 211
포어맨(Dave Foreman) 264, 265, 266, 267, 268, 269, 272
《포춘》 51
푸리에(Jean-Baptiste Fourier) 35
풀러(Buckminster Fuller) 230, 231, 232
프레온가스 73~75, 76~81, 101, 105, 113, 114, 191, 210, 221, 222, 232, 298, 320
플라빈(Christopher Flavin) 71
피드백 고리 21, 22, 67
피츠워터(Marlin Fitzwater) 61
피터스(Robert L. Peters) 206
피티(Donald C. Peattie) 133, 134, 136
핀치(Robert Finch) 159

하버(Donat Haber) 196
하이타워(Jim Hightower) 182
하크니스(William Harkness) 177
할론가스 75, 221
해마커(John Hamaker) 164, 165, 166
해머(Fannie Lou Hamer) 300
해수면 상승 137, 150, 168~177, 179~184, 322

핸슨(James Hansen) 10, 11, 20, 49, 50, 52, 54, 55, 56, 57, 58, 59, 60, 61, 63, 68, 169, 170
《현대 연감》 133
혐기성 박테리아 43
호델(Donald Hodel) 79
호프만(John Hoffman) 102
혹서 20, 36, 50, 53, 55, 58, 102, 150, 157, 163, 188, 191, 198, 201, 206, 219, 291, 297, 300, 305
화석연료 13, 17, 19, 35, 40, 42, 43, 66, 113, 166, 213, 214, 216, 219, 221, 222, 223, 284, 291, 292, 298, 300, 306
화이트 주니어(Lynn White Jr.) 123
화이트(E. B. White) 105, 138
《희망, 인간 그리고 야생》 18
《희망찬 미래》 228

진우기
서울대학 화학교육과를 졸업하고 미국 텍사스 A&M대학에서 평생교육학 석사학위를 받았다. 현재 불교문화센터에서 영어를 가르치며 불교와 과학 서적을 번역하는 한편 신문, 잡지 기고, 방송 활동을 통해 서양불교를 알리고 있다. 틱낫한 스님의 자두마을도 두 번 방문하여 한국인 방문단의 법문통역을 했으며 여성불교개발원 자문위원, 여성신문 편집위원, 한국여성과학기술단체총연합회 사무총장직을 역임하고 있다. 지은 책으로 《달마, 서양으로 가다》가 있고, 옮긴 책으로 《힘》 《유전, 우연과 운명의 자연사》 《로잘린드 프랭클린과 DNA》 등이 있다.

자연의 종말

초판 찍은 날 2005년 8월 3일 초판 펴낸 날 2005년 8월 9일

지은이 빌 맥키벤 | **옮긴이** 진우기
펴낸이 변동호 | **출판실장** 옥두석 | **책임편집** 이선미 | **디자인** 김혜영 | **마케팅** 김현중 | **관리** 김현경

펴낸곳 (주)양문 | **주소** (110-260)서울시 종로구 가회동 170-12 자미원빌딩 2층
전화 02.742.2563~2565 | **팩스** 02.742.2566 | **이메일** ymbook@empal.com
출판등록 1996년 8월 17일(제1-1975호)
ISBN 89-87203-75-1 03400   잘못된 책은 교환해 드립니다.